中等职业教育课程改革国家规划新教材
全国中等职业教育教材审定委员会审定

U0383112

电子技术基础与技能

卜锡滨 主编

单色版
电子信息类

人民邮电出版社
北京

图书在版编目（CIP）数据

电子技术基础与技能 ：电子信息类 / 卜锡滨主编
. -- 北京 ：人民邮电出版社，2010.8（2023.1 重印）
中等职业教育课程改革国家规划新教材
ISBN 978-7-115-22558-0

Ⅰ. ①电… Ⅱ. ①卜… Ⅲ. ①电子技术－专业学校－
教材 Ⅳ. ①TN

中国版本图书馆CIP数据核字(2010)第073315号

内 容 提 要

本书依据教育部新颁布的《中等职业学校电子技术基础与技能教学大纲》编写。全书分两大部分共 13 单元：第 1 单元至第 7 单元为模拟电子技术部分，主要介绍二极管及其应用，三极管及放大电路，常用放大器，直流稳压电源，正弦波振荡电路，高频信号处理电路，晶闸管及其应用电路。第 8 单元至第 13 单元为数字电子技术部分，主要介绍数字电路基础，组合逻辑电路，触发器，时序逻辑电路，脉冲波形的产生与变换，数模、模数转换。本书用实验演示法将难以理解的概念形象地描述出来，使学生产生学习兴趣，同时每个单元中配有技能实训，以培养学生的实践动手能力，为日后走向工作岗位打下基础。

本书理论与实践相结合，适合作为中等职业学校电类专业"电子技术基础与技能"课程教材，也可供职业技能培训人员及相关从业人员参考。

◆ 主　编　卜锡滨
　　责任编辑　谢　工
　　执行编辑　王　平

◆ 人民邮电出版社出版发行　　北京市丰台区成寿寺路 11 号
　　邮编　100164　电子邮件　315@ptpress.com.cn
　　网址　http://www.ptpress.com.cn
　　北京七彩京通数码快印有限公司印刷

◆ 开本：787×1092　1/16
　　印张：18　　　　　　　　　　　2010 年 8 月第 1 版
　　字数：427 千字　　　　　　　　2023 年 1 月北京第 6 次印刷

ISBN 978-7-115-22558-0

定价：25.00 元

读者服务热线：(010)81055256　印装质量热线：(010)81055316
反盗版热线：(010)81055315
广告经营许可证：京东市监广登字20170147号

中等职业教育课程改革国家规划新教材
出 版 说 明

为贯彻《国务院关于大力发展职业教育的决定》（国发〔2005〕35号）精神，落实《教育部关于进一步深化中等职业教育教学改革的若干意见》（教职成〔2008〕8号）关于"加强中等职业教育教材建设，保证教学资源基本质量"的要求，确保新一轮中等职业教育教学改革顺利进行，全面提高教育教学质量，保证高质量教材进课堂，教育部对中等职业学校德育课、文化基础课等必修课程和部分大类专业基础课教材进行了统一规划并组织编写，从2009年秋季学期起，国家规划新教材将陆续提供给全国中等职业学校选用。

国家规划新教材是根据教育部最新发布的德育课程、文化基础课程和部分大类专业基础课程的教学大纲编写，并经全国中等职业教育教材审定委员会审定通过的。新教材紧紧围绕中等职业教育的培养目标，遵循职业教育教学规律，从满足经济社会发展对高素质劳动者和技能型人才的需要出发，在课程结构、教学内容、教学方法等方面进行了新的探索与改革创新，对于提高新时期中等职业学校学生的思想道德水平、科学文化素养和职业能力，促进中等职业教育深化教学改革，提高教育教学质量将起到积极的推动作用。

希望各地、各中等职业学校积极推广和选用国家规划新教材，并在使用过程中，注意总结经验，及时提出修改意见和建议，使之不断完善和提高。

教育部职业教育与成人教育司

2010年6月

前　言

本书是依据教育部最新颁布的《中等职业学校电子技术基础与技能教学大纲》编写而成的。

"电子技术基础与技能"是中等职业学校电类专业必修的一门专业基础课程。其任务是：使学生掌握电类专业必备的电子技术基础知识和基本技能，具有分析和解决生产与生活中一般电子问题的能力，具备学习后续电类专业技能课程的能力。目前，现有的教材对于实际应用和工艺要求考虑得不够，学生学习后仍觉得难以把所学的知识应用到生产实践中。在教育部新颁布的教学大纲指导下，编者结合二十多年职业教育实践与思考的积淀，经反复研讨形成了本书的编写思路。本书在内容组织上体现了以下特色。

1. 打基础、重实践

本书的编写突出对学生元器件选用能力与单元电路应用能力的训练与培养。在教学安排上，通过课堂实验演示或产品展示激发学生的学习兴趣，通过技能实训逐步提升学生电子技术基础知识的应用能力。

2. 面向就业、兼顾择业

本书在重点讲授新大纲中基础模块内容的同时，学生借助选学模块内容的学习，可以为自主选择参加"对口升学考试"和"职业技能鉴定"打好基础，以满足升学或求职的需要。

3. 注重应用、学做互动

本书本着"必需、够用"的原则，精简理论，教学内容注重与生活实际应用相结合，易学、易懂、易记。本书以指导中等职业学校学生提高实践能力为出发点，先从生活实际应用角度介绍相关知识和基本技能，通过学、做互动，使学生感受知识在实际生活、生产中的应用，为日后走上工作岗位打下基础。

4. 实物图片，适合中等职业学校学生的学知特点

本书充分考虑中职学生的知识基础和学习特点，利用实物图片导入学习内容。在实训项目中，依据工艺流程设计实训步骤，在实训实施过程中培养中职学生的规范操作、安全生产意识，提升其职业能力。

本书共 13 单元，分模拟电子技术和数字电子技术两部分。第 1 单元～第 7 单元为模拟电子技术部分，内容包括二极管及其应用、三极管及放大电路、常用放大器、直流稳压电源、正弦波振荡电路、高频信号处理电路、晶闸管及其应用电路；第 8 单元～第 13 单元为数字电子技术部分，内容包括数字电路基础、组合逻辑电路、触发器、时序逻辑电路、脉冲波形的产生与变换、数模转换和模数转换。本书建议教学总课时不少于 96，其中，必修课时 84，选学课时 80，打"*"部分为选学内容。安排实训时，时间上应尽量保证每个实训能连续做完。教学过程中，可以借助多

媒体教学课件，使讲授与演示相结合，提高课堂学习效率。本书的相关教学辅助资源可登录人民邮电出版社教学服务与资源网（www.ptpedu.com.cn）进行下载。

本书由卜锡滨担任主编并编写第 1 单元、第 2 单元、第 4 单元、第 7 单元～第 9 单元；宫强编写第 3 单元、第 5 单元、第 6 单元，贾秀玲编写第 10 单元、第 11 单元、第 12 单元，魏光杏编写第 13 单元。本书的部分演示电路板由王健制作，有的取自学生实训提交的作业，PCB 板制作相关的内容由陈鸿燕提供。本书编写过程中，上海信息技术学校李关华老师、俞雅珍老师提出很多宝贵意见及建议，在此一并表示感谢。

本教材经全国中等职业教育教材审定委员会审定通过，由上海第二工业大学周政新教授、华南理工大学电信学院朱燊权副所长审稿，在此表示诚挚感谢！

由于编者水平有限，书中难免存在错误和不妥之处，敬请读者批评指正。

编者的邮箱地址：puxibin@126.com。

编　者

2010 年 6 月

目　　录

第 1 部分　模拟电子技术

第 2 部分　数字电子技术

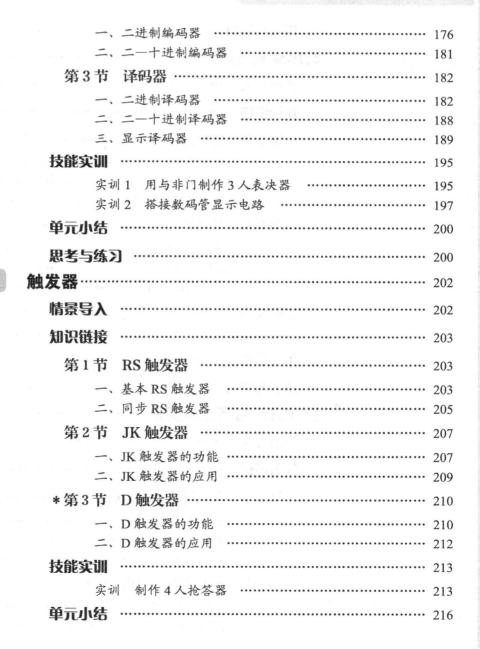

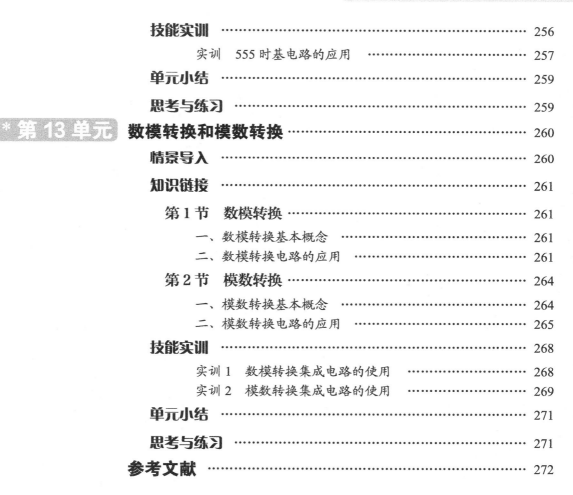

第 1 部分

模拟电子技术

主要内容

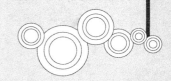

第1单元

二极管及其应用

知识目标
- 了解半导体材料的特性，理解 PN 结的单向导电性。
- 了解二极管的结构，掌握其图形符号、引脚的识别。
- 了解二极管的伏安特性、主要参数。
- 了解硅稳压管、发光二极管、光电二极管、变容二极管等特殊二极管的外形特征，及其功能和适用场合。
- 了解整流电路的作用及工作原理，会合理选用整流电路元件的参数。
- 了解滤波电路的作用及工作原理，会估算电容滤波电路的输出电压。
- 了解滤波元件参数对滤波效果的影响。

技能目标
- 学会查阅半导体器件手册，能在实践中合理使用二极管。
- 能用万用表判别二极管的极性和质量优劣。
- 掌握搭接由整流桥组成的应用电路的方法，会使用整流桥。
- 能识读电容滤波、电感滤波、复式滤波电路图。
- 能根据电路图焊接整流、滤波电路，会用万用表和示波器测量相关参数、观察相应波形。

情 景 导 入

方芳的 MP3 充电器（见图 1.1）不能充电了，请正在学习电子技术的小明帮她修一下。小明拆开充电器，检查发现是整流电路部分的故障，很快排除了。方芳好羡慕，心想要是自己也能修理该有多好啊！那么，本次检修需要掌握哪些知识和技能呢?

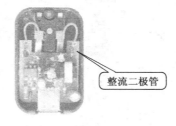

整流二极管

图 1.1　MP3 充电器

知 识 链 接

半导体器件是组成电子设备的核心部件，常用的有二极管、三极管、集成电路等。半导体器件由于具有体积小、重量轻；功耗小、寿命长、可靠性高；批量生产时价格低廉等优点，广泛用于自动化控制、计算机、家电、通信、航天等领域。但其特性受温度变化影响大，需要外部器件来提高其稳定性。在电源电压过高或焊接时过度加热的情况下，很容易损坏。

第1节 二极管的使用

二极管是电子设备中常用的元件之一，在半导体收音机、MP3 充电器、电视机面板中都能见到它。二极管在电子电路中可用于检波、整流、开关、稳压、电平显示等。

一、二极管的结构及特点

 按图 1.2 所示连接电路，接通电源，观察灯泡是否发光，记下观察的结果；断开电源，将直流电源的正、负极颠倒一下，再次接通电源，观察灯泡是否发光，记下观察的结果；对两次观察的结果进行比较。

（a）灯亮 　　　　　　　　　　　　（b）灯不亮

图 1.2　二极管导电性演示

实验现象

比较两次观察的结果，可以发现：当二极管没有白色环的一端接电源的正极、有白色环的一端接电源的负极时，灯泡发光，有电流流过二极管，即二极管能导通；当二极管没有白色环的一端接电源的负极、有白色环的一端接电源的正极时，灯泡不发光，没有电流流过二极管，即二极管不能导通。为什么会出现这种现象呢？

知识探究

1. 半导体的基础知识

（1）半导体的导电能力介于导体和绝缘体之间，最常用的半导体材料是硅和锗。通常状态下

半导体类似于绝缘体，几乎不导电。当加热或光照加强时，半导体的电阻值明显下降，导电能力类似于导体。半导体的这种特性称为热敏特性和光敏特性，半导体可据此特性制成热敏电阻、光敏电阻、光电二极管等元件，用于实现自动测量、自动控制等。

如果在半导体中掺入少量的杂质，也会使半导体的导电能力增强。根据掺入的元素不同，有 P 型半导体和 N 型半导体。P 型半导体和 N 型半导体的导电能力虽然有所增强，但还不能满足应用要求。在实际应用中，是将 P 型半导体和 N 型半导体相结合，形成 PN 结，再制成各种半导体器件。

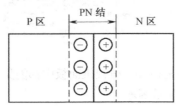

图 1.3　PN 结的形成

（2）当采用特殊的工艺把 P 型半导体和 N 型半导体结合在一起时，在交界面将形成一层带电的区域，如图 1.3 所示，该区域称为 PN 结。

PN 结外加正向（又称正向偏置，简称正偏）电压时，即 P 区接电源的正极，N 区接电源的负极，带电区变薄，有电流从 P 区通过 PN 结流向 N 区，如图 1.4（a）所示。这时称 PN 结正向导通，流过的电流称为正向电流。

PN 结外加反向（又称反向偏置，简称反偏）电压时，即 P 区接电源的负极，N 区接电源的正极，带电区变厚，只有极微弱的电流从 N 区通过 PN 结流向 P 区，如图 1.4（b）所示。这时称 PN 结反向截止，流过的电流称反向电流，一般情况下可以忽略不计。PN 结的这种特性称为单向导电性。

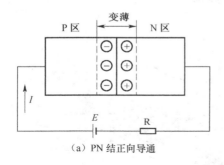 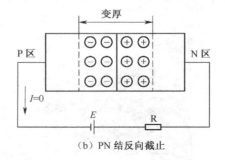

（a）PN 结正向导通　　　　　　　　　（b）PN 结反向截止

图 1.4　PN 结的单向导电性

2. 二极管的结构

二极管由 1 个 PN 结构成，有 2 个电极。从 PN 结 P 区引出的电极称为正极，从 PN 结 N 区引出的电极称为负极。二极管的图形符号如图 1.5 所示，在图形符号中，三角箭头表示二极管正向导通时的电流方向。由于二极管实质上是一个 PN 结，因此二极管具有单向导电性。二极管的文字符号是 VD。

图 1.5　二极管图形符号

　归纳　　二极管具有单向导电性。其实质是：二极管的正极接电源的正极，二极管的负极接电源的负极，二极管导通；二极管的正极接电源的负极，二极管的负极接电源的正极，二极管不导通，又称二极管截止。

3. 常用二极管的特点

在实际应用中，二极管有多种分类方法：根据制造材料分为锗（Ge）二极管、硅（Si）二极管等；根据封装形式分为塑料封装（塑封）二极管、玻璃封装（玻封）二极管、金属封装二极管、贴片二极管等；根据电流容量分为大功率二极管（5A 以上）、中功率二极管（1 ～ 5A）和小功率二极管（1A 以下）；根据用途分为普通二极管、整流二极管、稳压二极管、开关二极管、变容二极管、发光二极管、光电二极管等。

（1）普通二极管。普通二极管有锗管和硅管两种，主要用于检波、小电流整流等。作为检波用的普通二极管，习惯上称为检波二极管（见图 1.6），一般由锗材料制成，常用在半导体收音机、电视机、通信设备的小信号电路中，将高频或中频无线电信号中的低频信号取出。常用的国产检波二极管型号有 2AP 系列，进口的检波二极管型号有 1N34、1N60 等。

（2）整流二极管一般是硅管，主要用于电源电路中，将交流电变成直流电。在实际应用中，整流二极管又分为小功率整流二极管和大功率整流二极管。小功率整流二极管大多采用塑料封装，如图 1.7 所示。常用的国产整流二极管型号有 2CZ11 ～ 13 系列、2CZ80 ～ 86 系列、2CZ55 ～ 60 系列等。进口的整流二极管型号有 1N40×× 系列、1N54×× 系列、1N53×× 系列等。

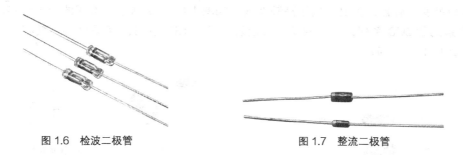

图 1.6　检波二极管　　　　　　　　　　图 1.7　整流二极管

应用实例　　图 1.8 所示为新型 LED 护眼节能灯，这种节能灯是利用整流二极管把交流电转变为直流电后，点亮高亮度的发光二极管来照明的。

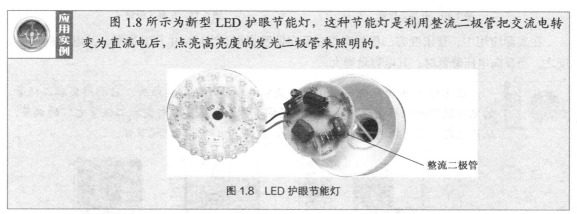

图 1.8　LED 护眼节能灯

（3）稳压二极管（见图 1.9（a））简称为硅稳压管，利用二极管被反向击穿后，在一定反向电流范围内反向电压不随反向电流变化这一特性，在电路中起稳定电压的作用。常用的国产稳压二极管型号有 2CW 系列和 2DW 系列，进口的稳压二极管型号有 1N46×× 系列、1N59×× 系列等。稳压二极管的图形符号如图 1.9

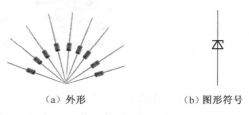

（a）外形　　　　　（b）图形符号

图 1.9　稳压二极管

（b）所示。

在实际应用中，要求稳压二极管工作在反向击穿状态，即稳压二极管两端要加反向电压。反向电压较低时，稳压二极管截止；当反向电压达到一定数值（即稳压二极管的稳压值）时，反向电流突然增大，稳压二极管进入击穿状态，此时即使反向电流在很大范围内变化，稳压二极管两端的反向电压也保持基本不变。但反向电流增大到一定程度后，如果再增大，稳压二极管将被彻底击穿而损坏。

注意 两只稳压二极管可以串联使用，但不能将它们并联使用。

（4）开关二极管既有硅管，又有锗管，在电路中用作电子开关，如图 1.10 所示。开关二极管除能满足普通二极管的性能指标外，还具有良好的开关特性，主要应用于电视机、通信设备、仪器仪表的控制电路中。开关二极管分为普通开关二极管、高速开关二极管等。常用的国产普通开关二极管型号有 2AK 系列，高速开关二极管型号有 2CK 系列，进口的高速开关二极管型号有 1N41×× 系列，如 1N4148、1N4150 等。

（5）变容二极管是利用 PN 结电容随外加反向电压变化而变化的原理制成的半导体器件，在电路中作为可变电容器，主要应用于高频调谐，如图 1.11（a）所示。常用的国产变容二极管型号有 2CC 系列和 2CB 系列，进口的变容二极管型号有 1SV 系列、1T 系列等。变容二极管的图形符号如图 1.11（b）所示。

图 1.10 开关二极管

（a）外形 （b）图形符号

图 1.11 变容二极管

在实际应用中，要求变容二极管工作在反向偏置状态。当反向电压升高时，其电容量减小；反之，当反向电压降低时，其电容量增大。

应用实例 图 1.12 所示为电视机中使用的高频调谐器，俗称高频头。它利用变容二极管的电容随外加电压变化的特性，通过调节外加电压实现对变容二极管电容的调节，从而实现对不同频道电视节目的调谐，最终选出所需的电视节目。

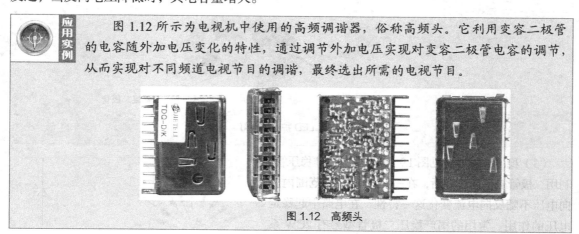

图 1.12 高频头

（6）发光二极管（LED）是一种能直接将电能转变成光能的发光显示器件，主要应用在两个方面：一是光电控制电路，如光电开关、光电隔离、红外遥控等；二是信号状态指示和数字符号

显示，如电源指示、数码显示等。当其内部有一定的电流流过时，就会发光，且电流增大、亮度变大。发光二极管可分为普通单色发光二极管、红外发光二极管等。

① 普通单色发光二极管的发光颜色有红色、黄色、绿色等，其特点是体积小、工作电压低、工作电流小、发光均匀稳定、响应速度快、寿命长，使用时要求串联适当的限流电阻，如图 1.13 所示。常用的国产普通单色发光二极管型号有 FG 系列、2EF 系列等。

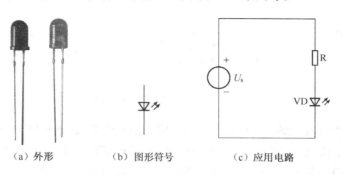

（a）外形 （b）图形符号 （c）应用电路

图 1.13 普通单色发光二极管

图 1.14 所示为由发光二极管组成的交通信号灯，将多个不同颜色的发光二极管拼排成所需的交通标志或字符，在控制信号的控制下，实现交通指挥的作用。

图 1.14 交通信号灯

② 红外发光二极管又称红外线发射二极管，采用全透明、浅蓝色或黑色封装，如图 1.15 所示。红外发光二极管可以将电能直接转换成红外光辐射出去，主要应用于各种光控和遥控发射电路中。

图 1.15 红外发光二极管

应用实例

图 1.16 所示为电视机的遥控器，利用红外发光二极管将操作电视机的控制信号发送出去，与配套的遥控接收器配合，实现电视节目、音量等遥控操作。

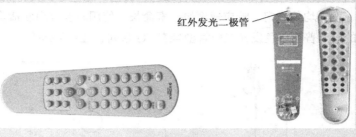

红外发光二极管

图 1.16 遥控器

（7）光电二极管又称光敏二极管，是一种能将光信号转变为电信号的半导体器件，管体上端或侧面有受光窗口，接收入射光照，主要应用于各种控制电路中，如图 1.17 所示。在实际应用中，光电二极管应反接在电路中，即外加反向工作电压，其反向电流与外加电压关系不大，只取决于入射光的强度。入射光越强，反向电流也越大。光电二极管可分为普通光电二极管、红外光电二极管等。

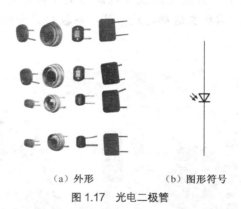

（a）外形　　　　（b）图形符号

图 1.17 光电二极管

① 常用的普通光电二极管有 PN 结型光电二极管和 PIN 结型光电二极管两种。PN 结型光电二极管主要应用于各种光电转换的自动控制仪器、近红外光自动探测器、激光接收等方面。PIN 结型光电二极管主要用于光纤通信中的光信号接收。常用的国产普通光电二极管的型号有 2CU 系列、2DU 系列等。

② 红外光电二极管又称红外线接收二极管，是一种特殊的 PIN 结型光电二极管，可以将红外发光二极管发射的红外光转变为电信号，主要应用于彩色电视机、空调器等电子产品的遥控接收系统中。

应用实例

图 1.18 所示为电视机中使用的遥控接收头，利用红外光电二极管接收红外发光二极管发出的信号，通过与遥控器配套的译码电路翻译出控制信号，实现电视节目、音量等的控制。遥控接收头外的金属罩起屏蔽作用。

图 1.18 遥控接收头

二、二极管的主要参数

1. 二极管的伏安特性

二极管的伏安特性是指二极管中流过的电流与二极管两端电压之间的关系曲线，如图 1.19 所示。

当二极管承受正向电压而外加电压较小时，二极管不能导通，几乎没有电流，如图 1.19 中的 OA 段，此段习惯上称为死区。如外加电压继续增大到某一数值时（一般硅管约为 0.7 V，锗管约为 0.3 V），正向电流急剧增大，二极管导通。二极管外加正向电压所得到的电流与电压的关系曲线称为正向特性。

当二极管外加反向电压时，只有很微弱的反向饱和电流，硅管约几微安，锗管约几十微安，一般情况下忽略不计，二极管截止。若外加反向电压超过某一数值时（如图 1.19 中的 B 点），就会产生急剧增大的反向电流，二极管反向导通。这种反向导通的现象称为反向击穿，对应的电压称为反向击穿电压。除稳压二极管外，反向击穿会使二极管损坏。需要注意的是：稳压管反向击穿时电流不加限制，也会损坏。

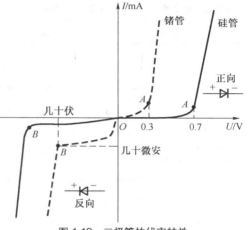

图 1.19　二极管的伏安特性

2. 二极管的主要参数

二极管的参数是选择和使用二极管的依据，常用的二极管参数有：最大整流电流（I_F）、最高反向工作电压（U_{RM}）。对专用二极管，如稳压二极管、变容二极管等，需要一些特定的参数来说明其性能，以便更好地选择和使用，相关内容可查阅厂商产品说明书或半导体器件手册。

（1）最大整流电流（I_F）。I_F 是指二极管长时间使用时，允许流过二极管的最大正向平均电流。实际应用时电流超过 I_F，二极管的 PN 结将因过热而烧断，其正反向阻值均为无穷大。

（2）最高反向工作电压（U_{RM}）。U_{RM} 是指二极管两端允许施加的最大反向电压。为了安全，一般取反向击穿电压值的二分之一，作为最高反向工作电压 U_{RM}。二极管一旦过压击穿损坏，其正反向阻值均为零，即失去了单向导电性。

（3）稳压二极管的主要参数。

① 稳定电压（U_Z）。U_Z 是指稳压二极管反向击穿稳定工作的电压。稳压二极管型号不同，U_Z 值不同，实际应用时应根据需要查手册确定。

② 稳定电流（I_Z）。I_Z 是指稳压二极管工作的最小电流值。如果稳压二极管的工作电流小于 I_Z，稳压性能会变差，甚至失去稳压作用。

③ 额定功率（P_Z）。P_Z 是指稳压二极管正常工作时，允许消耗的最大功率。在稳压二极管稳定电压一定时，P_Z 确定了稳压二极管正常工作电流的范围，也就是确定了稳压二极管正常工作的最大电流。

三、二极管的型号、识别与检测

1. 二极管的型号

国产二极管的型号由 5 部分组成：第 1 部分用数字表示电极数；第 2 部分用字母表示材料；

第 3 部分用字母表示类型（即用途）；第 4 部分用数字表示序号，反映电流参数；第 5 部分用字母表示规格号，反映电压参数。二极管型号的各部分符号及意义如表 1.1 所示。

表 1.1　　　　　　　　　　　　二极管型号的组成、符号及意义

第 1 部分		第 2 部分		第 3 部分		第 4 部分	第 5 部分
数字表示电极数		字母表示材料		字母表示类型		序　号	规　格　号
符号	意义	符号	意义	符号	意义		
2	二极管	A	Ge	P	普通管	用数字表示序号，反映电流参数	用字母表示规格号，反映电压参数
				Z	整流管		
		B	Ge	W	稳压管		
				K	开关管		
		C	Si	L	整流堆		
				U	光电器件		
		D	Si	B 或 C	变容管		
				JD	激光管		
		E	化合物	F	发光二极管		
				N	阻尼管		

2.　二极管的识别

在实际应用中，主要从两个方面来识别二极管：一是从型号识别二极管的制造材料和类型；二是从外形识别二极管的正、负极及大致用途。

（1）型号识别。国产二极管从型号上可大致判别出它的适用场合。例如：2AP1 ～ 2AP9、2CP1 ～ 2CP20 等普通二极管，适用于高频检波、小电流整流；2CZ50 ～ 2CZ85、2DZ10 ～ 2DZ20 等整流二极管，适用于不同功率的整流；2AK1 ～ 2AK4、2CK1 ～ 2CK19 等开关二极管，多用于电子计算机、脉冲控制和开关电路中；2CW100 ～ 2CW149、2DW50 ～ 2DW86 等稳压二极管，适用于各种稳压电路。对进口二极管因其型号不能直接反映出用途，一般需借助半导体器件手册才能判别出它的适用场合。

（2）外形识别。二极管通常采用塑料、玻璃和金属 3 种材料封装，不同类型的二极管具有不同的外形，其引脚的标记符号也不尽相同，如表 1.2 所示。

表 1.2　　　　　　　　　　　　二极管的外形识别

外　　形	标记识别符号	备　　注
	塑料封装，白色环标记负极	通常是小功率整流二极管
	玻璃封装，黑色环标记负极	通常是开关二极管、稳压二极管

外 形	标记识别符号	备 注
	通常金属外壳为负极。有些在外壳上用二极管的图形符号指明正、负极	大功率整流二极管或大功率稳压二极管
	短引脚的为负极，引脚剪成一样齐时，观察其内部，大头的为负极	通常是发光二极管、光电二极管
负极 焊接面	竖条为负极	贴片二极管

3. 二极管的检测

二极管的检测主要是指借助万用表测量二极管正、反向电阻，根据阻值判别其正、负极，评估其质量。二极管简易测试方法如表 1.3 所示。

表 1.3 　　　　　　　　　　二极管简易测试方法（R×1k 挡）

项目	正 向 电 阻	反 向 电 阻
测试方法	黑笔 红笔	红笔 黑笔
测试情况	硅管：表针指示位置在中间或中间偏右一点，表明二极管正向特性是好的。 锗管：表针指示位置在右端靠近满刻度的地方，表明二极管正向特性是好的。 如果表针在左端不动，则二极管内部已经断开。	硅管：表针在左端基本不动，靠近∞位置，表明二极管反向特性是好的。 锗管：表针从左端起动一点，但不应超过满刻度的1/4，表明二极管反向特性是好的。 如果表针指在 0 位置，则二极管内部已经短路。
极性判别	万用表"–"端（黑表笔）连接的是二极管的正极，因"–"端与万用表内电池正极相连	万用表"–"端（黑表笔）连接的是二极管的负极

第 2 节　整流电路的应用

拆开 MP3 充电器，如图 1.20（a）所示，可以发现 1 只塑封的二极管、1 只体积稍大一点的

电解电容器。打开电视机后盖，如图 1.20（b）所示，在机芯板上可以发现 4 只塑封二极管。它们起什么作用呢？下面就来一起学习。

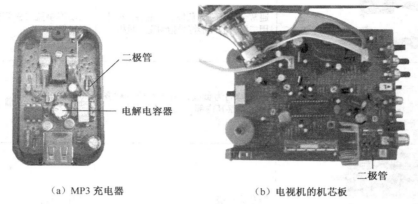

二极管

电解电容器

（a）MP3 充电器

二极管

（b）电视机的机芯板

图 1.20　产品展示

一、整流电路的构成

整流是指将交流电变换为脉动的直流电。完成将交流电变换为脉动直流电的电路称为整流电路。整流电路的核心元件是整流二极管，利用二极管的单向导电性完成整流任务。常用的整流电路有半波整流电路、桥式整流电路等。

1. 半波整流电路

半波整流电路由 1 只整流二极管和负载电阻构成，如图 1.21 所示。输入的交流电有两种接入方式：一种是直接接入，如图 1.21（a）所示；另一种是通过电源变压器接入，如图 1.21（b）所示。图中，R_L 是负载电阻。负载电阻两端的电压只取决于整流电路的输入电压，负载电阻上流过的电流由整流电路的输入电压和负载电阻本身的大小决定。在如图 1.20（a）所示的 MP3 充电器中，使用的就是一个半波整流电路，输入的交流电采用直接接入方式。

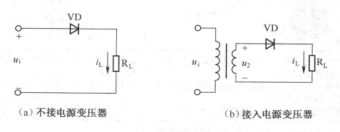

（a）不接电源变压器

（b）接入电源变压器

图 1.21　半波整流电路

看一看

按图 1.21（b）所示连接电路，接通电源，用示波器观察负载电阻 R_L 的电压波形。（为了安全，建议电源变压器的输出电压选择 12 V。）

实验现象

图 1.21（b）所示的演示电路如图 1.22（a）所示，图 1.22（b）所示为观察到的波形。由观

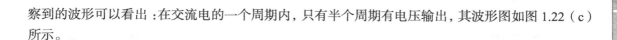

察到的波形可以看出：在交流电的一个周期内，只有半个周期有电压输出，其波形图如图 1.22（c）所示。

（a）演示电路

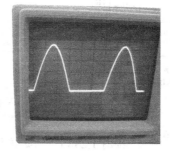

（b）演示波形

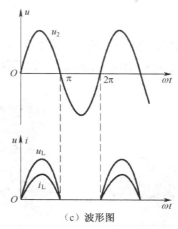

（c）波形图

图 1.22　半波整流演示

知识探究

结合电路图与波形图分析如下。

当 $u_2(t)$ 为正半周时，VD 正偏而导通，电流经 VD → R_L 形成回路，R_L 上输出的电压波形与 $u_2(t)$ 的正半周波形相同，电流 i_L 从上流向下。

当 $u_2(t)$ 为负半周时，VD 截止，电路不导通，R_L 上没有电流流过。此时，$u_2(t)$ 全部降在整流二极管两端，最大值为 $u_2(t)$ 的峰值。

若输入的交流电采用如图 1.21（a）所示的直接接入方式，用 u_i 替换 u_2 即可得到相应的输出。实际上，u_2 是 u_i 经电源变压器降压取得，它们的关系由电源变压器的变比决定，即 u_i 与 u_2 的比等于电源变压器的变比。

2. 桥式整流电路

在如图 1.20（b）所示的电视机的机芯板中，使用的是一个桥式整流电路。桥式整流电路如图 1.23（a）所示，图 1.23（b）所示为其简化电路。它由 4 只整流二极管接成电桥形式，其中一个对角之间接负载电阻 R_L，另一个对角之间接交流电源。若接入电源变压器，则接交流电源的对角之间接电源变压器的次级，如图 1.23（c）所示。

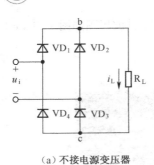
（a）不接电源变压器

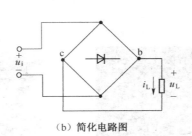
（b）简化电路图

（c）接入电源变压器

图 1.23　桥式整流电路

 看一看　按图 1.23（c）所示连接电路，接通电源，用示波器观察负载电阻 R_L 的电压波形。（为了安全，电源变压器的输出电压选择 12V。）

实验现象

图 1.23（c）所示的演示电路如图 1.24（a）所示，图 1.24（b）所示为观察到的波形。由观察到的波形可以看出：在交流电的一个周期内，有两个相同的半波电压输出，其波形图如图 1.24（c）所示。

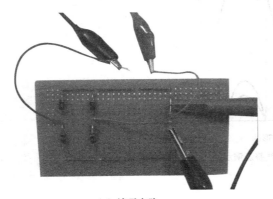
（a）演示电路

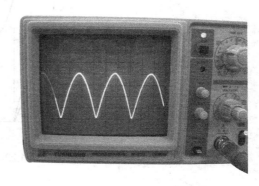
（b）演示波形

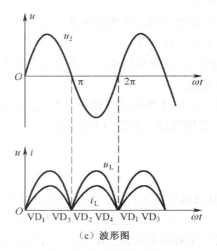
（c）波形图

图 1.24　桥式整流电路演示

知识探究

结合电路图与波形图分析如下。

当 $u_2(t)$ 为正半周时，VD_1、VD_3 正偏而导通，VD_2、VD_4 反偏而截止。电流经 $VD_1 \rightarrow R_L \rightarrow VD_3$ 形成回路，R_L 上输出的电压波形与 $u_2(t)$ 的正半周波形相同，电流 i_L 从 b 流向 c。

当 $u_2(t)$ 为负半周时，VD_1、VD_3 截止，VD_2、VD_4 导通，电流经 $VD_2 \rightarrow R_L \rightarrow VD_4$ 形成回路，R_L 上输出的电压波形是 $u_2(t)$ 的负半周波形倒相，电流 i_L 仍从 b 流向 c。所以，无论 $u_2(t)$ 为正半周还是负半周，流过 R_L 的电流方向是一致的。

若输入的交流电采用如图 1.23（a）所示的直接接入方式，用 u_i 替换 u_2 即可得到相应的输出。

　　在图 1.23 中如果有 1 只二极管断开时，整流电路输出会减半，相当于半波整流电路；有 1 只二极管接反时，会引起短路，烧坏元件。因此在实际应用中，一定要在电源输入端串接起过流保护作用的熔断器（保险丝），并且在电路安装完毕通电前，一定要检查电路安装是否正确。

为方便使用，桥式整流电路的 4 只整流二极管常常被封装成一个整体（称为整流桥堆），只留 4 个接线端，如图 1.25（a）所示。图中："AC"端或"～"端，称为交流端，接交流电源；"+"、"–"端，称为直流端，接负载。"+"、"–"表示整流输出电压的极性。根据需要可在半导体手册中选用不同型号及规格的整流桥堆。用整流桥堆组成的整流电路如图 1.25（b）所示，图 1.25（c）所示为整流桥堆在彩色电视机电源中的应用。

　　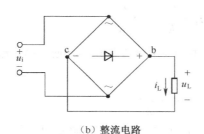　　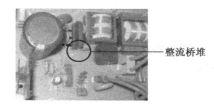

整流桥堆

　　（a）扁桥　　　　　　　　（b）整流电路　　　　　　（c）在彩色电视机中的应用

图 1.25　整流桥堆

二、整流电路元件的参数选择

整流电路输出的直流电压 U_L 为 $u_L(t)$ 在一个周期内的平均值。比较图 1.22 和图 1.24 可知，在输入的交流电维持不变时，桥式整流电路输出的直流电压是半波整流电路输出的直流电压的 2 倍。

1. 半波整流电路

图 1.21（b）所示半波整流电路输出的直流电压估算公式为

$$U_L = 0.45 U_2$$

式中，U_2——电源变压器次级电压的有效值。

负载上的直流电流 I_L 为

$$I_L = \frac{U_L}{R_L} = 0.45 \frac{U_2}{R_L}$$

由于半波整流电路中的整流二极管与负载电阻串联，因此整流二极管通过的电流与负载电流

相等，即

$$I_V = I_L$$

在半波整流电路中，整流二极管导通时的压降几乎为零，而整流二极管截止时，$u_2(t)$ 的峰值电压加在了它上面，即整流二极管截止时承受的最大反向电压为

$$U_{DRM} = \sqrt{2} U_2$$

因此，在半波整流电路中，对整流二极管的要求如下。

最大整流电流

$$I_F \geqslant I_L$$

最高反向工作电压

$$U_{RM} \geqslant \sqrt{2} U_2$$

当输入的交流电采用如图 1.21（a）所示的直接接入方式时，将计算公式中的 U_2 替换为 U_i 即可。U_i 为半波整流电路输入电压的有效值。

2. 桥式整流电路

如图 1.23（c）所示桥式整流电路输出的直流电压估算公式为

$$U_L = 0.9 U_2$$

式中，U_2——电源变压器次级电压的有效值。

负载上的直流电流 I_L 为

$$I_L = \frac{U_L}{R_L} = 0.9 \frac{U_2}{R_L}$$

由于在桥式整流电路中，每只整流二极管只在半个周期内导通，因此流过每只整流二极管的电流为

$$I_V = \frac{1}{2} I_L$$

在桥式整流电路中，整流二极管承受的电压与半波整流电路相同。因此，在桥式整流电路中，对整流二极管的要求如下。

最大整流电流

$$I_F \geqslant \frac{1}{2} I_L$$

最高反向工作电压

$$U_{RM} \geqslant \sqrt{2} U_2$$

当输入的交流电采用如图 1.23（a）所示的直接接入方式时，将计算公式中的 U_2 替换为 U_i 即可。U_i 为桥式整流电路输入电压的有效值。

【例 1.1】在如图 1.20（a）所示的 MP3 充电器中，半波整流电路的输入电压为 220 V，若要求负载上得到 500 mA 的直流电流，试选择整流二极管。

解：由 $I_V = I_L$ 可得

$$I_V = 500 \text{ (mA)}$$

由 $U_{DRM} = \sqrt{2} U_i$ 可得，整流二极管的最大反向工作电压为

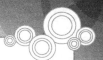

$$U_{DRM} = \sqrt{2} \times 220 = 311\ (V)$$

故：应选择整流二极管的最大整流电流 $I_F \geqslant 500$ mA、最高反向工作电压 $U_{RM} \geqslant 311$ V。根据上述数据，查半导体器件手册可选出最大整流电流为 1A，最高反向工作电压为 400 V 的整流二极管 2CZ11D 或 1N4004。

知识拓展

三相整流电路

在工业生产中，如电镀行业，有时需要很大的直流电流，这时，单相电源供电的整流电路已不能满足需求，而需要用三相电源供电的整流电路。三相电源供电的整流电路称为三相整流电路，分为三相半波整流电路、三相桥式整流电路等。图 1.26 所示为三相桥式整流电路，其电路特点是：三相电源变压器的次级接成星形；6 只整流二极管分为 2 组，每组 3 只，负极连在一起的称为共阴极组，正极连在一起的称为共阳极组；共阴极组的公共端接负载的一端，正极分别接三相电源中的一相，共阳极组的公共端接负载的另一端，负极分别接三相电源中的一相。由于功耗较大，整流二极管必须是大功率二极管，而且要具备良好的散热条件。

6 只整流二极管的导通原则是：共阴极组的二极管中，二极管的正极电位最高的二极管导通；共阳极组的二极管中，二极管的负极电位最低的二极管导通。其整流输出波形如图 1.26（b）所示。整流输出的直流电压估算公式为

$$U_L \approx 2.34U_2$$

式中，U_2——电源变压器次级相电压的有效值。

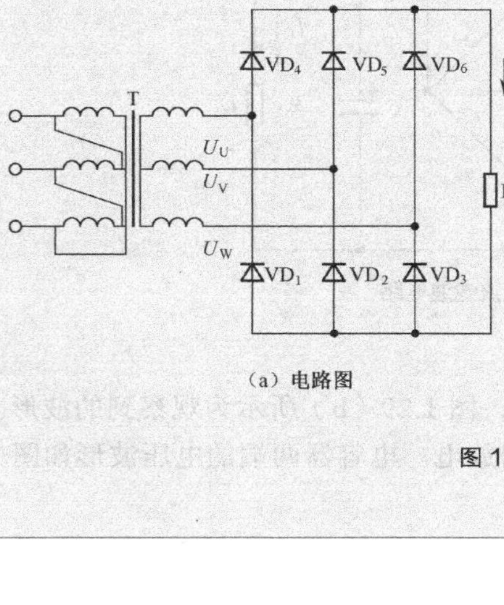

（a）电路图

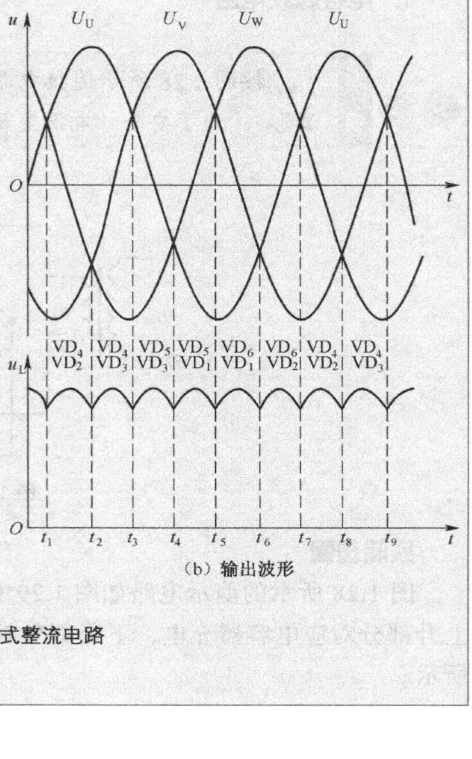

（b）输出波形

图 1.26　三相桥式整流电路

第 3 节　滤波电路的类型及应用

　　滤波是指将整流电路输出的脉动直流电，变换为变化比较平缓的直流输出。完成滤波的电路称为滤波电路。在图 1.20（a）中，电解电容器起滤波作用。

一、滤波电路的类型

　　滤波电路的主要元件有电容器和电感器，利用电容器"隔直流、通交流"和电感器"通直流、隔交流"的特性完成滤波任务。因此，电容器在电路中应接成并联形式，而电感器在电路中应接成串联形式。根据选用的元件及元件之间的连接方式不同，滤波电路的类型如图 1.27 所示。

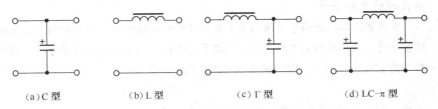

（a）C 型　　　　　　（b）L 型　　　　　（c）Γ 型　　　　　　（d）LC-π 型

图 1.27　滤波电路的类型

1. 电容滤波电路

　　按图 1.28 所示连接电路，接通电源，用示波器观察滤波电容器 C 两端的电压波形。（为了安全，电源变压器的输出电压选择 12 V。）

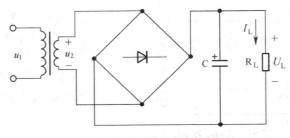

图 1.28　桥式整流滤波电路

实验现象

　　图 1.28 所示的演示电路如图 1.29（a）所示，图 1.29（b）所示为观察到的波形。波形的上升部分对应电容器充电，下降部分对应电容器放电。电容器两端的电压波形如图 1.29（c）所示。

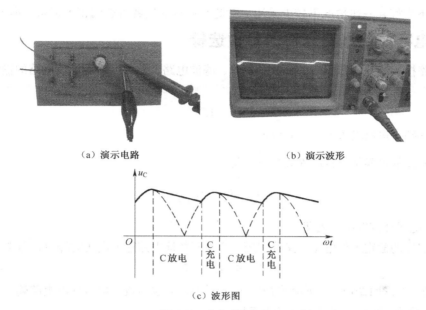

（a）演示电路　　　　　　（b）演示波形

（c）波形图

图 1.29　电容滤波演示

知识探究

电容滤波电路是最常用的一种滤波电路，其特点如下。

（1）滤波后的输出电压中直流成分提高了，交流成分降低了。

（2）电容滤波适用于负载电流较小的场合。因为 $R_L C$ 较大时滤波效果好，而选用电阻较大的 R_L，必然使负载电流减小。

（3）存在浪涌电流。当电路接入电源的瞬间，$u_i(t)$ 若不为零，由于充电电阻较小，会产生很大的充电电流，即浪涌电流，有可能烧毁整流二极管。

（4）R_L、C 的取值影响输出直流电压的大小。R_L 开路时，输出 U_L 约为 $1.4U_2$；C 开路时，输出 U_L 约为 $0.9U_2$；若 C 的容量减小，则输出 U_L 小于 $1.2U_2$。这些典型数值有助于对电路故障的判断。

工程应用　　**整流二极管的保护**

　　由于浪涌电流的存在，在实际应用中，通常在每只整流二极管两端并接一只 $0.01\mu F$ 的电容器，以防止浪涌电流烧坏整流二极管，如图 1.30 所示。

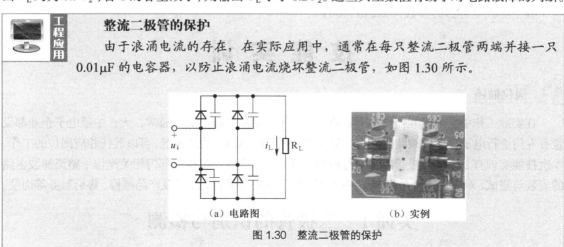

（a）电路图　　　　　　　　（b）实例

图 1.30　整流二极管的保护

2. 其他形式的滤波电路

图 1.27 所示的其他几种类型的滤波电路中都含有电感器。由于电感器的体积、损耗较大，

频率特性也不太好，一般情况下较少采用。对此有兴趣的读者可查阅相关资料，本书不做介绍。

二、电容滤波电路元件的参数选择

整流电路接入滤波电容器后，构成了整流、滤波电路。整流、电容滤波电路的输出直流电压估算公式为

$$U_L \approx 1.2U_i$$

式中，U_i——整流电路输入电压的有效值。

滤波电容器的电容量通常取 $R_L C \gg \dfrac{T}{2}$，即

$$C \geqslant (3 \sim 5)\frac{T}{2R_L}$$

式中，T——电网交流电压的周期。

滤波电容器的额定工作电压（又称耐压）应大于整流电路输入电压的峰值，通常取

$$U_C \geqslant (1.5 \sim 2)U_i$$

【例1.2】在如图1.20（a）所示的 MP3 充电器中，半波整流、电容滤波电路输入的工频电压为 220 V，电流为 10 mA，试选择滤波电容器。

解：由图1.21（a）可知

$$R_L \approx \frac{U_i}{I_i} = \frac{220}{10} = 22 \ (k\Omega)$$

由 $C \geqslant (3 \sim 5)\dfrac{T}{2R_L}$ 可得

$$C \geqslant (3 \sim 5)\frac{T}{2R_L} = (3 \sim 5)\frac{0.02}{2 \times 22 \times 10^3} = (1.4 \sim 2.2) \ (\mu F)$$

取 C 为 2.2μF，其耐压为

$$U_C \geqslant (1.5 \sim 2)U = (330 \sim 440) \ (V)$$

取

$$U_C = 400 \ (V)$$

故：滤波电容器的参数为 2.2 μF/400V。

技 能 实 训

 岗位描述

在实际工作中，电子元器件检测是第一道电子产品质量控制点。通常，大、中型电子企业都设置有专门进行电子元器件检测的部门。掌握电子元器件识别与检测技能，可以胜任相应岗位的工作。本次技能实训有2个：二极管的识别与检测，对应电子企业质量检验部门相关岗位；整流滤波电路的安装与测试，对应电子产品生产过程中的插件、焊接、质量控制，以及产品维修、售后服务等岗位。

实训1　二极管的识别与检测

1. 实训目的

（1）掌握普通二极管的识别与简易检测方法。

（2）掌握专用二极管的识别与简易检测方法。

2. 器材准备（见表1.4）

表1.4　　　　　　　　　　　　实训器材

序　号	名　称	规　格	数　量
1	普通二极管、整流二极管、开关二极管	2AP、2CZ、2CK	各1只
2	发光二极管、稳压二极管、光电二极管	2EF、2DW、2DU	各1只
3	万用表	MF47	1块

3. 相关知识

（1）普通单色发光二极管的检测。发光二极管（LED）工作在正向状态，其正向导通工作电压高于普通二极管，为 1.5～2.5 V。外加正向电压越大，LED 越亮，但实际应用中应注意，外加正向电压不能使发光二极管超过其最大工作电流，以免损坏发光二极管。检测发光二极管，要使用万用表的 R×10k 挡（由万用表内的 9 V 电池供电），测量方法及对其性能的好坏判断与普通二极管相同，但发光二极管的正、反向电阻均比普通二极管大得多。在测量发光二极管的正向电阻时，可能会看到该二极管有微微的发光现象。

（2）稳压二极管的检测。稳压二极管是一种工作在反向击穿状态，具有稳定电压作用的二极管，其极性与性能好坏的检测与普通二极管的检测方法相似。不同之处在于：当使用万用表的 R×1k 挡测量稳压二极管时，测得其反向电阻很大；此时，将万用表转换到 R×10k 挡，可能会发现万用表指针向右偏转较大的角度，即反向电阻值减小很多。这一特性也可用于普通二极管与稳压二极管的区分，即如果挡位转换时，反向电阻基本不变，则说明该二极管是普通二极管，如果反向电阻发生变化则为稳压二极管。

稳压二极管的检测原理：万用表 R×1k 挡对应的内部电池电压较低（1.5 V），通常不会使普通二极管和稳压二极管击穿，所以测出的反向电阻都很大；当万用表转换到 R×10k 挡时，对应的内部电池电压变得较高（9 V），若稳压二极管击穿电压小于表内电池电压，就会击穿使其反向电阻下降很多。而普通二极管由于反向击穿电压比稳压二极管高得多，不会击穿，其反向电阻仍然很大。

（3）普通光电二极管的检测。光电二极管工作在反向偏置状态。无光照时，光电二极管与普通二极管一样，反向电流很小（一般小于 0.1 μA），反向电阻很大（几十兆欧以上）；有光照时，反向电流明显增加，反向电阻明显下降（几千欧到几十千欧），即反向电流（称为光电流）与光照成正比。

光电二极管的检测方法与普通二极管的检测方法基本相同。不同之处在于：在有光照和无光照两种情况下，反向电阻相差很大。若测量结果相差不大，说明该光电二极管已损坏或该二极管不是光电二极管。对光电二极管正、负极的判别，要求在无光照条件下测正、反向电阻。

4. 内容与步骤

（1）普通二极管的识别与检测。根据提供的普通二极管填好表1.5。

操作指导

① 塑料封装二极管有白环的一端为负极，玻璃封装二极管有黑环的一端为负极。

② 检测时，两只手不能同时捏住二极管的两个引脚；万用表选择开关置于电阻挡"×1k"

位置，并要对万用表进行"校零"。

③ "校零"方法是红、黑表笔相触，观察万用表指针是否在 0 Ω 位置。若不是，旋转欧姆调零旋钮，使指针指在 0 Ω 位置。该过程时间不能太长，否则会减少万用表内部电池使用时间。

④ 读数时，两只眼睛在指针的正上方。若万用表表盘内有"镜子"，以眼睛看不到指针在"镜子"中的像为最准确。

表 1.5　　　　　　　　　　　　　　用万用表测试普通二极管

二极管型号识别	正 向 电 阻	反 向 电 阻	用　　途	质　　量

（2）专用二极管的识别与检测。根据提供的专用二极管填好表 1.6。

操作指导

① 检测发光二极管时，万用表选择开关置于电阻挡"×10k"位置，并要对万用表进行"校零"。

② 检测稳压二极管时，用万用表的"×1k"挡和"×10k"挡分别测量反向电阻。若稳压二极管的稳定电压大于 9 V，用万用表测不出结果，需选择其他方法检测。感兴趣的读者可查阅相关资料。

③ 检测光电二极管时，用一块不透光的纸或胶带包着受光窗口。接受光照时，不能将受光窗口暴露在强光下，以免损坏光电二极管。

表 1.6　　　　　　　　　　　　　　用万用表测试专用二极管

二极管型号识别	正 向 电 阻	反 向 电 阻	用　　途	质　　量

（3）实训结束后，整理好本次实训所用的器材、仪表，清洁工作台，打扫实训室。

5. 问题讨论

（1）如何判别硅二极管和锗二极管？

（2）查阅资料，总结硅二极管和锗二极管分别适用于什么场合？

（3）查阅资料，找出本次实训所用的国产二极管可替换的进口二极管型号；或进口二极管可替换的国产二极管型号。

6. 实训总结

（1）整理检测数据，判别二极管质量的好坏。

（2）说一说如何使用数字万用表检测二极管。

（3）填写表 1.7。

表 1.7 实训评价表

课题							
班级		姓名		学号		日期	
训练收获							
训练体会							
训练评价	评定人	评　语				等级	签名
	自己评						
	同学评						
	老师评						
	综合评定等级						

实训 2　整流滤波电路的安装与测试

1. 实训目的

（1）掌握示波器的使用。

（2）掌握整流、滤波电路的安装技巧。

（3）掌握整流、滤波电路的测试及故障排除方法。

2. 器材准备

实训器材如表 1.8 所示。

表 1.8 实训器材

序　号	名　　称	规　格	数　量
1	万用表	MF47	1 块
2	双踪示波器	20MHz	1 台
3	整流二极管	1N4007	4 只
4	电阻器	10kΩ/0.5W	1 只
5	电解电容器	470μF/50V	1 只
6	电源变压器	次级电压为 12V	1 只
7	安装用电路板	20cm×10cm	1 块
8	连接导线、焊锡		若干
9	常用安装工具（电烙铁、尖嘴钳等）		1 套

3. 相关知识

示波器是电子技术中常用的电子仪器之一，主要用于信号波形的观察。目前，使用较多的是双踪示波器。下面以 V-252T 型双踪示波器为例，介绍示波器的使用。

（1）接通电源、调辉度、调聚焦。电源按钮、辉度和聚焦旋钮如图 1.31 所示，按下电源按钮，接通电源，电源指示灯亮。将右上方触发输入中的触发方式选择开关置于“常态”（见图 1.32），在屏幕上显示一亮点。调节聚焦旋钮、辉度旋钮，使亮点圆而亮度适中。将触发方式选择开关从“常态”拨到“自动”位置，如图 1.33 所示。此时，屏幕上出现一条水平亮线，如图 1.34 所示。

图1.31 电源按钮、辉度和聚焦旋钮

图1.32 常态触发

图1.33 自动触发

图1.34 水平亮线

（2）工作方式、输入耦合方式选择。

①将工作方式选择旋钮置于"Y_1"位置，选择"Y_1"通道，如图1.35所示。若选择"Y_2"通道，旋钮应置于"Y_2"位置；若选择双通道，则旋钮应置于"交替"位置。

②将工作方式下方的"内触发"选择开关置于"Y_1"，左下方的输入耦合选择开关置于"AC"，如图1.35所示。

（3）示波器校正。

①将示波器探头与"Y_1"输入端连接，黑夹子与接地端连接，探针钩在校正信号的输出端，如图1.36所示。

图1.35 工作方式选择

图1.36 示波器校正

②调节水平时间旋钮至合适的位置，确定示波器屏幕上水平方向每个小方格表示的时间，如图1.37所示。

③调节Y_1通道垂直幅度旋钮至合适的位置，确定示波器屏幕上垂直方向每个小方格表示的幅度，如图1.38所示。

图 1.37　水平时间旋钮调节

图 1.38　垂直幅度旋钮调节

④ 调节图 1.37、图 1.38 中"水平位移"、"垂直位移"旋钮，使屏幕显示的波形在中央位置，如图 1.39 所示。至此，示波器校正好，可以用于信号的测量与波形观察。

图 1.39　校验波形

提示

若要校正 Y_2 通道，示波器探头与"Y_2"输入端连接，黑夹子与接地端连接，探针钩在校正信号的输出端，参照②～④步操作，只是调节垂直幅度时，应选择 Y_2 通道对应的调节旋钮。

输入幅度较大时，可通过探头上的衰减开关将输入信号衰减 10 倍后，再输入到通道的输入端。此时，实际值是示波器屏幕上读出值的 10 倍。

4．内容与步骤

（1）根据如图 1.40 所示的电路，完成桥式整流、电容滤波电路的安装。

① 根据图 1.40 列出元件清单，备好元件，检查各元件的好坏。

操作指导

列材料清单时，应注明元件参数。替换元件的性能参数应优于电路中的元件。对选择的元件要进行质量检测。

② 画出装配图，利用提供的安装电路板和备好的元件，完成各元件的安装。

操作指导

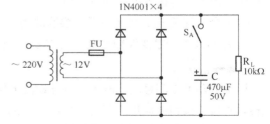
图 1.40　桥式整流滤波电路

画装配图时，关键是元件的布局要合理，不允许出现交叉线。无法避免交叉线时，可在电路板的安装面用跳线实现两点之间的连接。

安装元件时，过长的引脚应遵循"先剪后焊"的原则，将引脚剪成合适的长度后再焊接。

③ 检查确认各元件安装无误后，装上 2 A 的保险管，接通 220 V 交流电源。

 操作指导

为提高实训过程中的安全性，本次实训采用了电源变压器，将交流 220 V 电压降低为 12 V 电压，并要对电源变压器的初级接线端套上绝缘套管。通电前，要用万用表电阻挡测量整流电路输入端电阻，观察万用表指针是否指向 0 Ω（若指向 0 Ω 说明有短路）；认真检查 4 只整流二极管的正、负极安装是否正确。通电过程中，一定要有实训指导教师在现场指导。

（2）校正示波器。

① 校正 Y_1 通道。

操作指导

安装探头时，将探头与示波器连接端内的"槽"对齐示波器输入端的"凸起"，轻轻插入后顺时针旋转。拆卸探头时，逆时针旋转后轻轻拔出。

② 校正 Y_2 通道。

③ 将工作方式选择旋钮置于"交替"，做好用双通道观察波形的准备。

（3）断开开关 S_A，用示波器观察桥式整流输出电压的波形，测量输出电压。

① 用示波器观察桥式整流输出电压 u_{o1} 的脉动波形。将 Y_1 通道的探头连接到桥式整流电路的输入端，调节相应的旋钮，在屏幕的上方显示出输入波形。将 Y_2 通道的探头连接到桥式整流电路的输出端，调节相应的旋钮，在屏幕的下方显示出输出波形。做好记录。

操作指导

当知道电压范围时，直接将垂直幅度选择在合适的挡位。若不知道电压范围，应从最高挡位起逐次降低挡位，直至选择出合适的挡位。

② 用万用表交流电压挡测量电源变压器输出电压的有效值 U_2，并做好记录。

操作指导

当知道电压范围时，直接选择合适的挡位。若不知道电压范围，应从最高挡位起逐次降低挡位，直至选择出合适的挡位。

③ 用万用表直流电压挡测量桥式整流输出电压的直流分量 U_{o1}，并做好记录。

操作指导

不能在通电情况下进行不同参量挡位之间的切换。测量直流电压时，红表笔与被测电压的正极相接、黑表笔与被测电压的负极相接。

（4）合上开关 S_A，用示波器观察滤波输出电压的波形，测量输出电压。

① 用示波器观察滤波输出电压 u_o 的脉动波形，并做好记录。

操作指导

用示波器可以测量输出电压 u_o 的脉动波形幅度。其方法是垂直幅度微调旋钮顺时针旋转到底，旋转垂直位移旋钮使波形底部与屏幕的水平刻度对齐，读出脉动波形最大值对应的方格数，方格数乘以每个方格代表的幅度值即是脉动波形的幅度。

② 用万用表直流电压挡测量其输出直流电压 U_o，并做好记录。

若用断口代替开关，可用焊锡连上断口，但必须在断电情况下焊接。

（5）实训结束后，整理本次实训所用的器材、工具、仪器、仪表，清洁工作台，打扫实验室。

5. 问题讨论

（1）断开 1 只整流二极管，会观察到什么现象？断开 2 只整流二极管，又会观察到什么现象？

（2）若 1 只整流二极管安装反了，会导致什么结果？

（3）用万用表交流挡和示波器分别测量输出电压的幅度，显示数值是否相同？

6. 实训总结

（1）画出实训电路装配图。

（2）整理测试数据，画出观察到的波形。

（3）测试过程中若遇到故障，说明故障现象，分析产生故障的原因，提出解决方法。

（4）填写表 1.9。

表 1.9　　　　　　　　　　　　　实训评价表

课题							
班级		姓名		学号		日期	
训练收获							
训练体会							
训练评价	评定人	评　语				等级	签名
	自己评						
	同学评						
	老师评						
	综合评定等级						

单元小结

（1）本单元重点介绍了常用二极管的特点及其在整流电路中的应用。

（2）二极管具有单向导电性，根据二极管正、反向电阻的大小可以判别其正、负极，当二极管正、反向电阻相差很大时说明其质量较好。

（3）利用二极管的单向导电性可以组成整流电路，常用的整流电路有半波整流电路和桥式整流电路。在电路的参数相同时，桥式整流电路的输出比半波整流电路大 1 倍，但使用的二极管数量增多。

（4）整流电路的输出是一个大小变化的脉动直流电。将电容器并联在电路中，组成电容滤波电路，可以得到大小变化比较平缓的直流电。

（5）在电容滤波电路中，通电的瞬间会出现浪涌电流，可能导致元件的损坏。在实际应用中，采用在整流二极管两端并联 $0.01\mu F$ 陶瓷电容器的办法，保护整流二极管。

思考与练习

一、填空题

1. PN 结的单向导电性是指：PN 结加上_____电压就导通，加上_____电压就截止。

2. 当加在二极管两端的反向电压超过某一值时，_____急剧增大，此现象称为二极管的反向击穿。

3. 使用稳压二极管时，应工作在_____状态，即_____接_____，_____接_____。

4. 使用发光二极管时，应加_____，发光亮度与_____有关。

5. 使用光电二极管时，应工作在_____状态，光电流与_____有关。

6. 把交流电变成脉动直流电的过程称为_____，把脉动直流电变成变化平缓的直流电的过程为_____。

7. 滤波的类型有_____、_____、_____。

8. 滤波电容器接通电源瞬间存在_____。在工程中，常与整流二极管并联_____，防止整流二极管损坏。

二、简答题

1. 搜集不同型号的二极管，描述其用途、适用场合，判别其质量。

2. 列举直接对 220 V 交流电进行整流获取直流电的电子产品。

3. 分别列举采用半波整流电路、桥式整流电路的电子产品。

4. 查阅整流桥堆有哪些型号，用其中的一种组装整流电路。

5. 搜集不同型号的电容器，查阅其用途、适用场合、检测方法。

6. 用万用表不同挡位测量二极管的电阻时，阻值有什么变化？这是为什么？

7. 如何检测发光二极管？

8. 如何检测稳压二极管？

三、计算题

1. 在单相桥式整流电路中，若要求在负载上得到 18 V 直流电压、200 mA 的直流电流。试求整流变压器次级绕组电压 U_2，并选出整流二极管。

2. 在单相桥式整流电容滤波电路中，要求负载上的 $U_L = 12$ V，$I_L = 10$ mA，电网工作频率为 50 Hz。试计算电源变压器次级绕组两端电压的有效值 U_2，并确定 R_L 和 C 的值。

3. 在单相桥式整流电容滤波电路中，已知：$R_L C = (3 \sim 5)T/2$，$f = 50$ Hz，$u_2 = 25\sin\omega t$(V)。试解答下列问题。

（1）估算负载电压 U_L。

（2）$R_L \to \infty$ 时，对 U_L 的影响。

（3）滤波电容器开路时，对 U_L 的影响。

（4）整流电路中有 1 只二极管正、负极接反，将产生什么后果？

第 2 单元

三极管及放大电路

知识目标

- 掌握三极管的结构，理解其电流放大特性。
- 了解三极管的特性曲线、温度对特性的影响、主要参数。
- 理解共射放大电路主要元件的作用，了解放大电路的直流通路与交流通路。
- 了解共射、共集和共基 3 种放大电路的电路构成特点。
- 了解温度对放大电路静态工作点的影响，了解分压式偏置放大器的工作原理。
- 了解小信号放大电路性能指标（放大倍数、输入电阻、输出电阻）的含义，掌握静态工作点、输入电阻、输出电阻和电压放大倍数的公式估算。
- 了解多级放大电路级间 3 种耦合方式的优缺点、多级放大器的增益和输入、输出电阻的概念及在工程中的应用、幅频特性的重要性。

技能目标

- 学会查阅半导体器件手册，能在实践中合理使用三极管。
- 能识读三极管图形符号、识别其引脚，会用万用表判别三极管的引脚和质量优劣。
- 能识读和绘制基本共射放大电路，能识读分压式偏置、集电极—基极偏置放大器的电路图。
- 能搭接分压式偏置放大器，会使用万用表测试静态工作点，会调整静态工作点。

情 景 导 入

阿宝是刚入学的新生，参加开学典礼时坐在礼堂的后面。虽然离主席台的距离较远，但主席台上老校长亲切的话语就像在耳边。会后，阿宝想不明白这是为什么，就去找邻居哥哥小明问个究竟。小明告诉他，老校长的话通过扩音机（见图 2.1）放大后传到他的耳朵里。那么，制作扩音机需要哪些基本知识和技能呢？

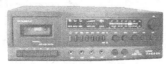

图 2.1　扩音机

知 识 链 接

　　三极管具有电流放大作用，它是构成放大电路的核心元件。放大电路是一种用于增大电信号幅值的电子电路，可用于直流放大、音频放大、视频放大、中频放大、射频放大等。三极管除电流放大作用外，还具有开关特性，可以组成各种开关控制电路。

第1节　三极管的概况

　　三极管是应用最广泛的半导体器件之一，在电子电路中用于实现放大、振荡、开关控制等功能。三极管的文字符号是大写字母 VT，常用的三极管外形如图 2.2 所示。

图 2.2　常用的三极管外形

一、三极管的结构及特点

 看一看　三极管电流放大特性演示如图 2.3 所示。接通电源，调节电位器，观察微安表和毫安表的读数变化，记录几组读数。

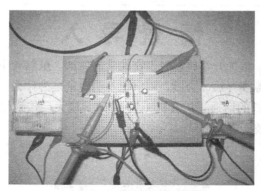

图 2.3　三极管电流放大特性演示

实验现象

演示过程中观察到微安表与毫安表的一组读数如图 2.4 所示。记录的数据如表 2.1 所示。这些数据有什么规律呢?

（a）微安表读数

（b）毫安表读数

图 2.4　演示读数

表 2.1　　　　　　　　　　　　三极管电流放大特性演示数据

微安表（μA）	2	3	5	8	9	10	11	12	15
毫安表（mA）	0.50	0.75	1.00	1.51	1.80	2.20	2.50	3.00	3.20

知识探究

1. 三极管的结构

两个 PN 结，3 个区，引出 3 个电极，加上外壳封装，就构成一个三极管。3 个区有两种组合：一个是 NPN，另一个是 PNP，分别如图 2.5（a）、（c）所示。三极管内部 3 个区分别称为集电区、基区和发射区。与集电区相连接的 PN 结称为集电结，与发射区相连接的 PN 结称为发射结。从 3 个区引出的电极分别称为集电极 C、基极 B 和发射极 E，相应的电流分别称为集电极电流 I_C，基极电流 I_B 和发射极电流 I_E，它们的关系是 $I_E = I_C + I_B$。三极管的图形符号分别如图 2.5（b）、（d）所示，图中发射极箭头表示电流方向。

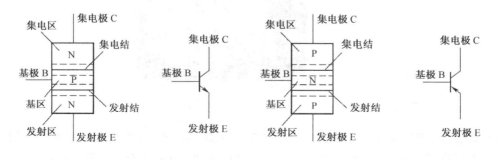

（a）NPN 型原理图　　（b）NPN 型图形符号　　（c）PNP 型原理图　　（d）PNP 型图形符号

图 2.5　三极管结构原理图及图形符号

2. 三极管的电流放大特性

图 2.3 所示的演示电路如图 2.6 所示。图中，微安表的读数是三极管基极电流，毫安表的读数是三极管集电极电流。由表 2.1 所示的数据可知：微小的基极电流变化，引起较大的集电极电流变化，即三极管具有电流放大特性。

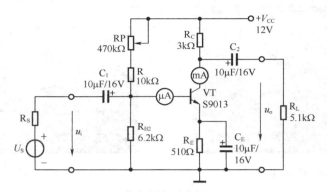

图 2.6　三极管电流放大特性演示电路

3. 常用三极管的特点

三极管有多种分类方式：根据其内部 3 个区的组成形式分为 NPN 型和 PNP 型，在图形符号上，NPN 型发射极箭头向外，PNP 型发射极箭头向里；根据其所用的半导体材料分为硅管和锗管；根据其主要用途分为大功率三极管、小功率三极管，高频三极管、低频三极管，放大三极管、开关三极管等。

（1）低频小功率三极管一般用于工作频率较低、功率在 1W 以下的电压放大电路、功率放大电路等。常用的国产低频小功率三极管型号有：3AX 系列、3DX 系列等。进口的低频小功率三极管型号有：2SA940、2SC2462、2N2944 等。

（2）低频大功率三极管一般作为电视机、音响等家用电器中电源的调整管或功率输出管，也可用于稳压电源、汽车点火电路、不间断电源（UPS）等。常用的国产低频大功率三极管型号有：3DD 系列、3AD 系列等。进口低频大功率三极管型号有：2SA670、2SB337、2AC1827、BD201 等。

应用实例　图 2.7 所示为稳压电源内部电路，低频大功率管用作调整管，当电网电压波动或负载变动引起输出电压变化时，自动调节输出电压，维持输出电压稳定。

图 2.7　稳压电源

（3）高频小功率三极管一般用于工作频率较高、功率不大于 1W 的放大、振荡、开关控制等电路中。常用的国产高频小功率三极管型号有：3AG 系列、3DG 系列等。进口高频小功率三极管型号有：2SA1015、2SC1815、S90×× 系列、BC148、BC158 等。

（4）高频大功率三极管一般用于视频放大电路、前置放大电路、互补驱动电路、高压开关电路、电视机行输出电路等。常用的国产高频大功率三极管型号有：3DA 系列、3CA 系列等。进口高频大功率三极管型号有：2SA634、2SC2068、2SD966、BD135 等。

（5）开关三极管是一种饱和与截止状态变换速度较快的三极管，可分为小功率开关三极管和高反压大功率开关三极管。小功率开关三极管一般用于高频放大电路、脉冲电路、开关电路、同步分离电路等，常用的国产型号有：3AK 系列、3DK 系列等。高反压大功率开关三极管通常都是硅 NPN 型三极管，主要在彩色电视机、计算机显示器中用作电源开关元件等。常用的高反压大功率开关三极管的型号有：2SC1942、2SD820、2SD1431 ~ 2SD1433 等。

 　　图 2.8 所示为 5.5 寸实训用黑白电视机行扫描部分电路，高频大功率管用作行输出管，在行振荡器控制下，为行偏转线圈提供行扫描电流。

图 2.8　黑白电视机行扫描电路

二、三极管的主要参数

1. 三极管伏安特性

三极管的伏安特性指各电极间电压与电流的关系曲线。三极管伏安特性是分析三极管放大电路的重要依据，由输入特性和输出特性两部分组成，实际应用中多数情况下只使用输出特性。

（1）输入特性。输入特性是指在集电极、发射极电压 U_{CE} 为一定值时，基极电流 I_B 与基极、发射极之间电压 U_{BE} 的关系曲线，如图 2.9（a）所示。

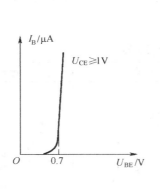

（a）输入特性曲线

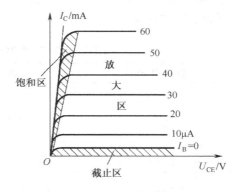

（b）输出特性曲线

图 2.9　三极管的伏安特性曲线

输入特性曲线在 $U_{CE} \geqslant 1V$ 后几乎重合，且 I_B 基本上由 U_{BE} 确定。它和二极管的伏安特性曲线近似，也有一段死区，只有 U_{BE} 大于死区电压时，才有基极电流 I_B，三极管也才能导通，具有电流放大作用。三极管导通时，硅管的发射结压降一般取 0.7 V，锗管的发射结压降一般取 0.3 V。

（2）输出特性。输出特性是指在不同基极电流 I_B 条件下，集电极电流 I_C 与集电极、发射极电压 U_{CE} 之间的关系曲线，如图2.9（b）所示。输出特性曲线可分为3个区：截止区、放大区、饱和区，分别对应三极管的截止状态、放大状态、饱和状态。

2. 三极管的主要参数

三极管的参数是选择和使用三极管的依据，常用的参数有共发射极电流放大系数 β、集电极最大允许耗散功率、反向击穿电压、特征频率。此外，还有穿透电流 I_{CEO}、集电极最大允许电流 I_{CM} 等。

（1）共发射极电流放大系数 β。β 是三极管共发射极连接时，集电极电流变化量 ΔI_C 与基极电流变化量 ΔI_B 的比值，即 $\beta = \dfrac{\Delta I_C}{\Delta I_B}$。

电流放大系数是衡量三极管电流放大能力的参数，但是 β 值过大热稳定性差。三极管用作放大元件时，一般 β 取 80 为宜。

（2）集电极最大允许耗散功率 P_{CM}。P_{CM} 是三极管集电结上允许的最大功率损耗，如果集电极功率 $P_C > P_{CM}$ 将烧坏三极管。通常将 $P_{CM} \leqslant 1W$ 的三极管称为小功率三极管，将 $P_{CM} \geqslant 5W$ 的三极管称为大功率三极管。对于功率较大的三极管，应加散热片。三极管集电极功率计算公式为

$$P_C = U_{CE} I_C$$

（3）反向击穿电压 $U_{(BR)CEO}$。$U_{(BR)CEO}$ 是三极管基极开路时，集电极与发射极之间的最大允许电压。当集电极与发射极之间的电压大于此值时，三极管将被击穿损坏。

（4）特征频率。三极管的电流放大系数与工作频率有关，当三极管的工作频率超过一定值后，若工作频率再升高，其电流放大系数 β 会下降。特征频率是指 β 下降到 1 时三极管的工作频率，用 f_T 表示。通常将 $f_T \leqslant 3\,MHz$ 的三极管称为低频三极管，将 $f_T \geqslant 30\,MHz$ 的三极管称为高频三极管。

3. 三极管的工作状态

三极管有 3 种工作状态，即截止状态、放大状态和饱和状态。三极管工作在饱和、截止状态时，相当于开关；三极管工作在放大状态时具有电流放大作用，此时集电结反偏、发射结正偏。放大的实质是微小的基极电流变化控制较大的集电极电流变化，控制能力用电流放大系数 β 来衡量。这 3 种工作状态的特点与参数如表 2.2 所示。

表 2.2　　　　　　　　三极管的 3 种工作状态与参数

工作状态	截止状态	放大状态	饱和状态
PNP	$U_{CE} \approx -V_{CC}$	U_{CE}	$U_{CE} \approx 0$
	硅管：$U_{BE} > -0.5V$ 锗管：$U_{BE} > -0.2V$	硅管：$U_{BE} -0.7 \sim -0.5V$ 锗管：$U_{BE} -0.3 \sim -0.2V$	硅管：$U_{BE} < -0.7V$ 锗管：$U_{BE} < -0.3V$

工作状态	截止状态	放大状态	饱和状态
NPN	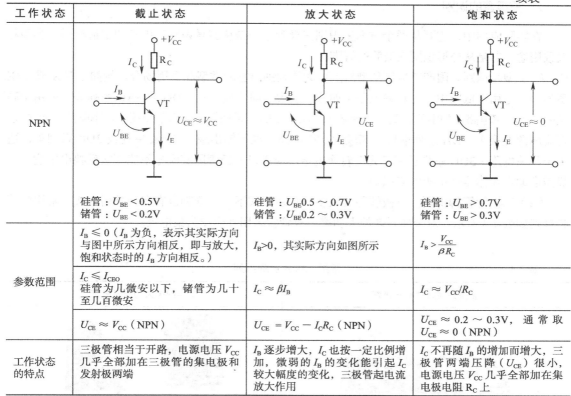硅管：$U_{BE} < 0.5V$ 锗管：$U_{BE} < 0.2V$	硅管：$U_{BE}0.5 \sim 0.7V$ 锗管：$U_{BE}0.2 \sim 0.3V$	硅管：$U_{BE} > 0.7V$ 锗管：$U_{BE} > 0.3V$
参数范围	$I_B \leq 0$（I_B 为负，表示其实际方向与图中所示方向相反，即与放大、饱和状态时的 I_B 方向相反。）	$I_B > 0$，其实际方向如图所示	$I_B > \dfrac{V_{CC}}{\beta R_C}$
	$I_C \leq I_{CEO}$ 硅管为几微安以下，锗管为几十至几百微安	$I_C \approx \beta I_B$	$I_C \approx V_{CC}/R_C$
	$U_{CE} \approx V_{CC}$（NPN）	$U_{CE} = V_{CC} - I_C R_C$（NPN）	$U_{CE} \approx 0.2 \sim 0.3V$，通常取 $U_{CE} \approx 0$（NPN）
工作状态的特点	三极管相当于开路，电源电压 V_{CC} 几乎全部加在三极管的集电极和发射极两端	I_B 逐步增大，I_C 也按一定比例增加，微弱的 I_B 的变化能引起 I_C 较大幅度的变化，三极管起电流放大作用	I_C 不再随 I_B 的增加而增大，三极管两端压降（U_{CE}）很小，电源电压 V_{CC} 几乎全部加在集电极电阻 R_C 上

三、三极管的型号、识别与检测

1. 三极管的型号

国产三极管的型号由 5 部分组成：第 1 部分用数字表示电极数；第 2 部分用字母表示材料和类型；第 3 部分用字母表示种类（即用途）；第 4 部分用数字表示序号，反映电流参数；第 5 部分用字母表示规格号，反映电压参数。三极管型号的各部分符号及意义如表 2.3 所示。

表 2.3　　　　　　　三极管型号的组成、符号及意义

第 1 部分		第 2 部分		第 3 部分		第 4 部分	第 5 部分
数字表示电极数		字母表示材料和类型		字母表示种类		用数字表示序号，反映电流参数	用字母表示规格号，反映电压参数
符号	意义	符号	意义	符号	意义		
3	三极管	A	PNP（锗）	X	低频小功率 （$f_T \leq 3MHz$ $P_{CM} \leq 1W$）		
		B	NPN（锗）	G	高频小功率 （$f_T \geq 30MHz$ $P_{CM} \leq 1W$）		
		C	PNP（硅）	D	低频大功率 （$f_T \leq 30MHz$ $P_{CM} \geq 5W$）		
		D	NPN（硅）	A	高频大功率 （$f_T \geq 30MHz$ $P_{CM} \geq 5W$）		
				U	光电器件		

2. 三极管的识别

在实际应用中，主要从两个方面来识别三极管：一是从型号识别三极管的制造材料、类型和大致用途，二是从外形识别三极管的管脚。

（1）型号识别。国产三极管从型号上可大致判别出它的类型和适用场合。例如：3AX 或 3BX 系列等，适用于低频中、小功率电路（如低频放大、前置放大）；3DG 或 3AG 系列等，适用于高频中、小功率电路（如中放、高放、变频）；3DD 或 3AD 系列等，适用于低频大功率电路（如功放、直流电源变换）；3DA 系列适用于高频大功率电路（如行输出级）；3AK 系列或 3DK 系列等，适用于开关电路；3DU 系列适用于光电转换电路。对进口三极管因其型号不能直接反映出用途，一般需借助半导体器件手册才能识别。

（2）三极管管脚识别。三极管种类较多，封装形式不一，管脚也有多种排列方式，常用的管脚排列如表 2.4 所示。对金属封装的大功率三极管常采用外壳作为集电极。

表 2.4　　　　　　　　　　常用三极管管脚排列

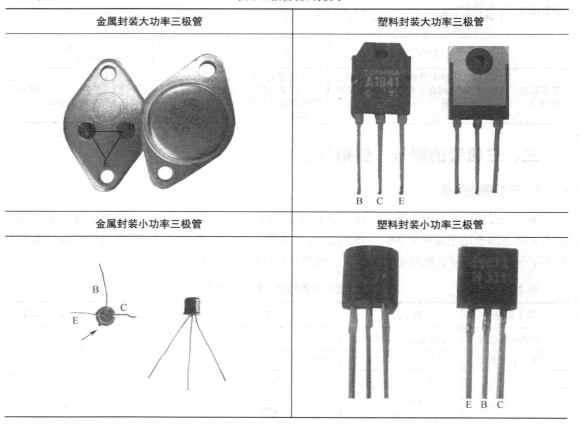

金属封装大功率三极管	塑料封装大功率三极管
金属封装小功率三极管	塑料封装小功率三极管

提示　　表 2.3 中所列的三极管管脚的排列，可能与具体型号的三极管不一致，如塑封小功率三极管 2SC1815 的管脚排列就是 B、C、E（半圆向上）。因此，三极管管脚的准确识别最好还是借助万用表测量管脚之间的电阻后再来判别。

3. 三极管的检测

（1）三极管管脚及类型判别。用万用表电阻挡测量各管脚间的电阻，可判别三极管的管脚，进而判别出它是 PNP 型管，还是 NPN 型管，具体方法如表 2.5 所示。在判断基极时，要反复测几次，直到两次读数均较小或较大为止。

表 2.5　　　　　　　　　　三极管管脚及管型的判别（R×100 或 R×1k 挡）

内容	第一步　判断基极		第二步　判断集电极	
	NPN 型	PNP 型	NPN 型	PNP 型
方法				
示意	红笔　黑笔　B　红笔	黑笔　B 红笔　黑笔	100k　B	100k　B
说明	黑笔固定接触一个脚，红笔分别接触另两个脚，当测得两个阻值均较小时，黑笔所接的管脚为基极	红笔固定接触一个脚，黑笔分别接触另两个脚，当测得两个阻值均较小时，红笔所接的管脚为基极	用手指连接基极与一个脚，黑笔接触与基极相连的脚，红笔接触另一个脚（或用 100kΩ 电阻一端接基极，另一端接黑笔），测两脚之间的电阻；交换与基极相连的脚（或交换表笔），再测一次；指针偏转大的一次，黑笔所接的管脚为集电极	可直接测剩下两个管脚之间的电阻，交换表笔再测一次，指针偏转大的一次，红笔所接的管脚为集电极。若测不出变化，参照 NPN 集电极判别方法，只是注意红、黑笔的位置要交换

（2）三极管好坏的判别。用万用表电阻挡测三极管各电极间 PN 结的正、反向电阻，如果相差较大，说明三极管基本上是好的；如果正、反向电阻都很大，说明三极管内部有断路或 PN 结性能不好；如果正反向电阻都很小，说明三极管极间短路或击穿，具体方法如表 2.6 所示。

表 2.6　　　　　　　　　　三极管好坏的判别（R×100 或 R×1k 挡）

方　　法	NPN 型	PNP 型
测发射结、集电结正向电阻，均为低阻 硅管：万用表指针在表盘中间或中间偏右 锗管：万用表指针在表盘右端，近满度又不到满度	黑笔　红笔	黑笔　红笔

方　　法	NPN 型	PNP 型
测发射结、集电结正向电阻，均为低阻 硅管：万用表指针在表盘中间或中间偏右 锗管：万用表指针在表盘右端，近满度又不到满度		
测发射结、集电结反向电阻，均为高阻（万用表指针基本不动）		
测集电结和发射结两个结的电阻，均为高阻 硅管：万用表指针应基本不动 锗管：万用表指针在表盘左端，稍有起动		

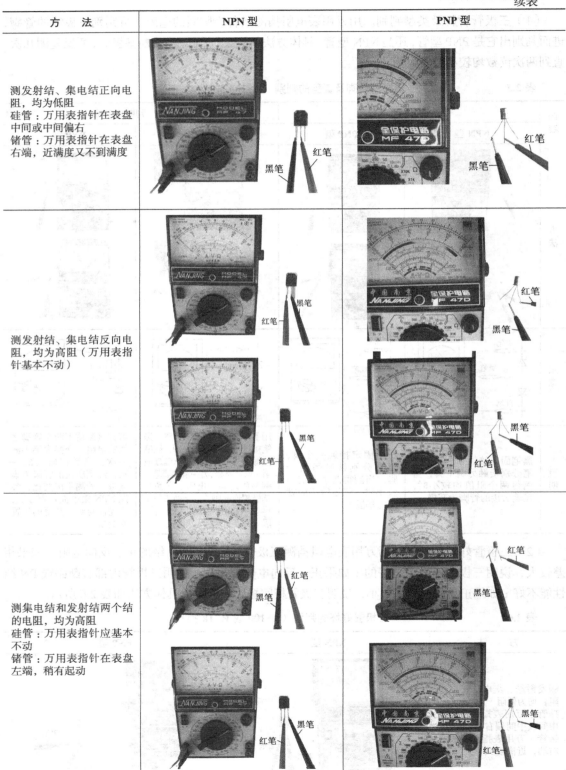

第 2 节　3 种基本放大电路

放大电路的功能是利用三极管的电流放大作用,把微弱的电信号(指变化的电压、电流、功率,简称信号)不失真地放大到所需的数值。放大电路组成的原则是必须有直流电源,而且电源的设置应保证三极管工作在线性放大状态;元件的安排要保证信号的传输,即保证信号能够从放大电路的输入端输入,经过放大电路放大后从输出端输出;元件参数的选择要保证信号能不失真地放大,并满足放大电路的性能指标要求。

一、共发射极放大电路

 按图 2.10 所示连接电路,接通电源;输入峰—峰值为 10mV 的正弦信号,用示波器观察输入、输出波形;记录观察到的结果。

实验现象

演示过程中观察到输入、输出波形如图 2.10 中示波器屏幕所示。比较输入、输出波形发现:输出的幅度比输入的幅度大,而且输出与输入反相,这是如何实现的呢?

知识探究

1. 电路组成

图 2.10 所示演示电路其实际电路如图 2.11 所示,它是一个共发射极基本放大电路,主要作用是交流电压放大,将微弱电信号的幅度进行提升。

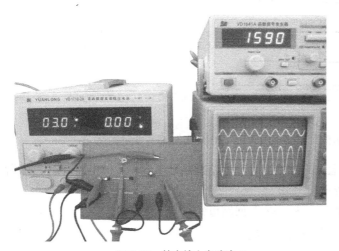

图 2.10　基本放大电路演示

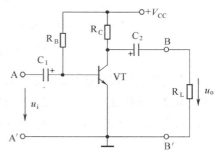

图 2.11　共发射极基本放大电路

2. 各元件作用

图 2.11 中各元件的作用如下。

(1)三管极 VT:是放大电路的核心元件,它在电路中起电流放大作用,它的工作状态决定了放大电路能否正常工作。

（2）集电极直流电源 V_{CC}：正极接三极管的集电极，为集电结提供反向偏置。同时，它还为输出信号提供能源。V_{CC} 一般为几伏至几十伏。

（3）集电极负载电阻 R_C：将三极管集电极电流的变化转变为电压变化，以实现电压放大。R_C 的阻值一般为几千欧。

（4）基极偏置电阻 R_B：为三极管发射结提供正向偏置，产生一个大小合适的基极直流电流 I_B。调节 R_B 的阻值可控制 I_B 的大小，I_B 过大或过小放大电路都不能正常工作。R_B 的阻值一般为几十千欧至几百千欧。

（5）耦合电容 C_1 和 C_2：C_1 和 C_2 一方面起隔直作用，即利用 C_1（输入耦合电容器）隔断放大电路与信号源之间的直流通路；利用 C_2（输出耦合电容器）隔断放大电路和负载 R_L 之间的直流通路；另一方面又起耦合交流作用，只要适当选择这两个电容器的电容量，可使它们对交流信号的容抗很小，以保证信号源提供的交流信号能畅通地送入放大电路，放大后的交流信号又能畅通地送给负载 R_L。C_1 和 C_2 一般选用电解电容器，电容量为几十微法，使用时应特别注意它们的极性与实际工作电压的极性是否相符合，若连接反向可能会引起 C_1 或 C_2 破裂。

3. 工作原理

（1）静态工作点。放大电路没有加输入信号时的状态称为静态。此时只有直流电源 V_{CC} 加在放大电路上，三极管各极电流和各极之间的电压都是直流量，分别用 I_B、I_C、U_{BE}、U_{CE} 表示，它们对应着三极管输入、输出特性曲线上的一个固定点，习惯上称为静态工作点，简称 Q 点，如图 2.12（a）所示。

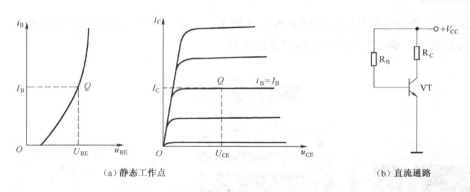

（a）静态工作点　　　　　　　　　　（b）直流通路

图 2.12　共发射极放大电路的直流通路和静态工作点

静态工作点可以由放大电路的直流通路来确定。直流通路指断开电容以后的电路，图 2.11 所示放大电路的直流通路如图 2.12（b）所示。

由图 2.12（b）的"$V_{CC} \rightarrow R_B \rightarrow B$ 极 $\rightarrow E$ 极 $\rightarrow$ 地"回路可知

$$V_{CC} = I_B R_B + U_{BE}$$

则

$$I_B = \frac{V_{CC} - U_{BE}}{R_B}$$

式中，U_{BE} 为三极管导通时的发射结电压，硅管约 0.7 V，锗管约 0.3 V。由于一般 $V_{CC} \gg U_{BE}$，故上式可近似为

$$I_{B} = \frac{V_{CC}}{R_{B}}$$

由此可知：当增大 R_B 时，I_B 减小，静态工作点降低；当减小 R_B 时，I_B 增大，静态工作点升高。在实际应用中，就是通过改变 R_B 的大小，实现静态工作点的调节。

（2）工作原理。在图 2.11 中，将待放大的交流信号 u_i 连接到放大电路的输入端 AA′ 两点之间。u_i 通过 C_1 耦合，加在三极管 VT 的基极和发射极之间，产生一个交流电流 i_b，叠加在基极静态电流 I_B 上，引起基极电流 i_B（$i_B = I_B + i_b$）作相应的变化。i_B 通过 VT 的电流放大作用，引起了 VT 集电极电流 i_C（$i_C = I_C + i_c$）发生较大的变化。i_C 的变化使 R_C 上产生相应的电压变化，从而引起 VT 的集电极和发射极之间的电压 u_{CE}（$u_{CE} = U_{CE} + u_{ce}$）也跟着变化。由于 C_2 具有"隔直流、通交流"的作用，u_{CE} 中的交流分量 u_{ce} 经过 C_2 耦合畅通地传送给负载 R_L，成为输出交流电压 u_o。只要电路参数选择得合适，就可使 u_o 的幅值远大于 u_i 的幅值，实现电压放大作用。上述过程可简述为

$$u_i \xrightarrow{\quad C_1 \quad} u_{BE} \xrightarrow{\quad VT \quad} i_B \xrightarrow{\quad VT \quad} i_C \xrightarrow{\quad R_C \quad} u_{CE} \xrightarrow{\quad C_2 \quad} u_o$$

 归纳 　　放大电路的实质，是一种用较小的能量去控制较大能量转换的能量转换装置，即利用三极管的电流控制作用，将直流电源的能量部分地转化为按输入信号规律变化且有较大能量的输出信号。

二、共集电极放大电路

共集电极放大电路又称射极输出器，主要作用是交流电流放大，以提高整个放大电路的带负载能力，在实际应用中，一般用作输出级或隔离级。

1. 电路组成

共集电极放大电路的组成如图 2.13 所示。在其电路结构上有两个明显的特点：一是三极管的集电极直接与直流电源相连，二是从三极管的发射极输出信号。各元件的作用与共发射极放大电路基本相同，只是 R_E 除具有稳定静态工作点的作用外，还作为放大电路空载时的负载。

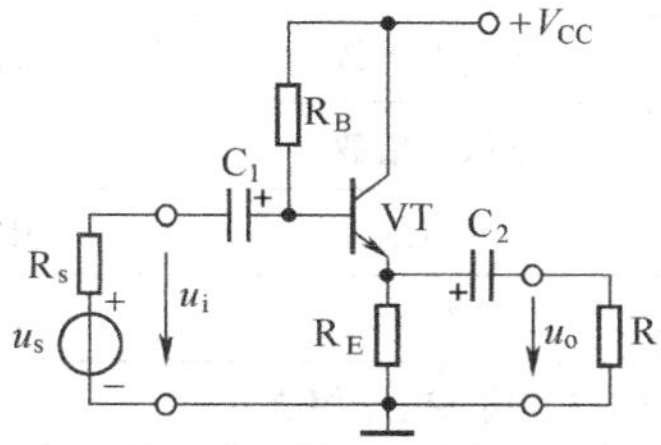

图 2.13　共集电极放大电路

2. 主要特点

共集电极放大电路的主要特点是：输入电阻高，传递信号源信号效率高；输出电阻低，带负载能力强；电压放大倍数小于 1 而接近于 1，且输出电压与输入电压相位相同，具有跟随特性。因而在实际应用中，共集电极放大电路被广泛用做输出级或中间隔离级。

 注意 　　共集电极放大电路虽然没有电压放大作用，但仍有电流放大作用，因而有功率放大作用。

* 三、共基极放大电路

共基极放大电路具有较宽的通频带（通频带的定义在第 5 节中介绍），主要用于放大高频信号。

1. 电路组成

共基极放大电路组成如图2.14所示。图中 R_{B1}、R_{B2} 为发射结提供正向偏置；公共端三极管的基极通过一个电容器接地，不能直接接地，否则基极上得不到直流偏置电压；输入端发射极可以通过一个电阻或一个线圈与电源的负极连接，输入信号加在发射极与基极之间（输入信号也可以通过电感耦合接入放大电路）；集电极为输出端，输出信号从集电极和基极之间取出。

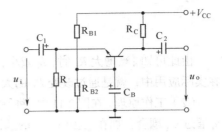

图2.14 共基极放大电路

2. 主要特点

共基极放大电路的主要特点是在输入回路中有一个很大的发射极电流，所以输入电阻很小；输出电阻较大；因为输出端是集电极，输入端是发射极，因而其电流放大系数小于1。

*四、3 种基本放大电路的比较

共发射极、共集电极、共基极 3 种基本放大电路的性能比较如表2.7所示。在实际应用中，需要提升信号幅度时，采用共发射极放大电路；需要增强带负载能力时，采用共集电极放大电路；需要较宽的通频带时，采用共基极放大电路。

表2.7 3 种基本放大电路性能比较

电路形式	共发射极放大电路	共集电极放大电路	共基极放大电路
电流放大系数	较大，例如 200	较大，例如 200	<1
电压放大倍数	较大，例如 200	<1	较大，例如 100
功率放大倍数	很大，例如 20 000	较大，例如 300	较大，例如 200
输入电阻	中等，例如 5 kΩ	较大，例如 50 kΩ	较小，例如 50 Ω
输出电阻	较大，例如 10 kΩ	较小，例如 100 Ω	较大，例如 10 kΩ
输出与输入电压相位	相反	相同	相同

注：表中所给出的数据只适用于 NPN 型低频小功率管。

第3节 放大电路静态工作点的稳定

图2.11所示的共发射极基本放大电路还没有太大的实用价值，下面先看一个演示。

按图2.15所示连接电路，将万用表串联在三极管的集电极，万用表的选择开关置于直流电流挡（5 mA），接通 5 V 直流电源，记下万用表读数；将烧热的电烙铁靠近三极管，观察万用表读数的变化。

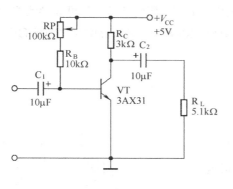

（a）演示电路

（b）加热前

图 2.15　温度影响演示

实验现象

　　在演示过程中可以发现当电烙铁靠近三极管片刻后，万用表的读数会增大；当电烙铁离开三极管片刻后，万用表的读数又会减小，如图 2.16 所示。

（a）加热过程中

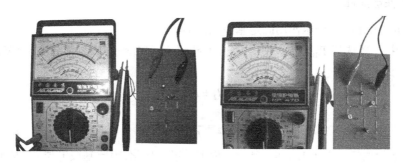

（b）加热后

图 2.16　演示现象

　归纳　　温度变化会影响三极管集电极电流。当温度升高时，集电极电流增大；当温度降低时，集电极电流减小。集电极电流的变化会影响放大电路的静态工作点，因此，温度变化将影响放大电路的静态工作点稳定。

知识探究

温度的变化、三极管的更换、电路元件的老化、电源电压的波动，都可能导致放大电路静态工作点不稳定，进而影响放大电路的正常工作。在这些因素中，又以温度变化的影响最大。因此，必须采取措施稳定放大电路的静态工作点。

一、分压式偏置放大器

1. 电路组成

分压式偏置放大器是实际应用中普遍采用的一种稳定静态工作点的基本放大电路，又称为射极偏置电路。它的偏置电路由基极电阻 R_{B1}（RP 与 R 串联的等效电阻）、R_{B2} 和发射极电阻 R_E 组成，其电路组成如图 2.17 所示。

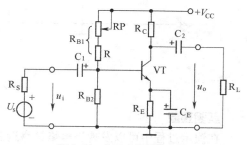

图 2.17　分压式偏置放大器

2. 各元件作用

（1）基极偏置电阻 R_{B1}、R_{B2} 为三极管发射结提供正向偏置，产生一个大小合适的基极直流电流 I_B，调节 RP 的阻值，可控制 I_B 的大小。R 的作用是防止 RP 的阻值调到零时，烧坏三极管。习惯上，R_{B1} 称为上偏置电阻，R_{B2} 称为下偏置电阻，一般 R_{B1} 的阻值为几十千欧至几百千欧；R_{B2} 的阻值为几千欧至几十千欧。

（2）发射极电阻 R_E 的作用是引入直流负反馈稳定静态工作点，一般阻值在几千欧以下。

（3）发射极旁路电容器 C_E：对交流而言，C_E 短接 R_E，使 R_E 对交流信号不起作用，确保放大电路动态性能不受影响。当 C_E 失容或断开时，放大电路的电压放大倍数将降低。一般 C_E 选择电解电容器，容量为几十微法。

其他元件的作用与基本放大电路中相同。

3. 稳定工作点原理

（1）利用 R_{B1} 和 R_{B2} 的分压作用固定基极电位 U_B。

在图 2.17 中，当选择 R_{B1}、R_{B2} 使 $I_2 \gg I_B$（硅管 $I_2 = 5I_B \sim 10I_B$；锗管 $I_2 = 10I_B \sim 20I_B$）时，则

$$I_1 = I_2 + I_B \approx I_2$$

$$U_B = I_2 R_{B2} = \frac{R_{B2}}{R_{B1} + R_{B2}} V_{CC}$$

式中，I_1 为 R_{B1} 上的电流。由于 R_{B1}、R_{B2} 和 V_{CC} 都不随温度变化，因此基极电位 U_B 基本上为固定值，且 I_2 越大于 I_B，U_B 越可以看作是固定值。

（2）利用发射极电阻 R_E 产生反映 I_C 变化的 U_E，再引回到输入回路去控制 U_{BE}，实现 I_C 基本不变。

稳定的过程是：当温度 T 升高时，I_C 增大，I_E 亦增大，则发射极的电位 $U_E = I_E R_E$ 升高，因为 $U_{BE} = U_B - U_E$，而 U_B 已被固定，因此加在三极管上的 U_{BE} 减小，使 I_B 自动减小，I_C 也随之自动减小，达到稳定静态工作点的目的。这个过程可简单表述如下。

$$T \uparrow \rightarrow I_C \uparrow \rightarrow I_E \uparrow \rightarrow U_E \uparrow \rightarrow U_{BE} \downarrow \rightarrow I_B \downarrow \rightarrow I_C \downarrow$$

从上述过程可以看出，R_E 阻值越大，则在 R_E 上产生的压降越大，对 I_C 变化的抑制能力越强，电路稳定性能越好。

二、集电极—基极偏置放大器

集电极—基极偏置放大器的电路如图 2.18 所示，其特点是引入了直流电压负反馈实现稳定静态工作点。负反馈的概念将在后续单元介绍。

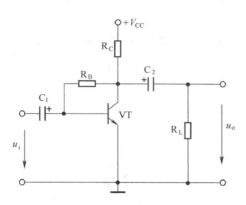

图 2.18 集电极—基极偏置放大器

当温度升高使 I_C 增大时，随着 I_C 的增大，集电极—发射极电压和相应的基极—发射极电压同时下降，使 I_C 自动减小，达到稳定静态工作点的目的。这个过程简单表述如下。

$$T \uparrow \rightarrow I_C \uparrow \rightarrow U_C \downarrow \rightarrow U_B \downarrow \rightarrow U_{BE} \downarrow \rightarrow I_B \downarrow \rightarrow I_C \downarrow$$

 *第 4 节　放大电路的分析

放大电路通常有两种工作状态：静态和动态。放大电路没有加输入信号 u_i 时的工作状态称为静态，电路中只有直流电源提供的直流分量。放大电路输入端接入输入信号 u_i 后的工作状态称为动态，此时，放大电路在输入电压和直流电源 V_{CC} 共同作用下工作，电路中既有直流分量，又有交流分量。放大电路的分析可分为静态参数估算和动态参数估算，其中静态参数估算主要是确定静态工作点，动态参数估算主要是估算放大电路的性能指标。

一、静态参数估算

静态参数估算要借助直流通路，下面以分压式偏置放大器为例介绍估算方法。图 2.17 所示的分压式偏置放大器的直流通路如图 2.19 所示，具体估算步骤如下。

1. 求 U_B

由直流通路的"$V_{CC} \rightarrow R_{B1} \rightarrow B$ 极 $\rightarrow R_{B2} \rightarrow$ 地"回路可知

$$U_B = \frac{R_{B2}}{R_{B1} + R_{B2}} V_{CC}$$

2. 求 I_E

由"B 极→E 极→R_E→地"支路可知

$$U_E = U_B - U_{BE}$$

即

$$I_E R_E = U_B - U_{BE}$$

$$I_E = \frac{U_B - U_{BE}}{R_E}$$

在实际应用中，估算静态工作点时，常常忽略 U_{BE}，故

$$I_E = \frac{U_B}{R_E}$$

3. 求 I_B、I_C

由 $I_E = I_B + I_C = I_B + \beta I_B$ 知

$$I_B = \frac{I_E}{1 + \beta}$$

$$I_C = \beta I_B$$

在实际应用中，估算静态工作点时，通常取

$$I_C \approx I_E$$

4. 求 U_{CE}

由直流通路的"V_{CC}→R_C→C 极→E 极→R_E→地"回路可知

$$I_C R_C + U_{CE} + I_E R_E = V_{CC}$$

即

$$U_{CE} = V_{CC} - I_C R_C - I_E R_E \approx V_{CC} - I_C(R_C + R_E)$$

【**例 2.1**】 在如图 2.20 所示的电路中，三极管的 $\beta = 60$，试求静态工作点。

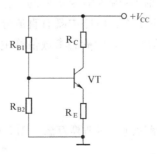

图 2.19 分压式偏置放大器的直流通路

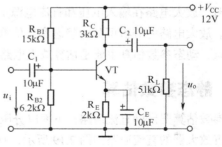

图 2.20 例 2.1 的图

解：

$$U_B = \frac{R_{B2}}{R_{B1} + R_{B2}} V_{CC} = \frac{6.2}{15 + 6.2} \times 12 = 3.5(\text{V})$$

$$I_C \approx I_E = \frac{U_B - U_{BE}}{R_E} = \frac{3.5 - 0.7}{2} = 1.4 \text{ (mA)}$$

$$I_B = I_C/\beta = 1.4/60 = 0.023 \text{（mA）} = 23 \text{（μA）}$$

$$U_{CE} \approx V_{CC} - I_C(R_C + R_E) = 12 - 1.4 \times (3 + 2) = 5 \text{（V）}$$

二、动态参数估算

动态参数估算要借助交流通路。交流通路是指放大电路中耦合电容器和直流电源作短路处理后所得的电路。因此，画交流通路的原则是将直流电源 V_{CC} 短接；将输入耦合电容器 C_1、输出耦合电容器 C_2、发射极旁路电容器 C_E 短接。图 2.17 所示的分压式偏置放大器的交流通路如图 2.21 所示。

在实际应用中，放大电路的动态参数主要指放大电路的电压放大倍数、输入电阻、输出电阻等性能指标。

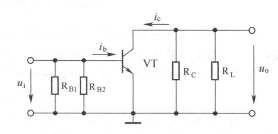

图 2.21　分压式偏置放大器的交流通路

1. 电压放大倍数 A_u

电压放大倍数是输出电压与输入电压的比值，是放大电路的基本性能指标，它反映了输入信号经放大电路放大后，在幅度上提升了多少倍。图 2.21 所示放大电路的电压放大倍数可用下面的公式估算

$$A_u = \beta \frac{R_L'}{r_{be}}$$

式中，$R_L' = R_C//R_L$；r_{be} 为三极管基极与发射极之间的等效电阻。r_{be} 的估算公式为

$$r_{be} = 300 + (1 + \beta) \frac{26}{I_E}$$

式中，I_E 为三极管发射极静态电流，单位为 mA；r_{be} 的单位是 Ω，数值一般在几百欧到几千欧之间。

需要说明的是，r_{be} 是动态电阻，只能用于计算交流量，当 I_E 的范围为 $0.1\text{mA} < I_E < 5\text{mA}$ 时，上式才适用，否则将产生较大的误差。

 注意　对共发射极放大电路而言，输出电压与输入电压相比，除幅度提升外，在相位上还存在倒相关系，即输入信号是正最大值时，输出信号对应为负最大值。在实际应用中，当用单级放大电路组成多级放大电路且涉及相位要求时，应关注这一点。

2. 输入电阻 R_i

输入电阻是指从放大电路输入端 AA′（见图 2.22）看进去的等效电阻，定义为

$$R_i = \frac{U_i}{I_i}$$

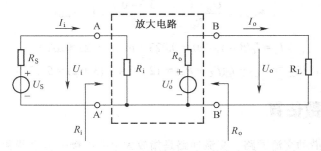

图 2.22　放大电路的输入电阻和输出电阻

R_i 不是一个真实存在的电阻，对信号源而言，它可以代替放大电路作为信号源的负载，也就是说，整个放大电路相当于一个负载电阻 R_i，这一点应注意理解。

图 2.21 所示的分压式偏置放大器的输入电阻估算公式为

$$R_i = r_{be} /\!/ R_{B1} /\!/ R_{B2}$$

在 $R_{B1} \gg r_{be}$、$R_{B2} \gg r_{be}$ 时，$R_i \approx r_{be}$。故：共发射极放大电路的输入电阻近似为三极管基极与发射极之间的等效电阻，通常为几百欧到几千欧之间。需要说明的是，虽然 $R_i \approx r_{be}$，但两者物理意义不同，不能混同起来。

若考虑信号源内阻，如图 2.22 所示，则放大电路输入电压 U_i 是信号源 U_S 在输入电阻 R_i 上的分压，即

$$U_i = \frac{R_i}{R_i + R_S} U_S$$

式中，R_i 越大，U_i 越接近 U_S，信号传递的效率越高。由此可见，输入电阻 R_i 是衡量信号源传递信号效率的指标。在实际应用中，常采取一些措施来提高放大电路的输入电阻。一些电子测量仪器，如电子示波器、晶体管毫伏表等均有很高的输入电阻。

3. 输出电阻 R_o

输出电阻是指放大器信号源短路、负载开路，从输出端看进去的等效电阻，定义为

$$R_o = \frac{U_o}{I_o}$$

R_o 也不是一个真实存在的电阻。对负载而言，放大电路相当于一个具有内阻的信号源，如图 2.22 所示，输出电阻就是这个等效电源的内阻。

由于 R_o 的存在，使放大电路接上负载后的输出电压为

$$U_o = U_o' - I_o R_o$$

由此可见：R_o 越大，负载变化（即 I_o 变化）时，输出电压的变化也越大，说明放大电路带负载能力弱；反之，R_o 越小，负载变化时输出电压变化也越小，说明放大电路带负载能力强。所以输出电阻是衡量放大电路带负载能力的指标。

图 2.21 所示的分压式偏置放大器的输出电阻估算公式为

$$R_o = \frac{U_o}{I_o} = R_C$$

故：分压式偏置放大器的输出电阻近似为几千欧，其带负载能力较弱。

放大电路的输入电阻用于衡量信号源传递信号的效率，实际应用中总是希望大一些。放大电路的输出电阻用于衡量带负载能力，实际应用中总是希望小一些。

【例2.2】在如图2.20所示的电路中，三极管的 $\beta=60$，试求：电压放大倍数、输入电阻、输出电阻。

解：由例2.1可知

$$I_E = 1.4 \ (\text{mA})$$

故

$$r_{be} = 300 + (1+\beta)\frac{26}{I_E} = 300 + (1+60)\times\frac{26}{1.4} = 1.43 \ (\text{k}\Omega)$$

又

$$R'_L = R_C \ /\!/ \ R_L = \frac{R_C \times R_L}{R_C + R_L} = \frac{3 \times 5.1}{3 + 5.1} = 1.89 \ (\text{k}\Omega)$$

所以

$$A_u = \beta\frac{R'_L}{r_{be}} = 60 \times \frac{1.89}{1.43} = 79.3$$

$$R_i = r_{be} \ /\!/ \ R_{B1} \ /\!/ \ R_{B2} \approx r_{be} = 1.43 \ (\text{k}\Omega)$$

$$R_o = R_C = 3 \ (\text{k}\Omega)$$

放大电路输出电阻的测量

在工程实践中，可用实验的方法测出输出电阻。在放大电路输入端加一个正弦电压信号，测出负载开路时的输出电压 U_o'；然后，再测出接入负载 R_L 时的输出电压 U_o，则有

$$U_o = \frac{U_o'}{R_o + R_L}R_L$$

$$R_o = \left(\frac{U_o'}{U_o} - 1\right)R_L$$

式中，U_o'、U_o 是用晶体管毫伏表测出的交流电压有效值。

*第5节　多级放大电路

在许多情况下，输入信号是很微弱的（毫伏或微伏级），要把这样微弱的信号放大到足以带动负载，仅用一级放大电路是做不到的，必须经多级放大，以满足放大倍数和其他方面的性能要求。

一、多级放大电路的构成

1. 电路组成

一般多级放大电路的组成框图如图2.23所示。根据信号源和负载性质的不同，对各级电路有不同的要求，输入级一般要求有尽可能高的输入电阻和低的静态工作电流；中间级主要提高电压

放大倍数，一般选 2～3 级，级数过多易产生自激振荡，在音频应用中表现为"啸叫"；推动级（或称激励级）输出足够的信号幅度推动功放级工作；功放级则以足够的输出功率驱动负载工作。

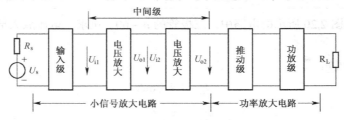

图 2.23　多级放大电路组成框图

2. 级间耦合

在多级放大电路中，每两个单级放大电路之间的连接方式称为间级耦合。实现耦合的电路称级间耦合电路，其任务是将前级信号传送到后级。对级间耦合电路的基本要求是不引起信号失真；尽量减小信号电压在耦合电路上的损失。目前，以阻容耦合（分立元件电路）和直接耦合（集成电路）应用最广泛。

（1）阻容耦合是指用较大容量的电容器连接两个单级放大电路的连接方式，如图 2.24 所示，其特点是各级静态工作点互不影响，电路调试方便，但信号有损失。

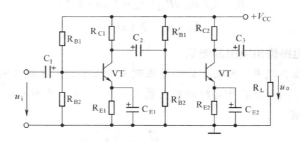

图 2.24　两级阻容耦合放大电路

（2）直接耦合是指用导线连接两个单级放大电路的连接方式，如图 2.25 所示，其特点是信号无损失，但各级静态工作点相互影响，电路调试麻烦。

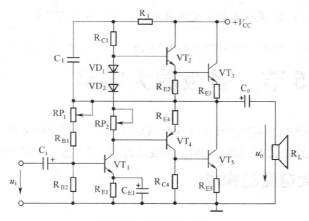

图 2.25　功率放大电路

（3）除阻容耦合和直接耦合外，还有一种耦合方式称为变压器耦合，即用变压器将两个单

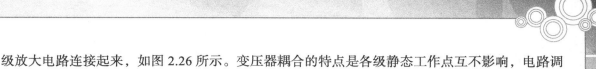

级放大电路连接起来，如图 2.26 所示。变压器耦合的特点是各级静态工作点互不影响，电路调试方便，但变压器具有体积较大的缺陷，使其仅用于谐振放大器和电视机的行激励级等场合。

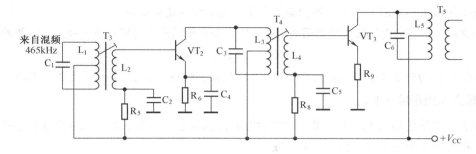

图 2.26　晶体管收音机中放电路

　光耦合器

　　在实际应用中，还可以用光耦合器进行级间耦合。光耦合器如图 2.27 所示。其工作过程为：当输入端有电信号输入时，发光二极管发光，光电三极管受到光照后产生光电流，由输出端输出电信号，实现以光为媒介的电—光—电的信号传输，而器件的输入端和输出端在电气上是隔离的。光耦合器是较理想的信号耦合器件，具有响应快、可靠性高、功耗和体积小、信噪比高、抗干扰性强

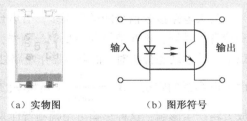

（a）实物图　　　　（b）图形符号

图 2.27　光耦合器

等优点，常用于微机控制、生物信息测量等场合的信号耦合。

二、多级放大电路的性能指标

　　在实际应用中，多级放大电路性能指标主要是指电压放大倍数、输入电阻、输出电阻、幅频特性等。

1. 电压放大倍数

　　多级放大电路不论采用何种耦合方式和何种组态电路，从交流参数来看，前级的输出信号（如 U_{o1}），为后级的输入信号（如 U_{i2}）；而后级的输入电阻（如 R_{i2}），为前级的负载电阻。因此，由图 2.23 可知，两级电压放大器的放大倍数分别为

$$A_{u1} = \frac{U_{o1}}{U_{i1}}, A_{u2} = \frac{U_{o2}}{U_{i2}}$$

由于 $U_{o1} = U_{i2}$，故两级放大电路总的电压放大倍数为

$$A_u = \frac{U_{o2}}{U_{i1}} = \frac{U_{o1}}{U_{i1}} \times \frac{U_{o2}}{U_{i2}}$$

即

$$A_u = A_{u1} \times A_{u2}$$

该式可推广到 n 级放大电路

$$A_\mathrm{u}=A_\mathrm{u1}A_\mathrm{u2}\cdots A_\mathrm{u}n$$

由此可见，多级放大电路总的电压放大倍数等于各级电路电压放大倍数的乘积。在估算单级放大电路电压放大倍数时，把后一级的输入电阻作为本级的负载即可。

当多级放大电路的电压放大倍数很高时，可用增益来衡量放大电路的放大能力。增益的定义为

$$G_\mathrm{u} = 20\lg |A_\mathrm{u}|$$

增益的单位为分贝（dB）。由上式可知：电压放大倍数每增加 10 倍，增益增加 20dB。

2. 输入电阻和输出电阻

多级放大电路的输入电阻即为第一级放大电路的输入电阻；多级放大电路的输出电阻即为最后一级（第 n 级）放大电路的输出电阻。故：

$$R_\mathrm{i} = R_\mathrm{i1}, \quad R_\mathrm{o} = R_\mathrm{o}n$$

在工程应用中，为了提高信号传输效率，通常将第一级放大电路的输入电阻选择大一些。为了提高带负载能力，通常将最后一级放大电路的输出电阻选择小一些。

3. 幅频特性

放大电路接收信号的类型很多，有电台播音中的语言和音乐信号、仪表测量信号、电视图像和伴音信号等。这些信号并不是单一频率，而是包含着许多频率不同的正弦波，从几赫到几兆赫以上。前述动态分析时，把电容器作短路处理，在一定频率范围内是正确的。当频率范围较大时，由于电容器的容抗（ $X_\mathrm{C} = \dfrac{1}{2\pi f C}$ ）是频率的函数，容抗不能忽略不计。此时，X_C 对信号的传输和放大将产生影响，这种影响可用幅频特性来衡量。

幅频特性是指放大电路的电压放大倍数与频率之间的关系。单级阻容耦合放大电路的幅频特性如图 2.28（a）所示，图 2.28（b）所示为两级阻容耦合放大电路的幅频特性。

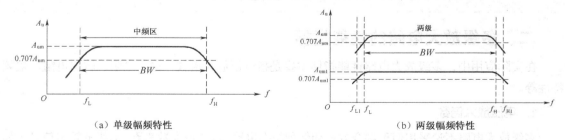

（a）单级幅频特性　　　　　　　　　　　　（b）两级幅频特性

图 2.28　阻容耦合放大电路的幅频特性

由图 2.28（a）可知：放大电路在某一段频率范围内，电压放大倍数 A_u 与频率无关；随着频率的升高或降低，电压放大倍数都要下降。当电压放大倍数 A_u 下降到 $0.707A_\mathrm{um}$ 时，所对应的两个频率，分别称下限频率 f_L 和上限频率 f_H，这两个频率之间的频率范围，称为放大电路的通频带（又称带宽 BW）。在通频带范围内，信号经放大后，不同频率成分之间的比例关系几乎不变，这在实际应用中具有非常重要的价值。

例如，图 2.26 所示的收音机中放电路，对通频带内的中频信号可以不失真地放大，保证了广播的正常收听。若中放电路的通频带过窄，将导致信号失真，影响收听效果，甚至无法收听。

图 2.28（b）所示的两级阻容耦合放大电路的幅频特性由每一级放大电路的幅频特性叠加而

成（用增益表示）。多级放大电路的幅频特性可用类似的方法获得。放大电路级数越多，通频带越窄。

技 能 实 训

 岗位描述

　　三极管是电子产品生产中离不开的一类电子元件，由三极管组成的基本放大电路是构成电子产品功能模块的基础。本次技能实训有2个：三极管的识别与检测，对应电子企业质量检验部门相关岗位；分压式偏置放大器的安装与调试，对应电子产品生产过程中的插件、焊接、质量控制，以及产品维修、售后服务等岗位。

实训1　三极管的识别与检测

1. 实训目的

（1）掌握常用三极管的识别与简易检测。

（2）掌握光电三极管的简易检测。

2. 器材准备（见表2.8）

表2.8　　　　　　　　　　　　　　　　　实训器材

序　号	名　　称	规　　格	数　量
1	三极管	3DG6、S9013、2SC1815、2SA1015	各1只
2	光电三极管	3DU	1只
3	万用表	MF47	1块

3. 相关知识

（1）三极管电流放大系数 β 的估测。估测三极管电流放大系数 β 的方法如表2.9所示。

表2.9　　　　　　　　　　　　三极管电流放大系数的估测

方　　法	示　　范		说　　明
用万用表的电阻挡	红笔 黑笔	黑笔 红笔	在基极—集电极间接入 $R=100\text{k}\Omega$ 的电阻，或用手捏住基极和集电极（但这两极不能短接），用万用表测量C、E之间的电阻，万用表指针偏转角度越大，说明 β 越大

续表

方　法	示　范	说　明
用万用表的 h_{FE} 挡	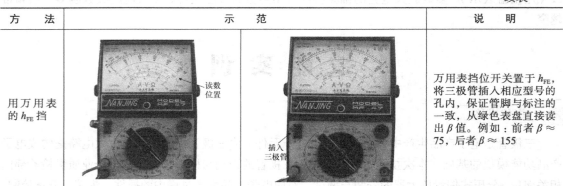	万用表挡位开关置于 h_{FE}，将三极管插入相应型号的孔内，保证管脚与标注的一致，从绿色表盘直接读出 β 值。例如：前者 $\beta \approx$ 75，后者 $\beta \approx 155$

（2）光电三极管的检测。光电三极管如图 2.29（a）所示，其检测方法如图 2.29（b）、（c）所示。无光照时，万用表电阻挡的表针应几乎不动；受光照时，电阻值应从几百千欧减小到几千欧。检测时必须注意，要用 R×1k 挡，不能用 R×1 和 R×10 挡测量，一般也不允许强烈日光照射，以免损坏光电三极管。

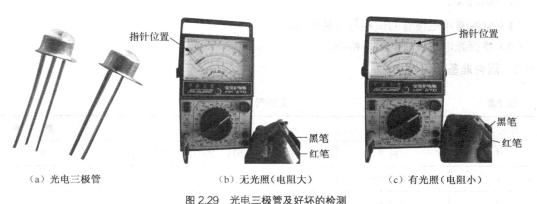

（a）光电三极管　　　（b）无光照（电阻大）　　　（c）有光照（电阻小）

图 2.29　光电三极管及好坏的检测

4. 内容与步骤

（1）常用三极管的识别与检测。根据提供的常用三极管填表 2.10。

操作指导

① 能根据三极管外形、封装识读出管脚的，养成直接识读的习惯。识读不了的，养成用万用表电阻挡测量管脚之间电阻后，再判别的习惯。使用万用表时，选择开关置于电阻挡 ×1k 位置，并要对万用表进行"校零"。② 能根据三极管型号识读出管型的，养成直接识读的习惯。识读不了的，养成查阅资料的习惯。

表 2.10　　　　　　　　　　　用万用表测试常用三极管

三极管型号	管　脚	管　型	用　途	质　量

（2）在提供的三极管中，选出一只 NPN 型三极管，参照表 2.9 中所述的方法，估测其电流放大系数 β 值。

① 用万用表的 h_{FE} 挡估测时，先正确识读三极管的 3 个管脚和管型，然后插入万用表对应的管脚插孔。左边的一排孔用于插入 NPN 型三极管，右边一排孔用于插入 PNP 型三极管。② 不同厂家生产的万用表的"h_{FE} 挡"位置有所不同，选择时应注意观察。③ h_{FE} 挡的刻度盘通常用绿色标记，读数时应从指针的正面识读。

（3）参照图 2.29 所示，检测光电三极管。

① 用不透光的纸或黑胶带包住光电三极管的受光窗口，手指不能同时捏住 2 只管脚。② 万用表电阻挡置于 R×1k 位置，不能用 R×1 和 R×10 挡测量，一般也不允许强烈日光照射。

（4）实训结束后，整理好本次实训所用的器材、仪表，清洁工作台，打扫实训室。

5. 问题讨论

（1）查阅资料，找出本次实训所用的国产三极管可替换的进口三极管型号；或进口三极管可替换的国产三极管型号。

（2）说一说如何使用数字万用表检测三极管。

6. 实训总结

（1）整理检测数据，判别三极管质量的好坏。

（2）检测过程中若遇到问题，分析产生问题的原因，提出解决方法。

（3）填写表 2.11。

表 2.11　　　　　　　　　　实训评价表

课题						
班级		姓名		学号		日期
训练收获						
训练体会						
训练评价	评定人	评语			等级	签名
	自己评					
	同学评					
	老师评					
	综合评定等级					

实训 2　分压式偏置放大器的安装与调试

1. 实训目的

（1）掌握元件的合理选用。

（2）掌握分压式偏置放大器的安装技巧。

（3）掌握分压式偏置放大器的调试方法。

2. 器材准备（见表 2.12）

表 2.12　　　　　　　　　　实训器材

序　号	名　　称	规　　格	数　量
1	三极管	S9013	1 只
2	电阻器	10kΩ、6.2kΩ、5.1kΩ、3kΩ、510Ω	各 1 只
3	电位器	470kΩ	1 只
4	电解电容器	10μF/16V	3 只
5	万用表	MF47	1 块
6	晶体管毫伏表		1 只
7	双踪示波器	20MHz	1 台
8	直流稳压电源	12V	1 台
9	函数信号发生器		1 台
10	安装用电路板	20cm×10cm	1 块
11	连接导线、焊锡		若干
12	常用安装工具（电烙铁、尖嘴钳等）		1 套

3. 相关知识

电子电路的安装应遵循一定的工艺要求，具体要求如下。

（1）电阻器采用水平式安装，贴紧印刷电路板，色环方向应保持一致。

（2）三极管采用直立式安装，底面离印刷电路板距离为（5±1）mm。

（3）电容器尽量插到底，底面离印刷电路板距离为（5±1）mm。

（4）电位器尽量插到底，不能倾斜，3 只脚均需焊接。

（5）插件装配美观、均匀、端正、整齐，不能歪斜，高矮有序。

（6）所有插入焊孔的元件引线及导线均采用直脚焊。

（7）焊点要求圆滑、光亮，防止虚焊、搭焊和散焊。

4. 内容与步骤

（1）根据图 2.30 所示电路绘制出装配电路图，标注清楚各元件的位置。

（2）根据图 2.30 所示电路列出元件清单。备好元件，检查各元件的好坏。

（3）根据绘制好的装配图，完成各元件的安装。检查无误后，通电调试。

操作指导

① 先安装位置低的元件，再安装位置高的

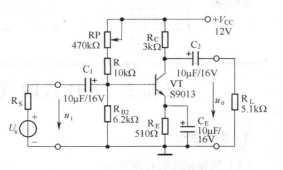

图 2.30　分压式偏置放大器

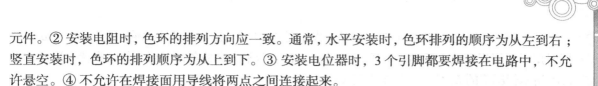

元件。② 安装电阻时，色环的排列方向应一致。通常，水平安装时，色环排列的顺序为从左到右；竖直安装时，色环的排列顺序为从上到下。③ 安装电位器时，3 个引脚都要焊接在电路中，不允许悬空。④ 不允许在焊接面用导线将两点之间连接起来。

（4）观察静态工作点对输出波形失真的影响。

① 在放大电路的输入端加入频率为 1.5kHz 的正弦信号 u_s，用示波器观察放大电路输入、输出电压波形。

通常用示波器的 Y_1 通道观察输入波形，并通过调节 Y_1 通道"垂直位移"旋钮，将显示的波形移到屏幕的上方。用示波器的 Y_2 通道观察输出波形，并通过调节 Y_2 通道"垂直位移"旋钮，将显示的波形移到屏幕的下方。

② 调节电位器 RP 使输出波形出现失真，记录观察到的波形，并与输入波形比较。

③ 测量 U_B、U_E、U_C 的值，记录于表 2.13 中。

④ 反向调节电位器 RP 使输出波形出现失真，记录观察到的波形，并与输入波形比较。

⑤ 测量 U_B、U_E、U_C 的值，记录于表 2.13 中。

表 2.13　　　　　　　　　　　　　　　　Q 点对输出波形的影响

U_B（V）	U_E（V）	U_C（V）	u_o 和 u_i 的波形	失真情况	三极管的工作状态

（5）调试静态工作点。

① 断开电源，测量 R_{B1} 的值，记录于表 2.14 中。

② 再次接通直流电源，调节电位器（RP）使输出波形不失真，测量 U_B、U_E、U_C 的值，记录于表 2.14 中。

③ 增加输入信号的幅度，使波形出现失真；调节电位器 RP，使波形失真消失。

在调节电位器 RP，使波形失真消失的过程中，应记住电位器旋转的方向。当再次增加输入信号的幅度，使波形失真时，按上一次电位器旋转方向继续调节，即可消除失真，提高调试效率。

④ 再增大输入信号的幅度，使波形失真，调节电位器 RP，再次使波形失真消失；如此重复，直至波形出现正、负半周同时失真后，减小输入信号幅度，使输出波形不失真。至此，静态工作点调试好。

⑤ 再次测量 U_B、U_E、U_C 的值，断电测量 R_{B1} 的值，记录于表 2.14 中。

表 2.14　　　　　　　　　　　　　　　　静态工作点的测试值

测 量 值				估 算 值		
R_{B1}（kΩ）	U_B（V）	U_E（V）	U_C（V）	U_B（V）	U_{CE}（V）	I_C（mA）

（6）测量电压放大倍数。调节函数信号发生器的输出旋钮，使放大电路输入电压 $U_i \approx 50$ mV，同时用示波器观察放大器输出电压 u_o 的波形，在波形不失真的条件下用晶体管毫伏表测量在表2.15 所示情况下的 U_o 值，并记录于表2.15 中。

操作指导

可以直接用示波器读出输入电压、输出电压的幅度，只是读出的是最大值。具体读数时，应注意垂直幅度微调旋钮要顺时针旋到位（听到咔嗒声），波形的底应位于水平刻度上、波形的顶应位于垂直刻度上。

表 2.15 　　　　　　　　　　　　　电压放大倍数的测量

R_C（kΩ）	R_L（kΩ）	U_o（V）	A_u（测量值）	A_u（估算值）
3	∞			
3	5.1			

（7）实训结束后，整理好本次实训所用的器材，清洁工作台，打扫实训室。

5. 问题讨论

（1）增大 RP，会观察到什么现象？观察到的现象与相邻的同学是否一样，为什么？

（2）减小 RP，会观察到什么现象？观察到的现象与相邻的同学是否一样，为什么？

6. 实训总结

（1）画出实训电路装配图。

（2）列表整理测量结果，并把实测的静态工作点、电压放大倍数与估算值比较（取一组数据进行比较），分析产生误差的原因。

（3）总结静态工作点对放大器输出的影响。

（4）调试过程中若遇到故障，说明故障现象，分析产生故障的原因，提出解决方法。

（5）完成实训报告。

（6）填写表2.16。

表 2.16 　　　　　　　　　　　　　实训评价表

课题						
班级		姓名		学号		日期
训练收获						
训练体会						
训练评价	评定人		评　语		等级	签名
	自己评					
	同学评					
	老师评					
	综合评定等级					

（1）本单元重点介绍了三极管的识别、检测和使用，基本放大电路的组成、识读和常用的性能指标。

（2）三极管有基极（B）、集电极（C）、发射极（E）3个电极，分为NPN型和PNP型两大类，每类又分为低频小功率管、低频大功率管、高频小功率管、高频大功率管、开关管等。

（3）三极管的常用参数有电流放大系数β、集电极最大允许耗散功率P_{CM}、反向击穿电压$U_{\text{(BR)CEO}}$等。选择三极管时，β不宜太大，P_{CM}和$U_{\text{(BR)CEO}}$的值应不低于应用电路中的实际值。

（4）三极管有3种工作状态：放大状态具有电流放大功能，放大实质是小的基极电流控制大的集电极电流；截止状态相当于开关断开；饱和状态相当于开关闭合。

（5）放大电路具有3种组态：共发射极放大电路用于提升信号的幅度；共集电极放大电路用于增强带负载的能力；共基极放大电路用于拓宽通频带。

（6）放大电路分析分为静态参数估算和动态参数估算。静态参数估算确定静态工作点，需要借助于直流通路。稳定的静态工作点是放大电路正常工作的基础，常用的能稳定静态工作点的电路是分压式偏置放大电路。动态参数估算确定放大电路的电压放大倍数、输入电阻和输出电阻，需要借助于交流通路，常用的方法是公式法。

（7）在实际应用中，通常需要将多级放大电路组合在一起使用。放大电路之间连接时有3种传统的耦合方式：阻容耦合、直接耦合和变压器耦合。采用阻容耦合、变压器耦合时，各级放大电路静态工作点互不影响，电路调试方便，但信号传递时有衰减。采用直接耦合时，各级放大电路静态工作点互相影响，电路调试不便，但信号传递时没有损失。此外，还有一种耦合方式是光耦合。

（8）放大电路安装时，应养成先画装配图、后安装的习惯。安装三极管时，应特别注意3个电极不能装错。

一、填空题

1. 三极管的3个电极分别是_____极、_____极和_____极。

2. 三极管内的两个PN结是_____结和_____结。

3. 根据PN结的组合方式不同，三极管有_____型和_____型两种。

4. 放大电路中的三极管有_____、_____和_____3种接法。

5. 三极管3个电极电流的关系为_____。

6. 三极管的3种工作状态是_____、_____及_____状态。

7. 三极管放大电路的静态工作点若设置过高，会造成信号的_____失真；若设置过低，则会造成信号的_____失真。

8. 在多级放大电路中，级间耦合方式有_____、_____、_____。

二、简答题

1. 搜集不同型号的三极管，描述其用途、适用场合，判别其质量。

2. 怎样用万用表区分三极管是 NPN 型还是 PNP 型？

3. 三极管的发射极与集电极是否可以调换使用？为什么？

4. 在电视机的电路中测得某个三极管的管脚电位分别为 10 V、5.7 V、5 V。试判断三极管的 3 个电极，并说明它的类型，是硅管还是锗管？

5. 在功放机电路中测得某个三极管的管脚电位分别为 −10 V、−6.3 V、−6 V。试判断三极管的 3 个电极，并说明它的类型，是硅管还是锗管？

6. 稳定放大电路静态工作点的常用方法有哪些？画出能稳定静态工作点的放大电路。

7. 什么是放大电路直流通路？什么是放大电路交流通路？画出射极偏置放大电路的直流通路和交流通路。

8. 共集电极电路有哪些特点？常用在什么场合？

三、计算题

1. 三极管 3DG6A 的极限参数 $P_{CM} = 100$ mW，$I_{CM} = 20$ mA，$U_{(BR)CEO} = 15$ V。试问在下列情况中，哪种为正常工作状况？

（1）$U_{CE} = 3$ V，$I_C = 0$ mA。

（2）$U_{CE} = 2$ V，$I_C = 40$ mA。

（3）$U_{CE} = 8$ V，$I_C = 18$ mA。

2. 共发射极基本放大电路如图 2.31 所示，已知三极管的 $\beta = 50$。

（1）估算静态工作点。

（2）估算电压放大倍数、输入电阻、输出电阻。

3. 在如图 2.32 所示电路中，已知 $V_{CC} = 12$ V，$R_C = 3$ kΩ，$R_S = 100$ Ω，$R_E = 510$ Ω，$R_{B1} = 47$ kΩ，$R_{B2} = 6.2$ kΩ，$R_L = 5.1$ kΩ，$\beta = 50$（此管为硅管）。

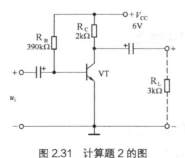

图 2.31　计算题 2 的图

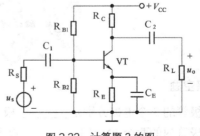

图 2.32　计算题 3 的图

（1）估算静态工作点。

（2）标出电容器 C_1、C_2、C_E 的极性。

（3）估算 A_u、A_{us}、R_i 及 R_o。

4. 若要求某放大器能将幅度为 10 mV 的输入信号放大成幅度为 8 V 的输出信号，试搭建该放大器电路，并列出材料清单（含元件参数）、画出装配图。

第3单元

常用放大器

知识目标

- 了解集成运放的电路结构及抑制零点漂移的方法，理解差模与共模、共模抑制比的概念，掌握集成运放的符号、集成运放的引脚及功能。
- 了解集成运放的主要参数、理想集成运放的特性，能识读集成运放构成的常用电路，会估算其输出电压值。
- 了解集成运放的使用常识，理解反馈的概念，了解负反馈应用于放大器中的类型。
- 了解低频功率放大电路的基本要求和分类，能识读 OTL、OCL 功率放大器的电路图。
- 了解功放器件的安全使用知识，了解典型功放集成电路的引脚及功能。
- 了解场效晶体管的结构、符号、电压放大作用和主要参数，了解场效晶体管放大器的特点及应用。
- 能识读典型谐振放大器的电路图，理解其工作原理。
- 了解典型谐振放大器主要性能指标及其在工程应用中的意义。

技能目标

- 能根据要求，正确选用集成运放、集成功率放大器、场效晶体管等元件。
- 会安装和使用集成运放组成的应用电路。
- 能按工艺要求装接典型功放电路，会安装与调试音频功放电路，判断并检修简单故障。
- 会组装、测试、调整中频放大电路
- 会熟练使用示波器，会使用低频信号发生器。

情 景 导 入

在各种各样的电子产品中，每一种电子产品都有一些特殊要求，如示波器要求环境对它的影响尽可能小，音箱(见图 3.1)要求音质尽可能好，这些特殊要求需要相应的功能电路来实现。那么，制作这些功能电路需要哪些知识和技能呢？

图 3.1　计算机配置的音箱

知 识 链 接

任何电子产品都是由若干个单元功能电路组成的，起放大作用的电路习惯上称为放大器。随着集成电路技术的发展，许多常用的单元功能电路已被制作成集成电路，如集成运算放大器、集成功率放大器等。由于集成电路具有体积小、重量轻、功耗低、可靠性高、价格便宜等优点，在很多领域中得到了应用，大大提高了产品的整体性能。

第1节 集成运算放大器

集成运算放大器，简称集成运放，是一个包含了差分输入级、中间放大级和输出级的集成电路，既可用作直流放大器又可用作交流放大器。其主要特征是电压放大倍数高，输入电阻非常大和输出电阻很小。集成运放由于具有体积小、重量轻、价格低、性能可靠、使用方便、通用性强等优点，在检测、自动控制、信号产生与信号处理等许多方面得到了广泛应用。

一、集成运放简介

 按图3.2（a）所示连接电路，接通电源；在一个输入端加入固定电压，在另一个输入端加入0.2V输入电压，测量输出的电压值；在0.2V电压输入端每次增加0.1V电压，测量输出的电压值；记录测量的结果；交换两个输入端的输入电压，再测量一次，记录测量的结果。

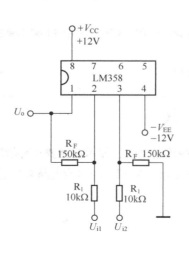

（a）演示电路连接

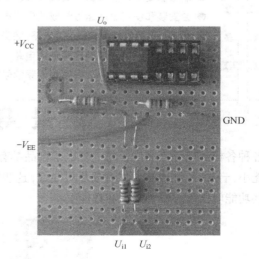

（b）演示电路板

图3.2 集成运放演示

实验现象

两次测量的输出电压如表 3.1、表 3.2 所示，在演示过程和记录的数据中包含了哪些知识呢？

表 3.1　　　　　　　　　　集成运放演示记录表（单位：V）

U_{i1}	0.2	0.3	0.4	0.5	0.6	0.7	0.8	0.9	1.0	1.1	1.2	1.3	1.4
U_{i2}	0.5	0.5	0.5	0.5	0.5	0.5	0.5	0.5	0.5	0.5	0.5	0.5	0.5
U_{o}	4.60	3.10	1.56	0.07	−1.45	−3.00	−4.46	−5.90	−7.60	−9.20	−10.80	−10.80	−10.80

表 3.2　　　　　　　　　　集成运放演示记录表（单位：V）

U_{i1}	0.5	0.5	0.5	0.5	0.5	0.5	0.5	0.5	0.5	0.5	0.5	0.5	0.5
U_{i2}	0.2	0.3	0.4	0.5	0.6	0.7	0.8	0.9	1.0	1.1	1.2	1.3	1.4
U_{o}	−4.60	−3.10	−1.56	−0.07	1.45	3.00	4.46	5.90	7.60	9.20	10.80	10.80	10.80

知识探究

1. 集成运放的电路结构

集成运放内部电路一般由差分输入级、中间放大级、输出级 3 部分和保障它们正常工作的恒流源偏置电路组成，结构框图如图 3.3 所示。

图 3.3　集成运放的结构框图

集成运放与外部电路连接的引脚有 2 个输入端、输出端、电源供电端及其他辅助端，图形符号如图 3.4 所示。集成运放输入端的输入方式有 3 种：从 "−" 端输入（U_-）称反相输入，输出电压与输入电压相位相反；从 "+" 端输入（U_+）称同相输入，输出电压与输入电压相位相同；从 "−"、"+" 两个端输入称差分输入（$U_{id} = U_- - U_+$ 或 $U_{id} = U_+ - U_-$），输出电压的相位由输入电压高的一端决定。

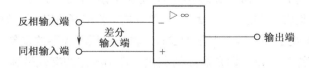

图 3.4　集成运放的图形符号

2. 常用的集成运放

图 3.5（a）所示 LM358 内包含了两个相同的集成运放，其引脚排列如图 3.5（b）所示。两个集成运放统一供电，采用双电源供电时，电源电压典型值为 ±16V；采用单电源供电时，电源电压典型值为 32V，此时，4 脚为接地端。

在实际应用中，集成运放的类型有单个运算放大器 μA741、LF356，4 个运算放大器 LM148 等。图 3.6

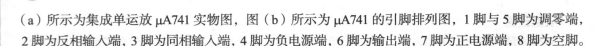

（a）所示为集成单运放 μA741 实物图，图（b）所示为 μA741 的引脚排列图，1 脚与 5 脚为调零端，2 脚为反相输入端，3 脚为同相输入端，4 脚为负电源端，6 脚为输出端，7 脚为正电源端，8 脚为空脚。

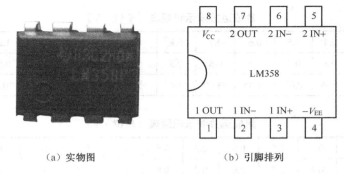

（a）实物图　　　　　　　（b）引脚排列

图 3.5　集成双运放 LM358

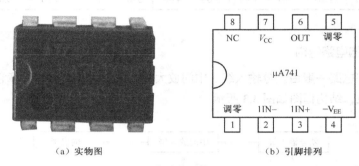

（a）实物图　　　　　　　（b）引脚排列

图 3.6　集成单运放 μA741

3. 集成运放的主要参数

衡量集成运放性能的参数很多，下面介绍几个主要的参数。

（1）开环差模电压放大倍数。集成运放的两个输入端对应其内部电路的差分输入级。**差分输入级的特点是电路完全对称，对差模信号有放大作用，对共模信号有很强的抑制作用**，理想情况下对共模信号没有放大作用。所谓差模信号是指大小相等，相位相反的一对输入信号。而共模信号是指大小相等、相位相同的一对输入信号。通常，温度对放大器参数的影响表现为共模信号的形式。

开环差模电压放大倍数，用 A_{od} 表示，是指集成运放在没有外加反馈情况下的差模电压放大倍数，一般用对数表示，单位为分贝（dB）。A_{od} 是决定集成运放精度的重要因素，理想情况下希望 A_{od} 为无穷大。在实际情况下，集成运放的 A_{od} 一般为 100dB 左右，性能好的集成运放的 A_{od} 可达 140dB 以上。

（2）输入失调电压及零漂。输入电压为零时，输出电压不为零的现象称为零点漂移现象，简称为"零漂"。引起零漂的主要原因是温度的变化，抑制零漂的有效措施是采用差分输入级。虽然集成运放的差分输入级对零点漂移有很强的抑制作用，但是集成运放的差分输入级很难做到完全对称，所以零点漂移是客观存在的。

为了使输出电压为零，在输入端需要加补偿电压。使输出电压为零的输入端补偿电压称为输入失调电压，用 U_{io} 表示。一般集成运放的 U_{io} 值为 1 ～ 10mV，高质量的在 1mV 以下。

输入失调电压对温度的平均变化率称为温漂。温漂是衡量集成运放的重要指标，一般集成运放的温漂为 10 ～ 20μV/℃，高质量的集成运放的温漂低于 0.5μV/℃。

（3）共模抑制比。在实际应用中，一般不会人为地给集成运放加共模信号。但环境温度变化、

64

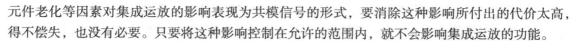

元件老化等因素对集成运放的影响表现为共模信号的形式，要消除这种影响所付出的代价太高，得不偿失，也没有必要。只要将这种影响控制在允许的范围内，就不会影响集成运放的功能。

衡量集成运放控制温度影响的参数是共模抑制比，用 K_{CMR} 表示，是指开环差模电压放大倍数与开环共模电压放大倍数之比。多数集成运放的 K_{CMR} 在 80dB 以上，高质量的集成运放可达 160dB。

（4）带宽。集成运放本质上是一个多级放大电路，对不同频率信号的放大能力受带宽限制。衡量集成运放带宽的参数有两个：一是 −3dB 带宽（用 BW 表示），指开环差模电压放大倍数下降 3dB 时的信号频率 f_H，也称为截止频率；二是单位增益带宽（用 BW_G 表示），指开环差模电压放大倍数降至 0dB 时的信号频率 f_C，此时，开环差模放大倍数等于 1。

4. 理想化集成运放的特性

由于集成运放自身具有的特性，使得它在电路分析时可以作理想化处理。理想化后的集成运放有两个重要的特性：虚短和虚断。

（1）虚短是指集成运放的反相端电压近似等于同相端电压，即

$$U_- \approx U_+$$

反相输入端与同相输入端两点的电压近似相等，如同将这两点短路一样，但是这两点实际上并未真正被短路，只是表面上似乎短路，因而是虚假的短路，所以将这种现象称为"虚短"。

（2）虚断是指集成运放的反相端电流等于同相端电流，近似等于 0，即

$$I_- = I_+ \approx 0$$

反相输入端与同相输入端电流近似为 0，如同这两点被断开一样，但又不是真正地断开，因此将这种现象称为"虚断"。

（3）集成运放的电压传输特性。从表 3.1、表 3.2 所示的数据中，可以发现：当差分输入电压值较小时，输出电压随输入电压的增大而增大；当差分输入电压值较大时，输出电压不再随输入电压的增大而变化，而是基本维持不变。将表 3.1 中的输出电压值与对应的差分输入电压值描绘在直角坐标系中，如图 3.7 中实线所示；将表 3.2 中的输出电压值与对应的差分输入电压值描绘在直角坐标系中，如图 3.7 中虚线所示。这两条曲线描述了集成运放的电压传输特性，其中，实线所示为反相端电压与同相端电压的差，即 $U_{id} = U_- - U_+$；虚线所示为同相端电压与反相端电压的差，即 $U_{id} = U_+ - U_-$。

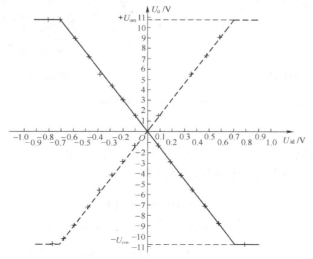

图 3.7　集成运放的电压传输特性

由集成运放的电压传输特性可知，集成运放有两种工作状态，一是线性工作状态，对应电压传输特性中的斜线段；二是非线性工作状态，对应电压传输特性中的水平线段。集成运放处于线性工作状态时，具有放大能力，输出电压随输入电压的增大而增大，增大的幅度由具体的应用电路决定。集成运放工作在非线性状态时，没有放大能力，只有 $+U_{om}$ 或 $-U_{om}$ 输出。当 $U_- > U_+$ 时，$U_o = -U_{om}$；当 $U_- < U_+$ 时，$U_o = +U_{om}$。

提示 在实际应用中，工作在非线性状态的集成运放通常作为一个电子开关，输出 $+U_{om}$ 时称为"高电平"输出，输出 $-U_{om}$ 时称为"低电平"输出。U_{om} 值的大小由集成运放自身决定。

二、集成运放的应用

利用集成运放可以搭接许多实用电路，广泛应用于自动控制、信号测量、信号处理等方面。

1. 比例运算电路

看一看 按图 3.8 所示连接电路，接通电源；在输入端加入电压 U_i，测量输出电压 U_o 的值；改变 U_i 的值，观察 U_o 值的变化；记录观察的结果。

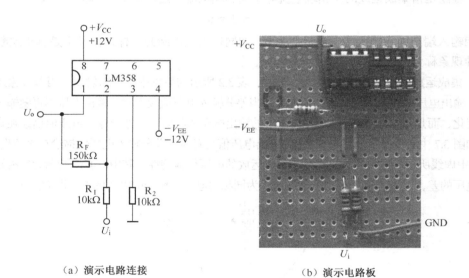

（a）演示电路连接　　　　　　　（b）演示电路板

图 3.8　比例运算电路演示

实验现象

U_o 值随 U_i 值的变化如表 3.3 所示。比较 U_o 与 U_i，可以发现输出电压与输入电压相位相反，幅度基本上按比例增大。输出电压是如何增大的呢？

表 3.3　　　　　　　　　　　　　　比例运算电路演示记录表

U_i（V）	0.08	0.16	0.24	0.32	0.40	0.50	0.56	0.60	0.64	0.70
U_o（V）	−1.21	−2.46	−3.60	−4.82	−6.18	−7.61	−8.58	−9.2	−9.80	−10.80

知识探究

（1）反相输入比例运算电路。图3.8所示的演示电路是一个反相输入比例运算电路，电路图如图3.9所示。

根据集成运放"虚短"和"虚断"的特性，可得反相比例运算电路的输出电压为

$$U_{o} = -\frac{R_{F}}{R_{1}} U_{i}$$

上式表明，输出电压 U_o 与输入电压 U_i 之间存在着比例运算关系，比例系数由 R_F 与 R_1 的阻值来决定，与集成运放本身参数无关。改变 R_F 与 R_1 的阻值，可获得不同的比例值，从而实现了比例运算。

若要获得闭环电压放大倍数，由电压放大倍数定义可得

$$A_{uf} = -\frac{U_{o}}{U_{i}} = -\frac{R_{F}}{R_{1}}$$

式中的负号表明：输出电压 U_o 与输入电压 U_i 的相位总是相反的。

若取 $R_F = R_1$，则

$$U_{o} = -U_{i}$$

即输出电压与输入电压大小相等、相位相反。此时，反相输入比例运算电路称为反相器。

（2）同相输入比例运算电路。输入信号加在集成运放同相输入端的电路称为同相输入比例运算电路，如图3.10所示。

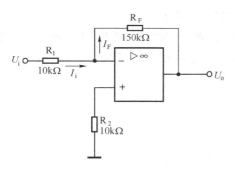

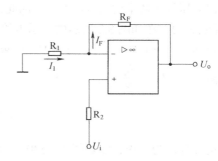

图3.9　反相输入比例运算电路　　　　　图3.10　同相输入比例运算电路

根据"虚短"和"虚断"的特性，可得同相输入比例运算电路的输出电压为

$$U_{o} = \left(1 + \frac{R_{F}}{R_{1}}\right) U_{i}$$

上式表明：输出电压 U_o 与输入电压 U_i 之间也存在着比例运算关系，比例系数由 R_F 与 R_1 的阻值决定，与集成运放本身参数无关。改变 R_F 与 R_1 的阻值，可获得不同的比例值，从而实现了比例运算。

若取 $R_1 = \infty$ 或 $R_F = 0$，则

$$U_{o} = U_{i}$$

即输出电压与输入电压大小相等、相位相同。此时，同相输入比例运算电路称为电压跟随器，如图3.11所示。

（3）差分比例运算电路。图3.2所示的演示电路是一个差分比例运算电路，电路图如图3.12

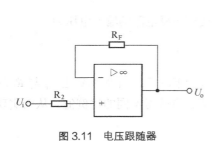

图 3.11　电压跟随器　　　　　　　图 3.12　差分比例运算电路

根据"虚短"和"虚断"的特性，可得差分比例运算电路的输出电压为

$$U_{\mathrm{o}} = \left(1 + \frac{R_{\mathrm{F}}}{R_1}\right)\frac{R_3}{R_2 + R_3}U_{\mathrm{i2}} - \frac{R_{\mathrm{F}}}{R_1}U_{\mathrm{i1}}$$

当 $R_1 = R_2$，$R_3 = R_{\mathrm{F}}$ 时，上式可改写为

$$U_{\mathrm{o}} = \frac{R_{\mathrm{F}}}{R_1}(U_{\mathrm{i2}} - U_{\mathrm{i1}})$$

当 $R_1 = R_2 = R_3 = R_{\mathrm{F}}$ 时，可得

$$U_{\mathrm{o}} = U_{\mathrm{i2}} - U_{\mathrm{i1}}$$

即输出电压等于两个输入电压的差。因此，这也是一种减法运算电路。

【例 3.1】　在如图 3.2 所示的演示电路中，$R_1 = 10\mathrm{k\Omega}$、$R_{\mathrm{F}} = 150\mathrm{k\Omega}$，取表 3.1 中的一组数据为 $U_{\mathrm{i1}} = 0.9\mathrm{V}$、$U_{\mathrm{i2}} = 0.5\mathrm{V}$、$U_{\mathrm{o}} = -5.90\mathrm{V}$，试求：输出电压 U_{o}，并与测量值比较。

解：由　$U_{\mathrm{o}} = \frac{R_{\mathrm{F}}}{R_1}(U_{\mathrm{i2}} - U_{\mathrm{i1}})$ 得

$$U_{\mathrm{o}} = \frac{150}{10}(0.5 - 0.9) = -6\mathrm{V}$$

即理论计算值为 -6V，测量值为 -5.9V，两者之间有 -0.1V 的误差。

提示　　　理论计算值与测量值之间存在误差是合理的。误差的原因主要有两个方面：一是计算公式是在集成运放理想化处理后得出的；二是测量仪表的精度、测量者读数的精度都会引起误差。

（4）加法运算电路。将两个信号同时加在集成运放的反相输入端或同相输入端，就构成了加法运算电路，如图 3.13 所示。其输出电压为

$$U_{\mathrm{o}} = -\left(\frac{R_{\mathrm{F}}}{R_{11}}U_{\mathrm{i1}} + \frac{R_{\mathrm{F}}}{R_{12}}U_{\mathrm{i2}}\right)$$

当 $R_{11} = R_{12} = R_{\mathrm{F}}$ 时，则

$$U_{\mathrm{o}} = -(U_{\mathrm{i1}} + U_{\mathrm{i2}})$$

即实现加法运算。负号表示输出与输入反相，不影响加法的求和结果。

2. 集成运放应用电路中的反馈

（1）反馈是电子技术领域中的一个重要概念。反馈是指通过适当的方式，将放大器输出回路中某一电量（电压或电流）的一部分或全部回馈送到放大电路的输入回路中，如图 3.14 所示。图中 A 表示不带反馈的基本放大电路，可以是单级或多级分立元件放大电路，也可以是集成运放；F 表示反馈电路，它是联系放大器输出电路和输入电路的环节，多数是由电阻元件组成。通过反馈电路把基本放大电路的输出和输入连成环状，称为闭环放大电路或反馈放大电路。没有反馈电路的放大电路，称为开环放大电路（即基本放大电路）。

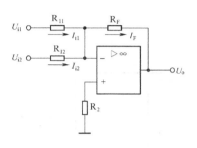

图 3.13　加法运算电路

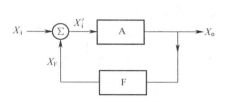

图 3.14　反馈放大电路的框图

反馈分为正反馈和负反馈。如果引入的反馈信号 X_F 增强了外加输入信号 X_i 的作用，使净输入信号 X_i' 得到了加强，这样的反馈称为正反馈；相反，如果引入的反馈信号 X_F 削弱了外加输入信号 X_i 的作用，使净输入信号 X_i' 减弱了，这样的反馈称为负反馈。除振荡电路外，电路中一般不允许出现正反馈。而负反馈则存在于大多数实际应用电路中。例如：在分压式偏置放大器中，三极管发射极电阻 R_E 就是一个负反馈电阻，引入电流串联负反馈稳定静态工作点；在集电极—基极偏置放大器中，三极管集电极与基极之间的电阻 R_B 也是一个负反馈电阻，引入电压并联负反馈稳定静态工作点。**负反馈可以改善放大电路的性能。但引入负反馈会降低放大电路的电压放大倍数。**

（2）集成运放应用电路中的反馈。集成运放的开环差模电压放大倍数非常高，用它组成的放大电路必须引入负反馈才能保证正常工作。集成运放应用电路中的负反馈主要有两种形式：一是电压并联负反馈，如反相输入比例运算电路，其特点是从输出端引回到输入端的反馈信号与原输入信号在同一点；二是电压串联负反馈，如同相输入比例运算电路，其特点是从输出端引回到输入端的反馈信号与原输入信号不在同一点。

集成运放工作在非线性状态的应用电路中，有时会引入正反馈，以加快集成运放输出的高、低电平转换。例如，在滞回电压比较电路中，就引入了正反馈。

归纳　　放大电路中的负反馈有 4 种类型，分别是电压串联负反馈、电压并联负反馈、电流串联负反馈和电流并联负反馈。电压负反馈可以稳定放大电路的输出电压，电流负反馈可以稳定放大电路的输出电流，串联负反馈可以提高放大电路的输入电阻，并联负反馈可以减小放大电路的输入电阻。

3. 滞回电压比较电路

滞回电压比较电路如图 3.15 所示，又称施密特触发器。滞回比较器。图中输入信号 U_i 从反相端输入。R_2、R_3 的作用一是构成电压串联正反馈，加速输出高、低电平的转换；二是对 U_o 分压，为同相端提供两种基准电压。

由图 3.15（a）可知

$$U_+ = \frac{R_2}{R_2 + R_3}U_o = \frac{R_2}{R_2 + R_3}(\pm U_{om})$$

当输出为 U_{om} 时，$U_+ = \dfrac{R_2}{R_2 + R_3}U_{om} = U_{T+}$，称为上限阈值电压；当输出为 $-U_{om}$ 时，$U_+ = -\dfrac{R_2}{R_2 + R_3}U_{om} = U_{T-}$，称为下限阈值电压。

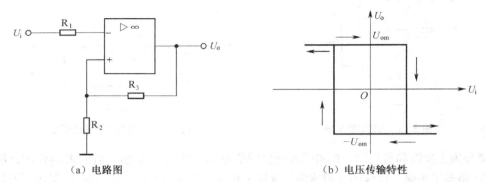

（a）电路图　　　　　　　　　　　　　（b）电压传输特性

图 3.15　滞回电压比较电路

滞回电压比较电路的工作过程叙述如下。

设开始时 $U_o = U_{om}$。当 U_i 由负向正变化，且使 U_i 稍大于 U_{T+} 时，U_o 由 U_{om} 跳变为 $-U_{om}$，电路输出翻转一次；当 U_i 由正向负变化，回到 U_{T+} 时，由于此时阈值为 U_{T-}，电路输出并不翻转，只有在 U_i 稍小于 U_{T-} 时，U_o 由 $-U_{om}$ 跳转为 U_{om}，电路输出才翻转一次。同样，U_i 再次由负向正变化到 U_{T-} 时，电路输出也不翻转，只有在 U_i 稍大于 U_{T+} 时，U_o 由 U_{om} 再次变为 $-U_{om}$，电路输出又翻转一次。因此，电路具有滞回特性，其电压传输特性如图 3.15（b）所示。

通常，两个阈值的差称为回差电压，即

$$\Delta U = U_{T+} - U_{T-}$$

调节 R_2、R_3 的比值，可改变回差电压值。回差电压大，抗干扰能力强，延时增加。在实际应用中，就是通过调整回差电压来改变电路的某些性能。

【例 3.2】 若在如图 3.15（a）所示电路中，$R_1 = R_2 = 10\mathrm{k\Omega}$，$R_3 = 30\mathrm{k\Omega}$，$U_{om} = \pm 10\mathrm{V}$。试求上、下限阈值电压，并画出电压传输特性。

解：由图 3.15（a）所示电路可知，当反相输入端电压低于同相输入端电压时，输出电压为高电平 10V。此时，同相输入端电压即为上限阈值电压：

$$U_{T+} = \frac{10}{30+10} \times 10\mathrm{V} = 2.5（\mathrm{V}）$$

当 $U_i > 2.5\mathrm{V}$ 时，输出电压由高电平 10V 跳变为低电平 $-10\mathrm{V}$。此时，同相输入端电压跳变为下限阈值电压：

$$U_{\mathrm{T-}} = \frac{10}{30+10} \times (-10)\mathrm{V} = -2.5\ (\mathrm{V})$$

故当反相输入端电压 $U_i < -2.5\mathrm{V}$ 时，输出电压由低电平 $-10\mathrm{V}$ 跳变为高电平 $10\mathrm{V}$。电压传输特性如图 3.16 所示。

4. 测量放大电路

图 3.17 所示为集成运放组成的测量放大电路，用于将传感器输出的微弱信号进行放大，是数据采集、精密测量、工业自动控制等系统中的重要组成部分。

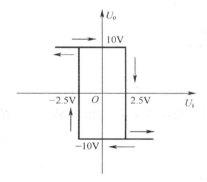

图 3.16　例 3.2 的电压传输特性

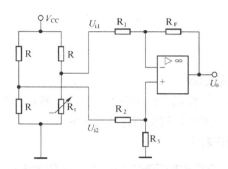

图 3.17　测量放大电路

该电路的工作过程为：热敏电阻 R_t 和 R 组成测量电桥感受温度变化后，产生与 ΔR_t 相应的微小信号变化 ΔU_i，经集成运放放大后，输出幅度得到较大的提高。例如，R_t 采用 WZP-pt100、$R = 120\Omega$、$R_1 = R_2 = 5.1\mathrm{k}\Omega$、$R_3 = R_F = 51\mathrm{k}\Omega$，则温度为 20℃时，输出电压约 0.9V；温度升高到 40℃时，输出电压上升为 1.4 V。

第 2 节　低频功率放大器

功率放大器是一个向负载提供功率的放大电路，简称为功放，一般位于电子产品功能电路的最后一级，与负载直接连接。低频功率放大器主要对低频信号的功率进行放大，基本要求是输出功率足够大、效率高和失真小，广泛应用于电视机、家用音响、电子仪器仪表、自动控制系统等方面。

一、低频功率放大器的电路构成

看一看　图 3.18 所示为低频功率放大器演示电路板和测试连接，接通电源；在输入端加入峰—峰值约 10mV 的正弦信号 u_i，用示波器观察输入及输出波形。

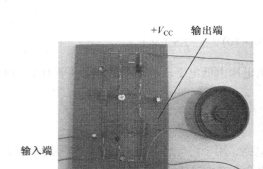

+V_{CC} 输出端

输入端

地

（a）演示电路板

（b）测试连接

图 3.18　低频功率放大器演示

实验现象

用示波器观察到的输入、输出波形如图 3.19 所示。比较两波形发现：输出得到了不失真的放大。该电路是如何实现这种放大的呢？

知识探究

1. 无输出变压器互补对称功率放大电路（OTL 电路）

图 3.18 所示的低频功率放大器演示电路如图 3.20 所示。图中 VT_2、VT_3 是两只特性相同的大功率三极管，构成 OTL 电路，实现功率放大；VD_1、VD_2、RP_2 为 VT_2、VT_3 提供合适的静态工作点，调节 RP_2 可以改变静态工作点；VT_1 为共发射极前置放大级，为 VT_2、VT_3 提供推动电压；RP_1、R_{B1} 为 VT_1 的偏置电路，调节 RP_1 可改变 VT_1 的静态工作点，同时还可使 $U_K = V_{CC}/2$；C_2 为输出耦合电容，一方面将放大后的交流信号耦合给负载 R_L，另一方面作为 VT_3 导通时的供电电源，因此要求其容量大，稳定性高；R_1、C_3 为自举电路，改善正半周输出。

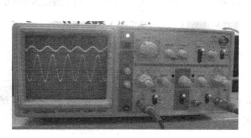

图 3.19　演示输出波形

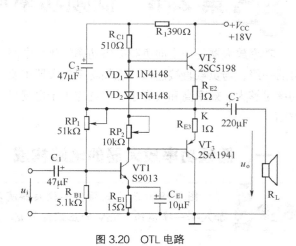

图 3.20　OTL 电路

该电路的工作过程如下。

（1）静态时，$u_i = 0$，因电路上下对称，K点的电位为$U_k = V_{CC}/2$，电容器C_2两端的电压$U_{C2} = V_{CC}/2$。VT_2、VT_3处于微导通状态，两管的$I_E \approx 0$，负载电阻R_L中无电流通过，$u_o = 0$。电路基本无静态功耗。

（2）动态时，输入信号u_i为正半周，VT_1集电极输出u_{o1}为负半周，VT_2截止、VT_3导通。电容器C_2充当VT_3的电源，并通过VT_3向R_L放电，在R_L上获得跟随u_{o1}负半周的输出电压u_o，即$u_o \approx -u_{o1}$。

（3）输入信号u_i为负半周，VT_1集电极输出u_{o1}为正半周，VT_2导通、VT_3截止。V_{CC}通过VT_2向R_L供电，在R_L上获得跟随u_{o1}正半周的输出电压u_o，即$u_o \approx u_{o1}$。同时，V_{CC}在向R_L供电的过程中向C_2充电，维持$U_{C2} = V_{CC}/2$。于是，负载上获得完整的信号输出。输出的最大幅度接近$V_{CC}/2$。

 提示 OTL电路本质上是共集电极放大电路，虽然输出电压u_o未放大，但由于电流放大了$(1+\beta)$倍，因此仍具有功率放大作用。

2. 无输出电容互补对称功率放大电路（OCL电路）

将OTL电路中的输出耦合电容器C_2取消，单电源供电改为双电源供电，即构成OCL电路，如图3.21所示。

图中VT_2、VT_3是两只特性相同的大功率三极管；VT_1是共发射级前置放大电路，作为VT_2、VT_3的推动级；RP、VD_1、VD_2为VT_2、VT_3提供合适的静态工作点，使VT_2、VT_3处于微导通状态，同时兼作VT_1的集电极负载；$+V_{CC}$，$-V_{CC}$为电压值相等的双电源。OCL电路的工作过程与OTL电路类似，请读者自行分析。

 注意 OTL、OCL电路中的两只大功率三极管通常称为功放管，尽管类型不同，但要求它们的特性相同。因此，在实际应用中，必须配对使用。当一只功放管损坏时，一般用一对"对管"同时替换它们。

3. 功放管的安全使用

在功率放大电路中，功放管中流过的电流较大，由于功放管导通时总有一定的电压，因此功放管自身的功耗较大。为了保证功放管安全使用，应注意以下几点。

（1）必须保证功放管的集电极最大允许耗散功率P_{CM}大于功放管在电路中的实际功耗。

（2）要给功放管加装必要的散热片，并且要保证功放管与散热片的接触紧密。对散热片形状、面积的要求，可参考产品手册上的规定。特别是有的产品手册上的P_{CM}值是在加散热片的情况下给出的，这时更要注意加装散热片。

（3）必须保证功放管的反向击穿电压$U_{(BR)CEO}$大于功放管在电路中实际承受的电压。

（4）当功放电路采用互补对称结构时，两只功放管的参数应保证一致，一般选择"对管"使用。如果实在没有参数一致的对管，可采用复合管结构，如图3.22所示。构成复合管的原则是能与前面三极管形成正常的电流通路，并处于正常的工作状态。

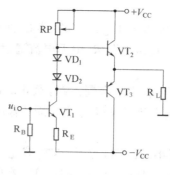

图 3.21　OCL 电路

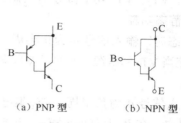

（a）PNP 型　　　（b）NPN 型

图 3.22　复合管

二、集成功率放大器

 按图 3.23（a）所示连接电路，接通电源；从调好台的收音机中取出音频信号加在输入端，观察扬声器发声情况，记录观察结果。

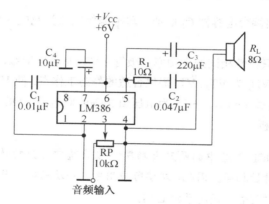

（a）演示电路连接

（b）演示电路板

图 3.23　集成功率放大器演示

实验现象

在演示过程中，将收音机检波输出的音频信号加到输入端后，扬声器发出广播声音。这种声

74

音是如何播出的呢?

知识探究

1. 集成功率放大器简介

集成功率放大器将整个功率放大电路制作在一块半导体芯片上,一些容量大的电容和功率大的电阻通过引脚外接。它具有输出功率大、频率特性好、非线性失真小和外接元件少等优点。使用集成功率放大器后,可使整机电路简单,组装调试工作量减少,而且降低了成本,提高了整个电路的性能。因此,集成功率放大器广泛应用于音响、电视机、开关功率电路、伺服放大电路中。

集成功率放大器的型号很多,有些型号还针对特殊的应用,如 LMD18245 用于中小型直流电动机及步进电动机驱动,TDA2006 可提供 12W 的音频功放。在实际应用中,应养成查阅集成电路手册的习惯,了解不同型号集成功率放大器的适用场合。

图 3.23 演示电路中所用的 LM386 是一款常用的低电压通用型音频集成功率放大器,实物图如图 3.24(a)所示,其引脚排列如图 3.24(b)所示。图中 2 脚是反相输入端,3 脚为同相输入端;5 脚是输出端;6 脚是电源端,电源电压范围为 5 ~ 18V;4 脚接地端;1 脚、8 脚是增益(放大倍数)调节端,当 1 脚、8 脚外接不同阻值的电阻器时,电压放大倍数的调节范围为 20 ~ 200 倍;7 脚是退耦端,外接退耦滤波电容。

(a)实物图

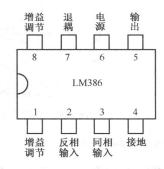

(b)引脚排列

图 3.24　音频集成功率放大器 LM 386

2. 集成功率放大器的应用

图 3.25 所示为用 LM386 组成的放大倍数分别是 50 和 200 的 OTL 功率放大电路。输入信号从 3 脚同相输入端输入,输出信号从 5 脚经 $220\mu F$ 的耦合电容输出。

图 3.25 中,输出端 5 脚所接 10Ω 电阻和 $0.047\mu F$ 的电容组成阻抗校正电路,抵消负载中的感抗分量,防止电路自激。若将 $10\mu F$ 的电容器和阻值为 $1.2k\Omega$ 的电阻器接在 1 脚与 8 脚之间,则电路的增益为 50,如图 3.25(a)所示;若只将 $10\mu F$ 的电容接在 1 脚与 8 脚之间,则电路的增益为 200,如图 3.25(b)所示。该电路如用做收音机的功放电路时,输入端接到收音机检波电路的输出端即可。

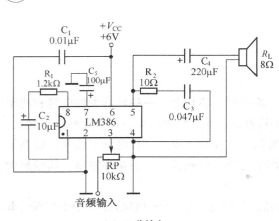

（a）50 倍放大

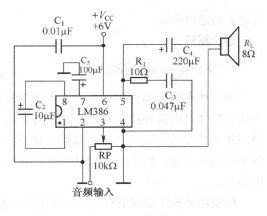

（b）200 倍放大

图 3.25　LM386 应用电路

图 3.26 所示为 LM386 在 5.5 寸学生实训用黑白电视机伴音电路中的应用。将伴音信号放大后驱动扬声器恢复电视伴音。

图 3.26　LM386 在电视机伴音电路中的应用

*第 3 节　场效晶体管放大器

　　场效晶体管与三极管一样都是由 N 型半导体和 P 型半导体材料制成，但三极管是一种双极型晶体管，属于电流控制型器件，而场效晶体管是一种单极型晶体管，属于电压控制型器件。场效晶体管具有很高的输入电阻、较小的温度系数和较低的热噪声，较多地应用于低频与高频放大电路的输入级、自动控制调节的高频放大级和测量放大电路中。大功率的场效晶体管也可用于推动级和末级功放电路。

一、场效晶体管的使用

1. 场效晶体管的结构及特点

　　场效晶体管有结型场效晶体管（JFET）和绝缘栅场效晶体管（MOSFET）两种类型。其中，结型场效晶体管分为 N 沟道结型场效晶体管和 P 沟道结型场效晶体管 2 种；而绝缘栅场效晶体管分为 N 沟道耗尽型绝缘栅场效晶体管、P 沟道耗尽型绝缘栅场效晶体管、N 沟道增强型绝缘栅场效晶体管和 P 沟道增强型绝缘栅场效晶体管 4 种。场效晶体管的文字符号为 VT，外形如图 3.27 所示，3 个电极分别称为栅极（G）、漏极（D）和源极（S）。

（1）结型场效晶体管。结型场效晶体管的图形符号如图 3.28 所示，有箭头的一极为栅极。栅极箭头向里的是 N 沟道结型场效晶体管，栅极箭头向外的是 P 沟道结型场效晶体管。常用的国产结型场效晶体管的型号有 :3DJ1 ～ 3DJ4、3DJ6 ～ 3DJ9 等。进口的结型场效晶体管型号有 :2SJ 系列、2SK 系列等。

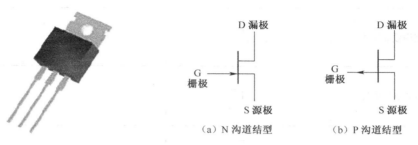

图 3.27　场效晶体管

（a）N 沟道结型　　　（b）P 沟道结型

图 3.28　结型场效晶体管图形符号

结型场效晶体管的特点是 : 正常工作时，栅极与源极之间必须加反向电压 u_{GS}，即对 N 沟道结型场效晶体管 $u_{GS} < 0$，对 P 沟道结型场效晶体管 $u_{GS} > 0$ ；漏极与源极之间也要加一个适当的电压 u_{DS}，电压的极性如表 3.4 所示。通过调节 u_{GS}，可以实现控制漏极电流的大小。若保持 u_{DS} 不变，使漏极电流为 0，所对应的栅极与源极之间的电压称为夹断电压，用 U_P 所示。

（2）耗尽型绝缘栅场效晶体管。耗尽型绝缘栅场效晶体管的图形符号如图 3.29 所示。箭头向里的是 N 沟道耗尽型绝缘栅场效晶体管，箭头向外的是 P 沟道耗尽型绝缘栅场效晶体管。常用的耗尽型绝缘栅场效晶体管型号有 3D01、3D02、3D04 等。

耗尽型绝缘栅场效晶体管的特点是栅极与源极之间不加偏置电压，也可导通，处于常闭状态，即只要在漏极和源极之间加上电压就有漏极电流流过。对 N 沟道耗尽型绝缘栅场效晶体管而言，必须在栅极与源极之间加上足够的负电压，才会截止。而 P 沟道耗尽型绝缘栅场效晶体管，则必须在栅极与源极之间加上足够的正电压，才会截止。耗尽型绝缘栅场效晶体管截止时，对应的栅极与源极之间的电压通常称为夹断电压，用 U_P 表示。

（3）增强型绝缘栅场效晶体管。增强型绝缘栅场效晶体管的图形符号如图 3.30 所示。与耗尽型相比，漏极、源极之间的实竖线变成了虚竖线。常用的增强型绝缘栅场效晶体管的型号有 3C01、3C03、3D03、3D06 等。

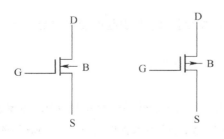

（a）N 沟道耗尽型　　（b）P 沟道耗尽型

图 3.29　耗尽型绝缘栅场效晶体管图形符号

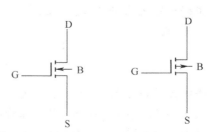

（a）N 沟道增强型　　（b）P 沟道增强型

图 3.30　增强型绝缘栅场效晶体管图形符号

增强型绝缘栅场效晶体管的特点是没有栅极与源极电压，仅加适当的漏极与源极电压，没有漏极电流流过，处于常开状态。当栅极与源极之间加上适当的电压 u_{GS} 时（电压的极性如表 3.4 所示），才能导通。使增强型绝缘栅场效晶体管导通所需的栅极与源极电压 u_{GS}，称为开启电压，用 U_{th} 表示。调节 u_{GS}，可实现漏极电流的控制。

表 3.4　　　　　　　　　　　　　　　场效晶体管偏置电压的极性

类　型	图　形　符　号	u_{GS}	u_{DS}
N 沟道结型场效晶体管		负	正
P 沟道结型场效晶体管		正	负
N 沟道增强型绝缘栅场效晶体管		正	正
P 沟道增强型绝缘栅场效晶体管		负	负
N 沟道耗尽型绝缘栅场效晶体管		正、零、负	正
P 沟道耗尽型绝缘栅场效晶体管		正、零、负	负

2．场效晶体管的主要参数

（1）夹断电压 U_P 是指当 u_{DS} 为定值时，使耗尽型绝缘栅场效晶体管或结型场效晶体管的漏极电流为 0 时所需的栅源电压值。

（2）开启电压 U_{th} 是指当 u_{DS} 为定值时，使增强型绝缘栅场效晶体管导通时所需的栅源电压值。

（3）饱和漏极电流 I_{DSS} 是指 u_{DS} 为定值，耗尽型绝缘栅场效晶体管或结型场效晶体管的栅源电压 u_{GS} 为 0 时的漏极电流。

（4）低频跨导 g_m 是指当 u_{DS} 为定值时，漏极电流的变化量 Δi_D 与引起该变化的栅源电压的变化量 Δu_{GS} 的比值，即

$$g_m = \frac{\Delta i_D}{\Delta u_{GS}}$$

低频跨导 g_m 反映了栅源电压对漏极电流的控制能力，是衡量场效晶体管放大能力的重要参数。

（5）最大耗散功率 P_{DM} 是指场效晶体管正常工作时，允许的最大耗散功率。当场效晶体管实际消耗的功率超过此值时，场效晶体管将损坏。

（6）漏源击穿电压 $U_{(BR)DS}$ 是指增大 u_{DS} 使 i_D 急剧上升时，所对应的 u_{DS} 值。在实际应用中，

外加在漏极与源极之间的电压不得超过此值。

二、场效晶体管放大电路

场效晶体管放大电路也需要偏置电路建立一个合适而稳定的静态工作点。所不同的是，场效晶体管是电压控制器件，它只需要合适的偏压，而不要偏流；另外，不同类型的场效晶体管，对偏置电压的极性有不同的要求，如表3.4所示。

1. 共源极放大电路

共源极放大电路如图3.31所示。图3.31（a）所示为分压偏置电路。图3.31（b）所示为自偏压电路，只适用于由耗尽型绝缘栅场效晶体管或结型场效晶体管组成的放大电路。

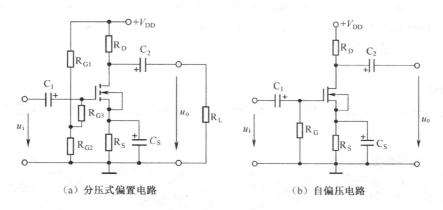

（a）分压式偏置电路　　　　　　　（b）自偏压电路

图3.31　共源极放大电路

场效晶体管放大电路的电压放大倍数较小，可通过三极管放大电路来补偿，利用场效晶体管和三极管各自的特性互相配合，取长补短，组成混合电路，如图3.32所示，将具有更好的放大效果。

2. 共漏极放大电路

共漏极放大电路又称源极输出器，如图3.33所示。在电路结构上，与共集电极放大电路相似，输出从源极取出。其特点是电压放大倍数略小于1，即输出与输入近似相等，具有跟随特性。

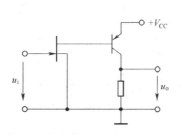

图3.32　共源极与共发射极电路组合示意图

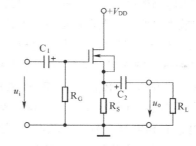

图3.33　共漏极放大电路

*第4节 谐振放大器

谐振放大器用于对高频小信号或微弱信号进行线性放大，并滤除不需要的噪声和干扰信号，也称为高频小信号调谐放大器。其主要特点是放大电路的负载不是纯电阻，而是由电感、电容等元件构成的并联谐振回路。谐振放大器广泛应用于广播、电视、通信等设备中。

一、谐振放大器的构成

图 3.34（a）所示为某收音机的中放电路。打开收音机，正常接收一个电台节目，用示波器观察中放的输入、输出波形；调节中周（右边）的磁芯，观察声音的变化；记录观察结果。

实验现象

演示过程中观察到的波形如图 3.34（b）所示；调节磁芯时，声音会变小。为什么会出现这种现象呢？

（a）演示电路（收音机的中放电路）

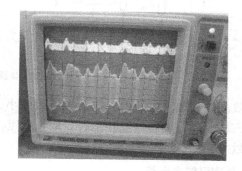

（b）观察到的波形

图 3.34　谐振放大器演示

知识探究

1. 单调谐谐振放大电路

谐振放大电路的种类很多，按谐振回路区分，有单调谐谐振放大电路、双调谐谐振放大电路等；按三极管连接方式区分，有共基极、共集电极、共发射极谐振放大电路等。图 3.35 所示为单调谐谐振放大电路的原理图。图中 VT、R_{B1}、R_{B2}、R_E 构成稳定工作点的分压式偏置放大电路；C_B、C_E 为高频旁路电容；T_2 的初级电感 L 和电容 C 构成并联谐振回路作为三极管的集电极负载，采用部分接入方式。

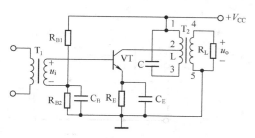

图 3.35　单调谐谐振放大电路

该电路的工作过程为：高频小信号经 T_1 耦合作为谐振放大电路的输入 u_i；u_i 加到三极管 VT 的基极，产生基极电流 i_B；通过三极管放大，得到放大的集电极电流 i_C；i_C 经过由 LC 构成的并联谐振回路选频后，对某一频率的高频信号产生谐振电压，由 T_2 耦合到负载 R_L 上，形成较大的高频信号电压 u_o 输出。

2. 多级单调谐谐振放大电路

图 3.34 所示的调幅收音机中频放大电路由两级单调谐放大电路组成，如图 3.36 所示。图中 VT_2、VT_3 构成两级放大电路；R_5、R_7 分别为 VT_2、VT_3 的偏置电阻；R_8 引入电流串联负反馈稳定静态工作点；C_3、C_4 为高频旁路电容；T_4 的 L_7 作为 VT_2 的集电极负载，T_5 的 L_9 作为 VT_3 的集电极负载，它们均采用部分接入方式。

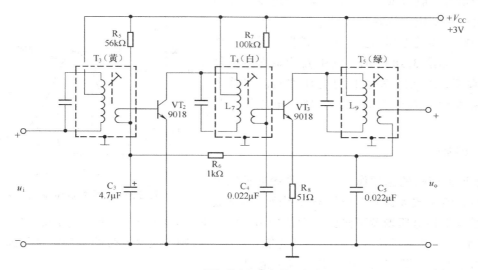

图 3.36 调幅收音机中频放大电路

3. 双调谐谐振放大电路

双调谐谐振放大电路如图 3.37 所示，与单调谐谐振放大电路相比，VT 集电极负载为双调谐谐振回路。其性能优于单调谐谐振放大电路，但电路调谐麻烦，需要两个谐振回路统调。

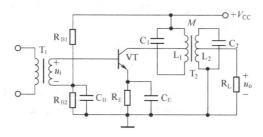

图 3.37 双调谐谐振放大电路

二、谐振放大器的性能指标

描述谐振放大器性能的指标有很多，常用的主要性能指标是中心频率、谐振电压增益、通频

带、选择性等。

1. 中心频率

谐振放大器的中心频率指 LC 并联谐振回路的谐振频率 f_0。其工程意义是确定谐振放大器对哪个频段的信号进行放大。中心频率的计算公式为

$$f_0 = \frac{1}{2\pi\sqrt{LC}}$$

2. 谐振电压增益

谐振电压增益是指谐振放大器在谐振频率上的电压增益，记为 A_{uo}，通常用分贝（dB）表示，单级电压增益一般为 20 ～ 30dB。其工程意义是衡量谐振放大器对有用信号的放大能力。

谐振放大器的电压增益具有与谐振回路相似的谐振特性，如图 3.38 所示。图中 f_0 为谐振放大器的中心频率，A_u/A_{uo} 表示相对电压增益。当输入信号的频率恰好等于 f_0 时，放大器的电压增益最大。

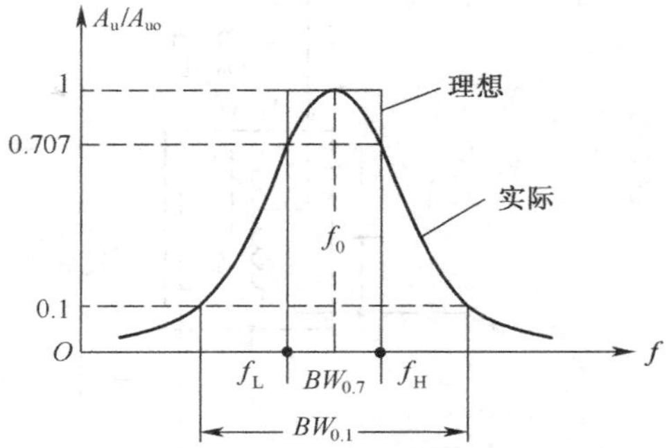

3. 通频带

由于谐振回路的选频作用，当工作频率偏离谐振频率时，谐振放大器的电压增益会下降。谐振放大器的通频带指电压增益下降到最大值的 0.707（即 $1/\sqrt{2}$）倍时，所对应的频率范围，用 $BW_{0.7}$ 表示。由于人耳对功率降低一半的信号能听出差别，故通频带的工程意义是确定以中心频率为中点、人耳察觉不到变化的频率范围。

图 3.38　谐振放大器的谐振特性

4. 选择性

选择性用来衡量谐振放大器从各种不同频率信号中选出有用信号，而抑制无用的干扰信号的能力。其工程意义是选出所需的频道，抑制邻近频道的干扰。通常用矩形系数 $K_{0.1}$ 来表示选择性的好坏。

矩形系数 $K_{0.1}$ 是指电压增益下降到最大值的 0.1 倍时所对应的频率范围与电压增益下降到最大值的 0.707 倍时对应的频率范围之比，即

$$K_{0.1} = \frac{BW_{0.1}}{BW_{0.7}}$$

由图 3.38 可知，当矩形系数 $K_{0.1}$ 为 1 时，选择性最好，为理想情况。对单调谐谐振放大器而言，$K_{0.1}$ 远大于 1，故实际应用中常采用多级谐振放大器或双调谐谐振放大器。

> **提示**　多级谐振放大器与单级谐振放大器相比：总电压增益增大了，为每级的增益之和；总通频带变窄了，级数越多通频带越窄；选择性变好了，但当级数大于等于 3 时，选择性改善程度不明显。

技 能 实 训

 岗位描述

在电子产品生产过程中，对单元电路进行正确的安装与调试是生产合格的电子产品的重要步骤。掌握单元电路的安装与调试技能，可以胜任电子企业中制造、质检等部门相应岗位的工作。本次技能实训有 2 个，音频功放电路的安装与调试和组装收音机的中频放大电路，对应电子企业中电子产品装配、调试、维修及售后服务等岗位。

实训 1 音频功放电路的安装与调试

1. 实训目的

（1）掌握元件的合理选用。

（2）掌握音频功放电路的安装技巧与调试方法。

（3）会熟练使用示波器，会使用函数信号发生器。

2. 器材准备（见表 3.5）

表 3.5　　　　　　　　　　　　　实训器材

序 号	名 称	规 格	数 量
1	集成运算放大器	LM358	1 只
2	电阻器	1Ω、1kΩ	各 2 只
		510Ω、100kΩ	各 1 只
3	电位器	10kΩ	1 只
4	电解电容器	220μF/50V	1 只
5	功率三极管	2SC5198、2SA1941	1 对
6	二极管	1N4148	2 只
7	扬声器	05W/8Ω	1 只
8	万用表	MF47	1 块
9	双踪示波器	20MHz	1 台
10	函数信号发生器		1 台
11	直流稳压电源	双路 12V	1 台
12	安装用电路板	20cm×10cm	1 块
13	连接导线、焊锡		若干
14	常用安装工具（电烙铁、尖嘴钳等）		1 套

3. 相关知识

函数信号发生器是电子技术中常用的电子仪器之一，主要用于提供测试所需的各种信号。下面以 VD1641 函数信号发生器为例，介绍它的使用。

（1）接通电源。函数信号发生器面板上的红色按钮为电源按钮，按下该按钮接通电源，指示

灯亮，如图 3.39 所示。

（2）选择输出波形类型、频率范围。输出波形类型选择按钮如图 3.40（a）所示，图中选择了正弦波输出。频率范围选择按钮如图 3.40（b）所示，图中选择了最大输出频率为 2 000Hz。

图 3.39　函数信号发生器

（a）波形类型选择　　　　　　　（b）波形频率范围选择

图 3.40　输出波形类型、频率范围选择

（3）调节输出频率。输出频率调节旋钮在显示屏的下方，调节此旋钮可改变输出频率的高低，如图 3.41 所示。

（4）调节输出幅度。输出幅度调节旋钮在波形类型选择按钮的下方，如图 3.42 所示。调节该旋钮可改变输出波形的幅度。

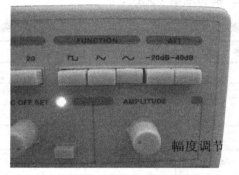

图 3.41　调节输出频率

图 3.42　调节输出幅度

4. 内容与步骤

（1）根据图 3.43 所示的电路，完成音频功放电路的安装。

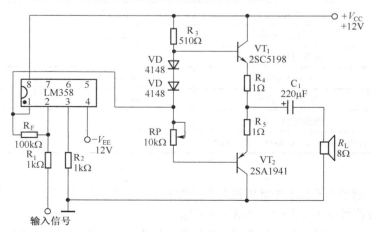

图 3.43　音频功放电路

① 根据图 3.43 列出元件清单，备好元件，检查各元件的好坏。

操作指导

列材料清单时，应注明元件参数。替换元件的性能参数应优于电路中的元件。对选择的元件要进行质量检测。

② 画出装配图，利用提供的安装电路板和备好的元件，完成各元件的安装。

操作指导

画装配图时，先正确识读电路图，明确各单元电路的功能及包含哪些元件；再理清信号的流程，熟悉各单元电路之间的关系，单元电路中各个元件的作用。良好的装配图要求元件的布局要合理，不允许出现交叉线。

③ 检查确认各元件安装无误后，接通直流电源。

（2）校正示波器。

① 校正 Y_1 通道。

② 校正 Y_2 通道。

③ 将工作方式选择旋钮置于"交替"，做好用双通道观察波形的准备。

（3）参阅实训相关知识调试函数信号发生器，使其输出 20mV 峰—峰值的正弦信号。

操作指导

将函数信号发生器的输出端接至示波器的"Y_1"通道，按下函数信号发生器的波形类型选择按钮中的正弦波"～"按钮、波形频率范围选择按钮中的"20k"按钮，调节输出幅度旋钮，使示波器屏幕上观察到的正弦波信号峰 - 峰值为 20mV。

（4）将函数信号发生器的输出加到音频功放电路输入端，用示波器观察输入、输出信号波形，做好记录。

操作指导

示波器工作方式选择旋钮置于"交替"位置，将函数信号发生器的输出（即音频功效电路的输入）加到示波器的"Y_1"通道，音频功放电路的输出加到示波器的"Y_2"通道。

（5）改变函数信号发生器的频率，观察输入不同频率信号时扬声器的声变化，记录观察到的结果。

操作指导

先按下函数信号发生器频率范围选择按钮，确定频率范围；再旋转函数信号发生器输出频率调节旋钮选择不同的频率值。

（6）实训结束后，整理好本次实训所用的器材，清洁工作台，打扫实训室。

5. 问题讨论

（1）若短接 VD_1、VD_2，会观察到什么现象？

（2）若将收音机检波输出加到实训电路的输入端，能听到广播吗？

（3）若用复合管替换配对的功放管，应如何修改实训电路（画出电路图）？

6. 实训总结

（1）画出实训电路装配图。

（2）画出观察到的输入、输出波形，描述听到的声音。

（3）调试过程中若遇到故障，说明故障现象，分析产生故障的原因，提出解决方法。

（4）填写表3.6。

表3.6　　　　　　　　　　　　　　　　实训评价表

课题								
班级		姓名		学号		日期		
训练收获								
训练体会								
训练评价	评定人		评　语			等级		签名
	自己评							
	同学评							
	老师评							
	综合评定等级							

＊实训 2　组装收音机的中频放大电路

1.　实训目的

（1）掌握元件的合理选用。

（2）掌握收音机中频放大电路的安装技巧。

（3）掌握谐振放大电路的调试方法。

2.　器材准备（见表3.7）

表3.7　　　　　　　　　　　　　　　　实训器材

序　号	名　称	规　格	数　量
1	三极管	S9018	2只
2	电阻器	51Ω	1只
		1kΩ	1只
		56kΩ	1只
3	陶瓷电容器	0.022μF	2只
4	电解电容器	4.7μF/16V	1只
5	中周		3只
6	万用表	MF47	1块
7	双踪示波器	20MHz	1台
8	函数信号发生器		1台
9	直流稳压电源	3V	1台
10	安装用电路板	20cm×10cm	1块
11	连接导线、焊锡		若干
12	常用安装工具（电烙铁、尖嘴钳等）		1套

3. 相关知识

（1）中频变压器。中频变压器俗称"中周"，由屏蔽外壳、尼龙支架、磁芯、磁帽、引脚架等组成，有 5 个引脚，如图 3.44 所示。通常 5 个引脚中，有 3 个引脚的一侧为输入端，与前一级电路的输出端连接；有 2 个引脚的一侧为输出端，与后一级电路的输入端连接。

中频变压器是收音机和电视机中的主要选频元件，在电路中起信号耦合和选频作用，调节磁帽（或磁芯，没有磁帽时），改变线圈的电感量，即可改变对中频信号的选择性和通频带。

图 3.44　中频变压器

收音机中的中频变压器分调幅用中频变压器和调频用中频变压器，电视机中的中频变压器分图像部分中频变压器和伴音部分中频变压器。不同规格、不同型号的中频变压器不能直接互换使用。例如，图 3.36 所示的调幅收音机中频放大电路的 3 只中频变压器，不能随意调换它们在电路中的位置。

（2）谐振放大器的调试。调节谐振放大器 LC 回路中的 L 或 C 可以改变谐振频率，进行谐振放大器的调谐。在实际应用中，通常采用中频变压器作为谐振放大器中的 LC 回路。因此，谐振放大器的调试方法是旋转中频变压器的磁帽（或磁芯，没有磁帽时），改变电感量，实现调谐，最终选出所需频率的信号。如果要增宽通频带，可在 LC 回路两端并联电阻来实现。

4. 内容与步骤

（1）根据图 3.36 所示的电路，完成中频放大电路的安装。

① 为便于安装，重画图 3.36，如图 3.45 所示。根据图 3.45 列出元件清单，备好元件，检查各元件的好坏。

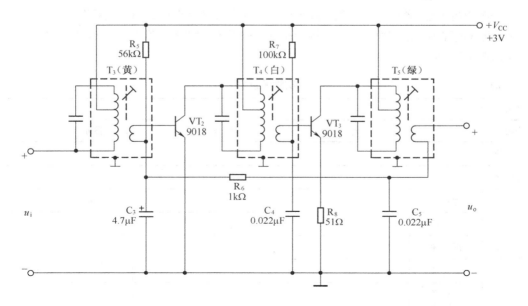

图 3.45　中频放大电路

列材料清单时，应注明元件参数。替换元件的性能参数应优于电路中的元件。对选择的元件要进行质量检测。

②画出装配图，利用提供的安装电路板和备好的元件，完成各元件的安装。

③检查确认各元件安装无误后，接通直流电源。

（2）将函数信号发生器的输出接到中频放大电路的输入端，分别按下波形类型选择按钮中的"正弦波（～）"按钮、波形频率范围选择按钮中的"2MHz"按钮，调节输出信号频率为"465kHz"，保持输出幅度不变，记录幅度值 u_i。

（3）将示波器的 Y_2 通道与中频放大电路的输出端连接，用无感螺丝刀微微调整中频变压器 T_5 的磁芯，使示波器观察到的 u_o 幅度最大；再微微调整中频变压器 T_4，使示波器观察到的幅度最大。

操作指导

需反复调 T_5 和 T_4 的磁芯两到三次，每次都要观察到 u_o 的幅度最大，记录 u_o 的值。

（4）调高函数信号发生器的输出频率，观察输出 的变化，每隔10kHz记录一次频率及该频率所对应的 值。

（5）将函数信号发生器的输出频率调回到465kHz。降低输出频率，观察 u_o 的变化，每隔10kHz记录一次频率及该频率所对应的 值。

（6）实训结束后，整理好本次实训所用的器材，清洁工作台，打扫实训室。

5. 问题讨论

（1）若互换 T_4 和 T_5，电路能正常工作吗？

（2）若只用一级放大电路，如何修改实训电路（画出电路图）？

6. 实训总结

（1）画出实训电路装配图。

（2）描述中频变压器的调试过程，画出记录的频率与对应的 u_o/u_i 值的关系图。

（3）调试过程中若遇到故障，说明故障现象，分析产生故障的原因，提出解决方法。

（4）填写表3.8。

表3.8　　　　　　　　　　实训评价表

课题							
班级		姓名		学号		日期	
训练收获							
训练体会							
训练评价	评定人	评　语				等级	签名
	自己评						
	同学评						
	老师评						
	综合评定等级						

（1）本单元重点介绍了集成运放及应用、集成功率放大器及应用、场效晶体管及应用、谐振放大器及应用。

（2）集成运算放大器简称集成运放，是由多级直接耦合放大电路组成的高增益模拟集成电路，具有"虚短"和"虚断"两个特性。工作在线性区时，可以构成比例运算电路、测量放大电路等；工作在非线性区时，可以构成滞回电压比较器。

（3）低频功率放大电路位于电路的最后一级，作用是对低频信号进行功率放大。常见的电路形式有 OTL 电路和 OCL 电路。将整个功率放大电路制作在一块半导体芯片上就构成了集成功率放大器，其型号很多，可以根据不同的场合选用不同型号的集成功率放大器，如音频功率放大时通常选用 LM386。

（4）场效晶体管是一种单极型晶体管，属于电压控制型器件。由于具有较高输入阻抗和低噪声等优点，因而也被广泛应用于各种电子设备中。尤其是用场效晶体管做整个电子设备的输入级，可以获得一般三极管很难达到的性能。

（5）谐振放大器是一种具有选频功能的高频小信号放大器。它的负载是由 L、C 元件构成的谐振电路，在中心频率上具有较大的电压增益，偏离中心频率，电压增益就会迅速减小。

一、填空题

1. 集成运放内部电路有 3 个主要部分组成，即_____级、_____级和_____级。

2. 差分输入级的特点是电路完全对称，对差模信号有放大作用，对_____有很强的抑制作用。

3. 理想化集成运放的两个重要特性是_____和_____。

4. 负反馈可以改善放大电路的性能，但引入负反馈会降低放大电路的_____。

5. 反馈的类型根据反馈的极性不同，可分为_____和_____。

二、简答题

1. 什么是功率放大电路？常用的功放电路有哪些？

2. 场效晶体管与三极管有什么异同点？

三、计算题

1. 在图 3.46 所示电路中，若 $R_F = 10\text{k}\Omega$，$R_1 = 3\text{k}\Omega$，$U_i = 0.5\text{V}$，则输出电压是多少？

2. 在如图 3.47 所示的减法电路中，设 $R_1 = R_2 = R_3 = R_F$，$U_{i1} = 1\text{V}$，$U_{i2} = 3\text{V}$。求输出电压 U_o。

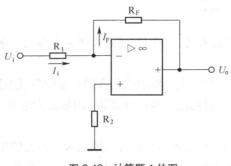

图 3.46　计算题 1 的图

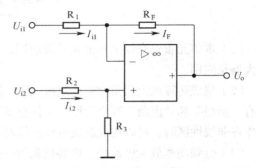

图 3.47　计算题 2 的图

3. 电路如图 3.48 所示。

（1）说明该电路的名称。

（2）已知 $R_1 = 10\text{k}\Omega$，$R_2 = 10\text{k}\Omega$，$R_3 = 30\text{k}\Omega$，$U_{om} = \pm 10\text{V}$。试求上、下限阈值电压。

4. 电路如图 3.49 所示。

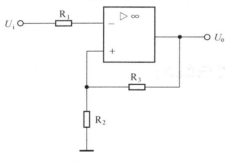

图 3.48　计算题 3 的图

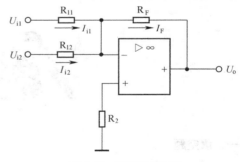

图 3.49　计算题 4 的图

（1）说明该电路的名称。

（2）若 $R_F = 10\text{k}\Omega$，$R_{11} = 1\text{k}\Omega$，$R_{12} = 5.1\text{k}\Omega$，$U_{i1} = 0.6\text{V}$，$U_{i2} = 0.3\text{V}$，则输出电压 U_o 是多少？

*第4单元

直流稳压电源

知识目标

● 了解三端集成稳压器件的种类、主要参数、典型应用电路。
● 了解开关式稳压电源的框图及稳压原理。
● 了解开关式稳压电源的主要特点，列举其在电子产品中的典型应用。

技能目标

● 能识别三端集成稳压器件的引脚。
● 能识读集成稳压电源的电路图。
● 会安装与调试直流稳压电源。
● 能正确测量稳压性能、调压范围。
● 会判断并检修直流稳压电源的简单故障。

情 景 导 入

奶奶的收音机电池又没有电了。小明心想，要是能给奶奶制作一个电源，该有多好啊。带着这个心愿，他来到李老师的工作室咨询。李老师告诉他，电子产品使用的是直流稳压电源。日常生活与生产中的直流稳压电源有两种形式：一种是独立的产品；另一种是与其他功能电路一起安装在电子产品的电路板上，如图4.1所示。那么，制作一个直流稳压电源需要哪些知识和技能呢?

（a）独立产品

（b）彩色电视机电源电路

图 4.1　直流稳压电源

知 识 链 接

电子设备所需的直流电源，除在少数情况下用电池外，一般都是采用由交流电网供电，经"整流"、"滤波"、"稳压"后获得。随着集成电路技术的发展，集成电路在直流稳压电路中开始广泛应用，如小功率直流稳压电路中的三端集成稳压器，大功率开关直流稳压电路中的调整模块等。

第1节 三端集成稳压器

集成稳压器有三端和多端（引脚多于 3 只）两种外部结构形式。作为小功率的集成稳压器以三端集成稳压器的应用最为普遍。三端集成稳压器的型号也有多种，常用的输出为固定正电压的型号是 CW78×× 系列（LM78×× 系列），输出为固定负电压的型号是 CW79×× 系列（LM79×× 系列），输出为可调正电压的型号是 CW317（LM317），输出为可调负电压的型号是 CW337（LM337）等。由于三端集成稳压器具有输出电流大、输出电压高、体积小、安装调试方便、可靠性高等优点，在电子电路中应用十分广泛。

一、固定输出的三端集成稳压器

按图 4.2（a）所示连接电路，接通电源，用万用表测量负载电阻 R_L 两端的电压，记下读数；转换开关 S，再次用万用表测量负载电阻 R_L 两端的电压，观察万用表读数的变化。按图 4.2（b）所示连接电路，接通电源，重复上述操作过程。（注意演示过程中的安全）

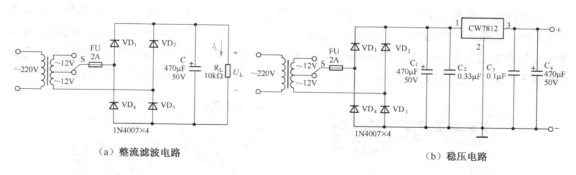

（a）整流滤波电路　　　　　　　　　　　　　　（b）稳压电路

图 4.2 演示电路

实验现象

演示过程中观察到的现象如图 4.3 所示。对比万用表的读数发现：在如图 4.2（a）所示的整流滤波电路中，负载电阻 R_L 两端的电压随输入电压的升高而升高，在如图 4.2（b）所示的添加了三端集成稳压器的电路中，输出电压保持 12V 不变。为什么会出现这种现象呢？

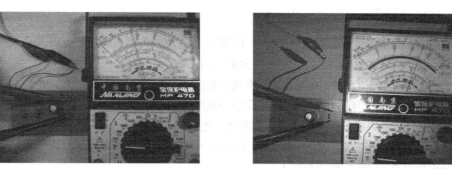

（a）12V 输入整流滤波电路输出　　　　　　　　（b）24V 输入整流滤波输出

（c）12V 输入稳压电路输出　　　　　　　　　（d）24V 输入稳压电路输出

图 4.3　演示现象

知识探究

1. 固定输出的三端集成稳压器简介

固定输出的三端集成稳压器的输出电压为标准值，使用时不能调节。固定输出的三端集成稳压器实物图及图形符号如图 4.4 所示，其中，1 脚为输入端，2 脚为公共端（使用时通常接地），3 脚为输出端。

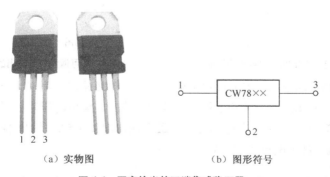

（a）实物图　　　　　　　　　　（b）图形符号

图 4.4　固定输出的三端集成稳压器

固定输出的三端集成稳压器 CW78×× 系列和 CW79×× 系列各有 7 个品种，输出电压分别为：±5V、±6V、±9V、±12V、±15V、±18V 和 ±24V，最大输出电流可达 1.5A，公共端的静态电流为 8mA。固定输出的三端集成稳压器型号后两位数字为输出电压值，例如 CW7815 表示输出电压 $U_o = +15V$。

2. 固定输出的三端集成稳压器的应用

固定输出的三端集成稳压器应用电路如图 4.5 所示。C_1 用以抑制过电压，抵消因输入连接线过长产生的电感效应并消除自激振荡；C_2 用以改善负载的瞬态响应，即瞬时增减负载电流时不致引起输出电压有较大的波动。C_1、C_2 一般选涤纶电容器，容量为 0.1 微法至几微法。安装时，两电容器应直接与三端集成稳压器的引脚根部相连。电路工作时，要求输入电压高于三端集成稳压器的输出电压 $2 \sim 3V$（输出负电压时要低 $2 \sim 3V$），但不宜过大。

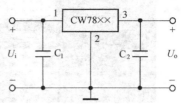

图 4.5　固定输出的三端集成稳压器应用电路

二、可调输出的三端集成稳压器

1. 可调输出的三端集成稳压器简介

可调输出的三端集成稳压器通过外接元件，可在较大范围内调节输出电压。可调输出的三端集成稳压器既保持了 3 端的简单结构，又实现了输出电压连续可调。它以一种通用化、标准化稳压器的形式应用于各种电子设备的电源中。

可调输出的三端集成稳压器没有接地（公共）端，只有输入、输出和调整 3 个端子，如图 4.6、图 4.7 所示。

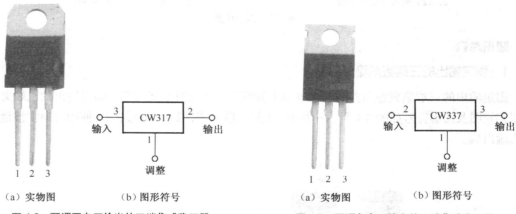

（a）实物图　　　（b）图形符号　　　　　　（a）实物图　　　（b）图形符号

图 4.6　可调正电压输出的三端集成稳压器　　　图 4.7　可调负电压输出的三端集成稳压器

可调输出的三端集成稳压器内部设置了过流保护、短路保护、调整管安全区保护、稳压器芯片过热保护等电路，因此使用十分安全可靠。其最大输入、输出电压差极限约 40V，输出电压在 $1.25 \sim 37V$（或 $-37 \sim -1.25V$）内连续可调，最大输出电流 1.5A，输出端与调整端之间的基准电压为 1.25V，调整端静态电流为 $50\mu A$。

 注意　　　CW317（LM317）的 3 脚是输入端，2 脚是输出端，1 脚是调整端。而 CW337（LM337）的 2 脚是输入端，3 脚是输出端，1 脚是调整端。在使用时，应特别注意区分。

2. 可调输出的三端集成稳压器的应用

可调正电压输出的三端集成稳压器应用电路如图 4.8 所示。最大输入、输出电压差不超过

40V；固定电阻 R_1（240Ω）接在三端集成稳压器输出端至调整端之间，其两端电压为 1.25V；调节 RP（0 ～ 6.8kΩ）可以从输出端获得 1.25 ～ 37V 连续可调的输出电压。

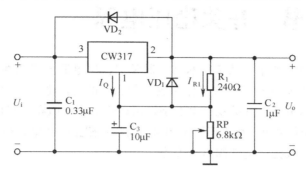

图 4.8　可调正电压输出的三端集成稳压器应用电路

由图 4.8 可知，流过 RP 的电流是 I_{R1} 和三端集成稳压器调整端输出的静态电流 I_Q 之和。因此，输出电压为

$$U_o = 1.25\left(1+\frac{RP}{R_1}\right) + 50\mu A \times RP$$

在如图 4.8 所示电路中，VD_1 是为了防止输出端短路时，C_3 放电损坏三端集成稳压器而接入的。如果输出端不会短路、输出电压低于 7V 时，VD_1 可不接。VD_2 是为了防止输入端短路时，C_2 放电损坏三端集成稳压器而接入的。在 RP 上电压低于 7V 或 C_2 的容量小于 1μF 时，VD_2 也可省略不接。

　　在可调输出的三端集成稳压器应用电路中，依靠外接电阻确定输出电压。所以 R_1 应紧贴在三端集成稳压器的输出端和调整端之间安装，否则输出端电流大时，将产生附加压降，影响输出精度。RP 的接地点应与负载电流返回点的接地点相同。R_1、RP 应选择同种材料，精度尽量高一些。另外，R_1 的值不能大于 240Ω。常用的值还有 200Ω。

可调负电压输出的三端集成稳压器的应用
　　可调负电压输出的三端集成稳压器应用电路如图 4.9 所示。图 4.9（a）所示为基本应用电路，图 4.9（b）所示为接入保护二极管的应用电路。CW337 与 CW317 的应用相比，只是输入端与输出端的引脚排列不同，以及电解电容器和二极管的极性接法不同。

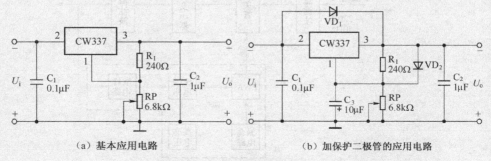

（a）基本应用电路　　　　　　　　　　　　（b）加保护二极管的应用电路

图 4.9　可调负电压输出的三端集成稳压器应用电路

第2节　开关稳压电源

在实际应用中，根据调整管的工作状态，通常把稳压电源分成线性稳压电源和开关稳压电源两类。线性稳压电源是指调整管工作在放大状态下的稳压电源，如第 1 节介绍的三端集成稳压器所组成的稳压电源。开关稳压电源是指调整管工作在饱和、截止状态下的稳压电源。由于调整管饱和时的电阻很小，相当于开关闭合；调整管截止时的电阻很大，相当于开关断开，所以在开关电源中，一般把调整管称为开关管。

一、开关稳压电源的特点

1. 开关稳压电源的分类

开关稳压电源的电路种类繁多，按开关信号产生的方式分为自激式和他激式稳压电源。自激式稳压电源由内部电路来启动开关管，他激式稳压电源由外部激励信号来启动开关管。开关稳压电源按开关稳压电路与负载的连接方式分为串联型和并联型。串联型开关稳压电路中开关管与负载串联连接，输出端通过开关管及整流二极管与电网相连，电网隔离性差，且只有一路电压输出。并联型开关稳压电路中输出端与电网间由开关变压器进行电气上的隔离，安全性好，通过开关变压器的次级绕组可以做到多路电压输出，但电路复杂，对开关管要求高。开关稳压电源按控制方式分为脉宽调制（PWM）式和脉频调制（PFM）式。脉宽调制式利用加到开关管的脉冲宽度不同，控制开关管的导通时间达到稳定输出的目的。脉频调制式通过控制开关管通断（又称振荡）周期，达到稳定输出的目的。目前，通常采用的是自激式脉宽调制开关稳压电源。

2. 开关稳压电源的工作原理

开关稳压电源的基本电路框图如图 4.10 所示，输入电压为 220V、50Hz 的交流电，经过整流、滤波后变为直流，通过控制电路控制开关管的导通、截止，使开关变压器的初级产生高频电压，经由开关变压器耦合到次级，再经整流、滤波，得到直流电压输出。当开关变压器的次级有多个绕组时，通过对每个次级绕组输出的整流、滤波，可以实现多路不同输出电压值的直流输出。

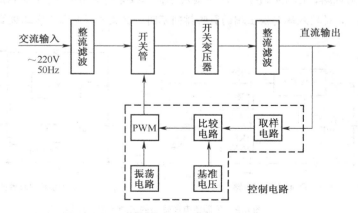

图 4.10　开关稳压电源的基本电路框图

控制电路是一个脉冲宽度调制器，它主要由取样电路、比较电路、振荡电路、脉宽调制（PWM）、基准电压等构成。这部分电路目前已集成化，制成了各种开关电源用集成电路。控制电路用来控制开关管的导通与截止时间，通过调整开关管的开关时间比例，实现输出电压的稳定。

3. 开关稳压电源的特点

线性稳压电源虽具有输出稳定性高、电路简单、工作可靠等优点，但调整管必须工作在放大状态，当负载电流较大时，调整管会产生很大的功耗。这不仅降低了电源的转换效率（电源效率一般只有45%左右），对节约能源不利，而且为解决散热问题，必须增大散热片，增加了电源的体积和重量。

开关稳压电源通常采用直接对220V、50Hz的交流电进行整流，不需要工频电源变压器。开关稳压电源中的开关管工作频率在几十千赫，滤波电容器、电感器数值较小。因此，开关稳压电源具有重量轻、体积小、电源效率高（可达80%）等特点。由于开关稳压电源功耗小，机内温升低，提高了整机的稳定性和可靠性。另外，开关稳压电源对电网的适应能力也有较大的提高，一般线性稳压电源允许电网波动范围为220V±10%，而开关稳压电源对于电网电压在110～260V范围内变化时，都可获得稳定的输出电压，而且输出电压保持时间长、有利于计算机信息保护等，因而广泛应用于以电子计算机为主导的各种终端设备、通信设备中，是当今电子信息产业飞速发展中不可缺少的一种电源。

 注意 　由于开关稳压电源的输出功率较大，尽管开关管相对功耗较小，但绝对功耗仍较大。因此，在实际应用中，开关管必须加装散热片。

二、开关稳压电源的应用

开关稳压电源的应用十分广泛，下面列举两个应用实例，一个是彩色电视机的电源，另一个是台式计算机的电源。

1. 开关稳压电源在彩色电视机中的应用

彩色电视机中的开关稳压电源部分如图4.11所示，可提供12V、115V、33V多种电压。

图 4.11　彩色电视机中的开关稳压电源

2. 开关稳压电源在台式计算机中的应用

台式计算机中的开关电源如图4.12所示，可提供±12V、±5V、3.3V多种电压。

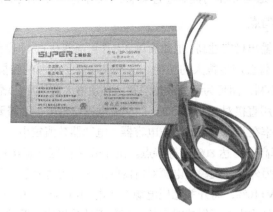

图4.12　台式计算机中的开关稳压电源

技能实训

 岗位描述

　　任何一种电子产品正常工作时都离不开直流稳压电源，在实际工作中，常常会遇到直流稳压电源部分的故障检修。选择合适的元器件，完成直流稳压电源的组装与调试实训，可以提高从事电子企业质量检验部门相关岗位、电子产品生产过程中的调试岗位、电子产品维修及售后服务等岗位工作的技能。

实训　直流稳压电源的组装与调试

1. 实训目的

（1）掌握三端集成稳压器的合理选用。

（2）掌握可调输出的三端集成稳压器构成的直流稳压电源的组装技巧。

（3）掌握可调输出的三端集成稳压器构成的直流稳压电源的调试方法。

2. 器材准备（见表4.1）

表4.1　　　　　　　　　　　　　　实训器材

序　号	名　称	规　格	数　量
1	整流二极管	1N4007	4只
2	电解电容器	470μF/50V	2只
3	电容器	0.33μF、0.1μF	各1只
4	三端集成稳压器	LM317	1只
5	电位器	10kΩ	1只
6	电阻器	240Ω	1只
7	电源变压器	次级电压为双12V	1只

续表

序　号	名　称	规　格	数　量
8	万用表	MF47	1块
9	熔断器	2A	1只
10	安装用电路板	20cm×10cm	1块
11	连接导线、焊锡		若干
12	常用安装工具（电烙铁、尖嘴钳等）		1套

3. 相关知识

（1）直流稳压电源的组成。直流稳压电源一般由电源变压器、整流电路、滤波电路、稳压电路等几部分组成，如图 4.13 所示。电源变压器把市电变换为所需要的低压交流电；整流电路把交流电变换为脉动的直流电；滤波电路把脉动的直流电变成变化比较缓慢的直流电；稳压电路把不稳定的直流电变为稳定的直流电输出。

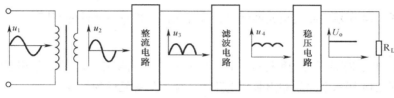

图 4.13　直流稳压电源的组成

根据图 4.13 所示的直流稳压电源的组成框图，由可调输出的三端集成稳压器 LM317 构成的直流稳压电源如图 4.14 所示。

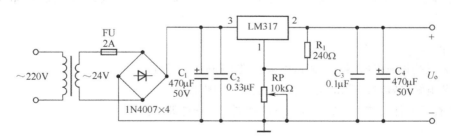

图 4.14　可调输出的三端集成稳压器构成的直流稳压电源

（2）直流稳压电源检修流程。直流稳压电源检修的一个关键点是滤波电容器两端的电压，例如，图 4.14 中 C_1 两端的电压。当直流稳压电源无输出或输出不正常时，第一个检测点就是滤波电容器两端的电压。若该电压正常，则故障出在稳压电路部分；若该点电压不正常，则先检查整流、滤波电路部分，排除这部分故障后，仍无输出或输出不正常，再检查稳压电路部分。稳压电路部分检修时，先排除三端集成稳压器外围元件的故障。若外围元件正常，则更换三端集成稳压器。图 4.14 所示的直流稳压电源，其检修流程如图 4.15 所示。

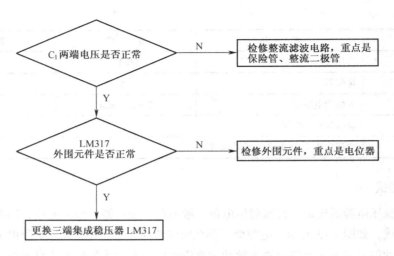

图 4.15 三端集成稳压器构成的直流稳压电源检修流程

4. 内容与步骤

（1）根据图 4.14 所示电路列出元件清单，备好元件，检查各元件的好坏。

操作指导

准备元件时，R_1、RP 应选择同种材料，精度尽量高一些。替换 C_1、C_4 的电容耐压不能低于 50V。

（2）根据图 4.14 所示电路绘制出装配电路图，标清楚各元件的位置。

操作指导

画装配图时，R_1 的布局应紧贴在三端集成稳压器的输出端和调整端之间；RP 的接地点与负载电流返回点的接地点应布局为同一点。

（3）正确识读 LM317 的引脚。根据装配图完成可调输出的三端集成稳压器组成的稳压电源安装。

操作指导

① 安装三端集成稳压器时，确认引脚位置正确后，再焊接。

② 安装电解电容时，确认引脚位置正确后，再焊接。

（4）检查各元件安装无误后，经指导教师同意，通电调试。

操作指导

通电前，应养成测量整流电路输入端电阻的习惯。方法是用万用表电阻挡测量整流电路输入端电阻，观察万用表指针是否指向 0Ω。若指向 0Ω，说明电路有短路。在排除电路短路之前，绝不允许通电。

（5）用万用表测量 C_1 两端的直流电压是否约为 29V。若相差较大，说明电路有故障，查找原因并排除。

操作指导

测量前，确认万用表挡位选择合适。测量时，万用表的红表笔接触 C_1 的正极、黑表笔接触 C_1 的负极。

（6）测量输出直流电压 U_o；调节电位器 RP，观察输出直流电压 U_o 是否在 1.25 ～ 37V 内连续可调。若输出直流电压不在 1.25 ～ 37V 范围内，说明电路有故障，查找原因并排除。

（7）实训结束后，整理好本次实训所用的器材，清扫工作台，打扫实训室。

5. 问题讨论

（1）输出直流电压的实际测量值是否到达 37V？如果没有到达 37V，试解释原因。

（2）若用 LM337 构成直流稳压电源，安装时应注意什么？

（3）安装 240Ω 电阻器时，要求紧贴着 LM317 的 1、2 脚安装，查阅资料，解释为什么？

6. 实训总结

（1）整理测试数据。

（2）在调试过程中，若遇到故障，说明故障现象，分析产生故障原因，提出解决方法。

（3）填写表 4.2。

表 4.2 实训评价表

课题							
班级		姓名		学号		日期	
训练收获							
训练体会							
训练评价	评定人	评　语				等级	签名
	自己评						
	同学评						
	老师评						
	综合评定等级						

（1）本单元重点介绍了固定输出、可调输出三端集成稳压器的识别和应用，开关稳压电源的基本特点及应用。

（2）固定输出的三端集成稳压器有 CW78×× （LM78××）、CW79×× （LM79××）两个系列，每个系列有 7 种标准值的输出，分别为 ±5V、±6V、±9V、±12V、±15V、±18V、±24V，最大输出电流可达 1.5A，公共端的静态电流为 8mA。

（3）可调输出的三端集成稳压器有 CW317 （LM317）、CW337 （LM337），输出电压在 1.25 ～ 37V（或 −37 ～ −1.25V、CW337）内连续可调，最大输出电流为 1.5A，输出端与调整端之间的基准电压为 1.25V，调整端静态电流为 50μA。

（4）三端集成稳压器有 3 个引脚，使用十分方便。固定输出的三端集成稳压器的 3 个引脚分别为 1 脚输入端、2 脚公共端、3 脚输出端。可调输出的三端集成稳压器的 3 个引脚排列不统一，CW317 的 1 脚为调整端，2 脚为输出端，3 脚为输入端，CW337 的 1 脚为调整端，2 脚为输入端，3 脚为输出端。

（5）直流稳压电源一般由电源变压器、整流电路、滤波电路、稳压电路等几部分组成。根据调整管的工作状态，通常把稳压电源分成线性稳压电源和开关稳压电源两类。开关稳压电源因重量轻、体积小、电源效率高、能在较大电网电压波动范围内正常工作而得到广泛应用。

思考与练习

一、填空题

1. 三端集成稳压器可分为＿＿＿＿三端集成稳压器和＿＿＿＿三端集成稳压器两类。

2. CW7805 的 3 个引脚分别是：＿＿＿＿，对应＿＿＿＿脚；＿＿＿＿，对应＿＿＿＿脚；＿＿＿＿，对应＿＿＿＿脚。

3. CW317 的 3 个引脚分别是：＿＿＿＿，对应＿＿＿＿脚；＿＿＿＿，对应＿＿＿＿脚；＿＿＿＿，对应＿＿＿＿脚。

4. CW337 的 3 个引脚分别是：＿＿＿＿，对应＿＿＿＿脚；＿＿＿＿，对应＿＿＿＿脚；＿＿＿＿，对应＿＿＿＿脚。

5. CW7912 的输出电压是＿＿＿＿。

6. LM337 的输出电压是＿＿＿＿。

7. 在开关稳压电源中，调整管工作在＿＿＿＿状态，通常称其为＿＿＿＿。

8. 直流稳压电源一般由＿＿＿＿、＿＿＿＿、＿＿＿＿和＿＿＿＿几个部分组成。

二、简答题

1. 搜集不同型号的三端集成稳压器，描述其用途、适用场合。

2. 查阅资料，收集三端集成稳压器的应用电路。

3. 查阅资料，列举开关稳压电源的应用。

4. 总结线性稳压电源和开关稳压电源的特点，如何选用它们？

5. 拆开一直流稳压电源，分析该直流稳压电源由哪几个部分组成，简述每个组成部分的作用。

6. 如何检修直流稳压电源？画出直流稳压电源检修流程图。

第 5 单元

正弦波振荡电路

情 景 导 入

在大厅听报告或唱卡拉 OK 时,有时会听到刺耳的啸叫声,这是为什么呢?带着疑问,小明来到李老师的工作室请教。李老师打开音响,将话筒对向音箱,如图 5.1 所示,重现了啸叫声;再将话筒偏离音箱,啸叫声立即消失。那么,这里包含了哪些知识和技能呢?

图 5.1 自激振荡演示

知 识 链 接

正弦波振荡电路在没有外加输入信号的条件下，能自动将直流电源提供的能量转换为等幅的正弦波输出。它在电子技术领域中应用非常广泛，已作为一个典型的单元电路应用于各种各样的电子产品中。例如，为教学实验及电子测量仪器提供正弦波基准信号源，为晶体管收音机、电视机高频头提供本振信号等。

第 1 节　正弦波振荡电路的组成

按图 5.2（a）所示连接电路，接通电源；用示波器观察调节 RP 过程中电路的输出波形；记录下观察的结果。

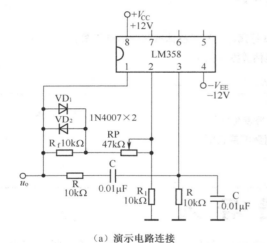

（a）演示电路连接　　　　　　　　（b）演示电路板

图 5.2　正弦波振荡电路演示

实验现象

在调节 RP 过程中发现，从没有波形到有正弦波，再到梯形波，如图 5.3 所示；或从梯形波到正弦波，再到没有波形。为什么会出现这种现象呢？

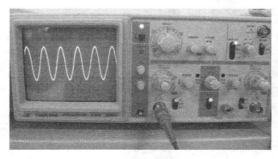
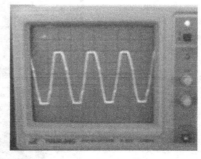

（a）正弦波　　　　　　　　　　　　（b）梯形波

图 5.3　演示现象

知识探究

一、正弦波振荡电路的组成框图

正弦波振荡电路一般由基本放大电路、正反馈电路、选频电路、稳幅电路组成，如图 5.4 所示。电路没有输入，只有输出。电路各组成部分的作用如下。

1. 基本放大电路

基本放大电路是正弦波振荡电路的核心，基本放大电路工作在正常的放大状态是正弦波振荡电路正常工作的前提。因此，在正弦波振荡电路调试、检修时，第一步就是判别基本放大电路是否处于正常的放大状态。基本放大电路的作用是对振荡过程中产生的信号进行放大。

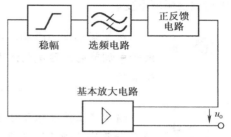

图 5.4　正弦波振荡电路的组成框图

2. 正反馈电路

正反馈电路是正弦波振荡电路的必备条件。正反馈电路的作用是，将基本放大电路的输出回送到输入端，使基本放大电路的输入不断增大，经基本放大电路放大后的输出也不断增大，最终产生振荡。

3. 选频电路

选频电路一般与正反馈电路整合在一起，也可以与基本放大电路整合在一起。与基本放大电路整合在一起时，整合的电路称为选频放大电路。选频电路的作用是，在众多频率成分的振荡信号中，选择特定频率的信号满足正反馈条件，对其他频率成分进行抑制。

4. 稳幅电路

稳幅电路可以是独立的组成部分，也可以与基本放大电路整合在一起。与基本放大电路整合在一起时，利用的是放大器件本身的非线性来稳幅。稳幅电路的作用是在振荡电路起振、振荡信号达到一定的幅度后，限制幅度不断增大，维持一个稳定的信号幅度输出。

二、正弦波振荡电路的振荡条件

正弦波振荡电路只有经历了起振、平衡过程后，才能输出等幅的正弦波信号。实现起振和平衡需要满足一定的条件。

1. 起振条件

正弦波振荡电路刚接通电源时，电路存在固有的噪声，这些噪声经过基本放大电路放大后，由反馈电路加到基本放大电路的输入端。要使基本放大电路的输出不断增大（也就是振荡信号的幅度不断增大），反馈必须是正反馈，而且反馈到基本放大电路输入端的信号要一次比一次大。因此，起振应满足两个条件：一是正反馈；二是基本放大电路的放大倍数 A 与反馈电路的反馈系数 F 的乘积要大于 1，即 $AF > 1$。反馈系数是指反馈电路输出与输入的比值。

2. 平衡条件

正弦波振荡电路满足了起振条件，振荡幅度会越来越大。如果不加限制，振荡电路的输出将

是梯形波，甚至是矩形波，此时振荡电路也就不能被称为正弦波振荡电路了。因此，正弦波振荡电路起振后，当振荡幅度达到一定值时，就要对振荡幅度进行限制。常用的办法有两个：一是利用三极管自身的特性，在振荡幅度增大到一定值时，基本放大电路的放大倍数自动降低，这种方法在分立元件组成的正弦波振荡电路中采用得比较多；二是限制基本放大电路的输入，使振荡幅度不再增大。这两种方法都是要使基本放大电路的放大倍数与反馈系数的乘积等于 1，即 $AF=1$，维持振荡幅度不变。

 对振荡幅度的限制不能过大。如果限制过大，将使振荡电路停止振荡。例如，演示中调节电位器发现振荡波形从正弦波变到没有波形的过程，就是限制幅度过大造成的。

 通常将正弦波振荡电路的振荡条件归纳为：相位平衡条件和幅度平衡条件。相位平衡条件是指反馈必须是正反馈，即 $\varphi_A+\varphi_F=2\pi n$（$n=0$ 或 1）。幅度平衡条件是指 $AF\geq 1$，即起振时大于 1，稳幅时等于 1。在起振到稳定输出过程中，这种变化要能自动进行。

第2节 常用正弦波振荡器

根据选频网络所采用的元件不同，正弦波振荡器可以分为 RC 正弦波振荡器、LC 正弦波振荡器和石英晶体正弦波振荡器。

一、RC 正弦波振荡器

1. 电路组成

采用 RC 电路作为选频电路的正弦波振荡电路，称为 RC 正弦波振荡器。图 5.2 所示的演示电路就是一个 RC 正弦波振荡器，其电路图如图 5.5 所示，又称文氏桥振荡器。该电路的特点是用 RC 串并联电路作为选频电路，并在振荡频率上形成正反馈。图中用运算放大器作为基本放大电路，放大倍数由 R_F 与 R_1 的比值确定，通过改变比值的大小实现起振和稳幅。

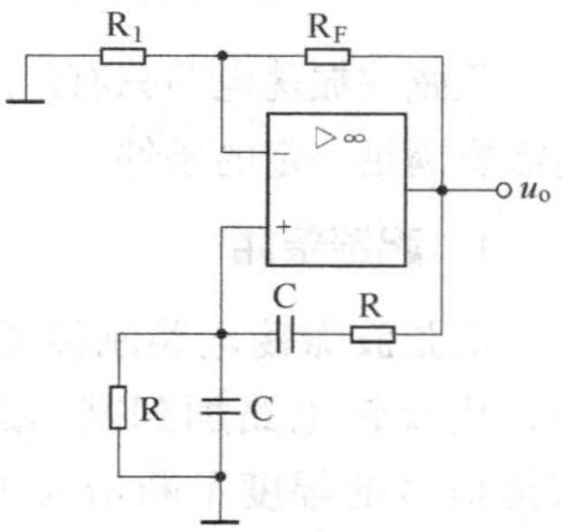

2. 工作过程

（1）起振。在图 5.5 中，运算放大器的输出经 RC 串并联电路反馈到运算放大器的同相输入端，只有频率 $f_0=\dfrac{1}{2\pi RC}$ 的信号才能满足正反馈条件，得到不断放大，形成振荡，其他频率的信号全部被抑制，故起振后的振荡频率估算公式为

图 5.5 RC 正弦波振荡电路

$$f\approx f_0=\frac{1}{2\pi RC}$$

106

由于 RC 并联电路两端的电压（即反馈电压 u_+）在 f_0 时是 RC 串并联电路两端电压（即 u_o）的 1/3，因此反馈系数 $F = 1/3$，故起振条件是放大电路的电压放大倍数 $A_u > 3$，即 R_F 稍大于 $2R_1$ 就能满足幅度平衡条件，从而产生频率为 f_0 的正弦波输出。

（2）稳幅。稳幅的方法有多种。可以选择负温度系数的热敏电阻 R_t 与 R_F 串联实现稳幅，也可以选择正温度系数的热敏电阻 R_t 与 R_1 串联实现稳幅。选择负温度系数的热敏电阻 R_t 与 R_F 串联实现稳幅的过程为：当输出电压增加使热敏电阻的功耗增大、温度上升时，热敏电阻的负温度系数使其阻值下降，于是 $(R_t+R_F)/R_1$ 的值减小使放大电路的电压放大倍数减小，达到稳幅目的。

在如图 5.2 所示的演示电路中，采用两只反向并联的二极管实现稳幅。其稳幅过程为：接通电源时，放大电路的输出幅度小，两只二极管均不导通，与 RP 串联的是 R_f，转动 RP 的旋钮，使放大电路的放大倍数 $A_u > 3$ 时，即可起振；当放大电路的输出幅度足够大时，一只二极管在正半周导通，另一只二极管就在负半周导通，导通的二极管与 R_f 并联后，再与 RP 串联，减小了总电阻，使放大电路的放大倍数减小，减小到 $A_u = 3$ 时，即实现了稳幅。

归纳　　RC 正弦波振荡电路的结构简单，起振容易，频率调节方便，主要用于产生低频正弦信号，最高振荡频率一般为 10 ～ 100kHz。

二、LC 正弦波振荡器

采用 LC 谐振回路作为选频电路的正弦波振荡电路，称为 LC 正弦波振荡器。根据 LC 回路连接方式的不同，可分为变压器反馈式、电感反馈式（电感三点式）和电容反馈式（电容三点式）3 种类型。

1. 变压器反馈式振荡电路

（1）电路组成。变压器反馈式振荡电路常用于调幅收音机的本振电路，如图 5.6 所示。图中 VT_1 构成基本放大电路，R_1 为偏置电阻，C_1 为隔直电容器。由于 C_1 对高频信号相当于短路、输入调谐回路的次级电感量又很小，为高频信号提供了通路，因此 VT_1 构成共基极放大电路。T_2 是振荡线圈，其初、次级线圈 L_3、L_4 绕在同一磁芯上，把 VT_1 集电极的输出以正反馈形式耦合到选频电路。T_2 的 L_4 与 C_{02}（双连电容器的一连）、C_B 组成 LC 并联谐振电路，实现选频，调节 C_{02} 可以改变振荡频率，C_B 用于补偿本振频率的覆盖范围。C_2 将选频电路选出的振荡信号耦合到 VT_1 的发射极（共基极放大电路的输入端）。

（2）工作过程。LC 并联谐振电路的特点是对谐振频率的信号呈电阻性，不产生相移。共基极放大电路的特点是输出与输入具有同相关系。综合这两个特点，只要 T_2 的线圈 L_4 与线圈 L_3 绕向一致，就能在 LC 并联谐振电路的谐振频率上形成正反馈，满足正弦波振荡的相位平衡条件，故振荡电路起振后的振荡频率为 LC 并联谐振电路的谐振频率 f_0，估算公式为

$$f \approx f_0 \approx \frac{1}{2\pi\sqrt{L_4(C_{02}+C_B)}}$$

该电路起振容易，输出电压较大。只要三极管的 β 值较大，变压器匝数比恰当，就可以满足幅度平衡条件。在实际应用中，通常是调节 T_2 的磁芯实现起振的。

2. 电感三点式振荡电路

电感三点式振荡电路组成如图 5.7 所示。基本放大电路为分压式偏置放大器；LC 并联谐振电

路的电感分成 L_1、L_2 两个部分,利用 L_2 上的电压作为反馈信号,经耦合电容器 C_1 送到 VT 的基极。C_1 还可以避免 VT 的基极被 L_2 直流接地。

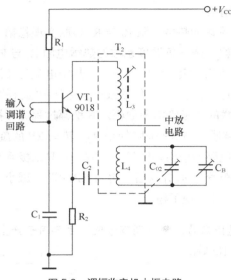

图 5.6　调幅收音机本振电路

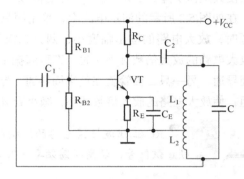

图 5.7　电感三点式振荡电路

搭接电路时,对交流而言只要注意将 LC 并联谐振电路的两端分别接三极管的集电极和基极,发射极接电感线圈的中间,就能满足相位平衡条件。通过调节电感量很容易实现起振,起振后的振荡频率估算公式为

$$f \approx f_0 = \frac{1}{2\pi\sqrt{LC}}$$

式中,L ——谐振电路的总电感,即 $L = L_1 + L_2 + 2M$。M 为 L_1、L_2 之间的互感。

该电路的振荡频率通过调节电容器的电容量来实现。通过可变电容器可在较宽的范围内调节振荡频率。

3. 电容三点式振荡电路

电容三点式振荡电路组成如图 5.8 所示。它的基本结构与电感三点式振荡电路类似,只是将图 5.7 中的 L_1、L_2 换成了 C_1、C_2,将图 5.7 中的 C 换成了 L。

搭接电路时,对交流而言只要注意将三极管的集电极和基极分别接 LC 并联电路的两端,发射极接两只电容器的中间,就能满足相位平衡条件。该电路利用电容器上的电压作为反馈信号,很容易起振。但调节电容量改变振荡频率时,会影响起振。因此,在实际应用中,常将一只容量比 C_1、C_2 小很多的电容器 C_3 与电感 L 串联,通过调节 C_3 实现振荡频率的改变,而又不影响起振,如图 5.9 所示。图 5.9 所示的电容三点式振荡电路又称为克拉泼振荡电路,振荡频率估算公式为

$$f \approx f_0 \approx \frac{1}{2\pi\sqrt{LC_3}}$$

 归纳　　LC 正弦波振荡电路主要用来产生高频正弦信号,振荡频率可高达几百兆赫兹以上。

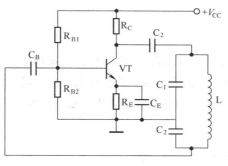

图 5.8 电容三点式振荡电路

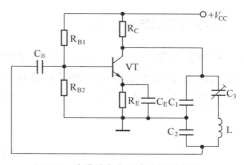

图 5.9 改进的电容三点式振荡电路

应用实例

　　图 5.10 所示的晶体管接近开关内部有一个 LC 振荡器，当铁磁物体靠近振荡器的空间磁场时，在铁磁体内部产生涡流，消耗振荡能量，使振荡减弱，直至最后停止振荡；而当铁磁物体离开后，振荡器重新恢复振荡，即由振荡器是否振荡判断铁磁物体是否接近。

图 5.10 晶体管接近开关

三、石英晶体正弦波振荡器

1. 石英晶体谐振器简介

　　石英晶体是一种各向异性的结晶体。从石英晶体上按一定方位角切下薄片（称晶片，方形或圆形），并在其两面敷上金属膜，引出电极，就构成了石英晶体谐振器，简称为晶振，如图 5.11（a）所示。图 5.11（b）、（c）所示为其图形符号和等效电路。

（a）实物图

（b）图形符号

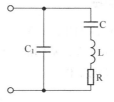

（c）等效电路

图 5.11 晶振、图形符号及等效电路

　　石英晶体谐振器有两个谐振频率：一个是串联谐振频率，另一个是并联谐振频率。因此，选用石英晶体谐振器时应注意区分。石英晶体谐振器发生谐振时，其阻抗呈纯电阻性，流过的电流与两端的电压同相，不产生相移。

2. 石英晶体正弦波振荡电路

　　采用石英晶体谐振器构成选频电路或反馈电路的正弦波振荡电路，称为石英晶体正弦波振荡器。石英晶体正弦波振荡电路如图 5.12 所示，其工作过程与 RC 正弦波振荡电路类似，通过石英晶体选频、反馈，在石英晶体谐振频率上形成正反馈。振荡频率为石英晶体的谐振频率。

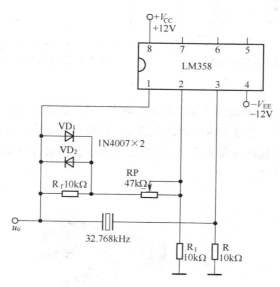

图 5.12　石英晶体振荡电路

 归纳　石英晶体正弦波振荡电路的振荡频率、频率稳定度都很高，主要用于对频率稳定性要求高的场合。

技 能 实 训

 岗位描述

　　在电子产品的生产过程中，为了提高产品的性能，需要对单元电路进行调试。本次实训熟悉的振荡器制作过程，掌握的单元电路调试技能，有助于从事电子企业中电子产品调试、维修及售后服务等岗位的工作。

实训　制作正弦波振荡器

1. 实训目的

（1）熟练识别集成运放的引脚功能。

（2）掌握集成运放的使用方法。

（3）掌握 RC 正弦波振荡器的安装技巧与调试方法。

2. 器材准备（见表 5.1）

表 5.1　　　　　　　　　　　　　　实训器材

序　号	名　　称	规　　格	数　　量
1	集成运放	LM358	1块
2	电阻器	10kΩ	4只
3	电位器	47kΩ	1只
4	电容器（涤纶或陶瓷）	0.01μF	2只
5	二极管	IN4007	2只
6	直流稳压电源	双路12V	1台
7	万用表	MF47	1块
8	双踪示波器	20MHz	1台
9	安装用电路板	20cm×10cm	1块
10	连接导线、焊锡		若干
11	常用安装工具（电烙铁、尖嘴钳等）		1套

3. 相关知识

一般来说，安装好正弦波振荡电路通电调试时，不会正好处于振荡状态。因此，必须进行适当的调试。对变压器耦合、电感三点式正弦波振荡电路而言，通常调节磁芯，改变线圈的电感量，增强磁耦合，使反馈系数增大而起振；对电容三点式正弦波振荡电路而言，通常改变反馈电容器的容量使反馈系数增大而起振。对集成运放组成的 RC、石英晶体正弦波振荡电路而言，通常通过调节集成运放放大倍数而起振。

本次实训通电调试时可能遇到 3 种情形：通电时，正好处于稳幅振荡；通电时，没有起振；通电时，起振了，但波形不是正弦波，而是梯形波，甚至是矩形波。后两种情形都要对电路进行调试。具体方法是：调节电位器，观察示波器屏幕波形的变化，并根据波形变化情况，改变电位器的旋转方向。只要安装正确，经过顺时针方向或逆时针方向两次调试后，就能在示波器屏幕上出现稳定的正弦波。若电位器顺时针调到位，再逆时针调到位，示波器屏幕上仍不出现波形，则电路安装有问题。需要耐心、仔细的检查，找出原因后，再通电调试。

4. 内容与步骤

（1）根据图 5.13 所示的电路绘制出装配电路图，标清楚各元件的位置。

（2）根据图 5.13 所示电路列出元件清单。备好元件，检查各元件的好坏。

列材料清单时，应注明元件参数。替换

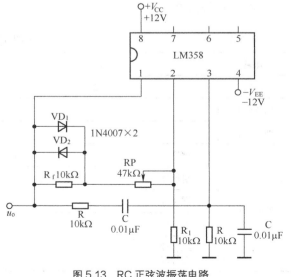

图 5.13　RC 正弦波振荡电路

元件的性能参数应优于电路中的元件。对选择的元件要进行质量检测。

（3）正确识读 LM358 集成运放的引脚。正面识读时，从左下脚起，逆时针方向依次为 $1 \sim 8$ 脚。

（4）根据绘制好的装配图，完成各元件的安装。

（5）检查无误后，通电调试。

用示波器观察 u_o 的波形，若无波形显示，调节 RP，顺时针或逆时针旋转 RP 旋钮，直至示波器屏幕上出现稳定的正弦波，做好记录。

操作指导

① 当知道正弦波信号频率范围时，直接将水平时间旋钮选择在合适的挡位。若不知道频率范围，应从最高挡位起逐次降低挡位，直至选择出合适的挡位。

② 当知道正弦波信号电压范围时，直接将垂直幅度选择在合适的挡位。若不知道电压范围，应从最高挡位起逐次降低挡位，直至选择出合适的挡位。

（6）利用示波器测量振荡频率，并做好记录。

操作指导

用示波器可以测量输出信号的振荡频率。其方法是水平时间微调旋钮顺时针旋转到底，旋转水平位移旋钮使波形某个波峰与屏幕的垂直刻度对齐，读出连续两个相邻波峰之间对应的方格数，方格数乘以每个方格代表的时间值即是正弦波的周期，周期的倒数即为振荡频率。

（7）分别断开 VD_1、VD_2，观察波形的变化，并做好记录。

（8）同时断开 VD_1、VD_2，观察波形的变化，并做好记录。

（9）实训结束后，整理好本次实训所用的器材，清洁工作台，打扫实训室。

5. 实训总结

（1）画出实训电路装配图。

（2）整理观察到的波形，画出波形图。

（3）调试过程中若遇到故障，说明故障现象，分析产生故障的原因，提出解决方法。

（4）填写表 5.2。

表 5.2　　　　　　　　　　实训评价表

课题								
班级		姓名			学号		日期	
训练收获								
训练体会								
训练评价	评定人		评　语				等级	签名
	自己评							
	同学评							
	老师评							
	综合评定等级							

（1）本单元重点介绍了正弦波振荡电路的组成框图及类型，RC 正弦波振荡器电路组成及工作原理、LC 正弦波振荡器及应用、石英晶体正弦波振荡器。

（2）正弦波振荡电路用于产生一定频率和幅度的正弦波信号，一般由基本放大电路、正反馈电路、选频电路、稳幅电路组成，满足了起振条件和平衡条件才能输出等幅的正弦波信号。常用的正弦波振荡器有 RC 正弦波振荡器、LC 正弦波振荡器和石英晶体正弦波振荡器。

（3）RC 正弦波振荡器适用于低频振荡，通常采用 RC 桥式振荡电路，其振荡频率取决于 RC 串并联选频电路的电阻和电容值。

（4）LC 振荡器有变压器反馈式、电感反馈式（电感三点式）和电容反馈式（电容三点式）3 种类型，它的选频电路为 LC 谐振回路，其振荡频率近似等于 LC 谐振回路的谐振频率。在实际应用中常采用改进型三点式振荡电路，如克拉泼振荡电路，它适于做固定频率振荡器。

（5）石英晶体振荡器是采用石英晶体谐振器构成的振荡器，其优点是频率稳定性很高，缺点是振荡频率的可调范围很小。

一、填空题

1. 正弦波振荡电路一般由_____、_____、_____和_____组成。

2. 常见的正弦波振荡电路有_____、_____和_____。

3. 若要求正弦波信号发生器的频率在 10 ～ 10kHz 范围内连续可调，应采用_____振荡电路；若要求产生的正弦波信号频率为 20MHz，且稳定度高，应采用_____振荡电路。

4. LC 振荡电路根据 LC 回路连接方式的不同，可分为_____、_____和_____。

二、简答题

1. 正弦波振荡器的振荡条件是什么？

2. 查阅资料，列举 LC 振荡电路的应用。

3. 简述文氏桥 RC 正弦波振荡电路的工作过程。

4. 用石英晶体构成的振荡电路有什么特点？

*第6单元

高频信号处理电路

知识目标

- 了解调幅波的基本性质、调幅与检波的应用。
- 能识读二极管调幅电路图。
- 了解检波电路的功能,能识读二极管包络检波电路图,了解其检波原理。
- 了解调频波的基本性质、调频与鉴频的应用。
- 了解调频电路的工作原理。
- 了解鉴频电路的功能,能识读集成斜率鉴频器的电路图,了解其工作原理。
- 了解混频器的功能,能识读三极管混频器的电路图,了解其工作原理。

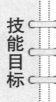

技能目标

- 会按电路图组装收音机。
- 会进行中频调整、频率覆盖及统调。
- 会分析并排除收音机电路的常见故障。
- 能用示波器观测调幅收音机检波电路的波形。
- 能用示波器观测调频收音机鉴频电路的波形。

情 景 导 入

一天,爸爸给小明带回一套收音机套件,如图6.1所示,他非常高兴,马上进行组装准备。那么,组装收音机需要哪些知识和技能呢?

图6.1 超外差收音机

知 识 链 接

无线电广播、通信中的语音信号、视频信号等必须通过高频信号的携带才能实现远距离传输。在实际应用中，有两种调制方式实现远距离传输：一种是幅度调制方式；另一种是频率调制方式。在接收端接收到调制信号后，通过解调恢复语音信号、视频信号等。

第1节 调幅与检波

图 6.2（a）所示为调幅收音机的机芯电路板，打开收音机，正常接收一个电台节目，用示波器观察检波输出信号波形；记录下观察的结果。

实验现象

从调幅收音机检波输出处引出一根电线，与示波器探头连接，观察到的信号波形如图 6.2（b）所示。该波形的产生包含了哪些知识和技能呢？

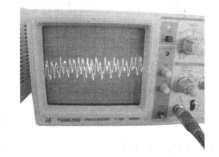

（a）演示电路连接　　　　　　　　　　（b）观察到的波形

图6.2　调幅收音机演示电路

知识探究

一、调幅电路

1. 调幅波的概念

用调制信号去控制高频载波信号的振幅，使载波的振幅随调制信号线性变化得到的信号即为调幅波。图 6.3 所示为调幅波产生的示意图。

调制信号 $u_\Omega(t)$ ──→ ┌──────────┐
载波 $u_c(t)$ ──→ │ 调幅电路 │ ──→ $u_o(t)$ 调幅波
　　　　　　　　　 └──────────┘

图6.3　调幅波产生的示意图

设调制信号为　　　　　　　$u_\Omega(t) = U_{\Omega m}\cos\Omega t$

载波信号为　　　　　　　　$u_c(t) = U_{cm}\cos\omega_c t$

调幅波为　　　　　　　　　$u_o(t) = KU_{cm}(1+m_a\cos\Omega t)\cos\omega_c t$

其中，Ω 和 ω_c 分别是调制信号和载波信号的角频率。m_a 称为调幅波的调制系数或调幅度，它反映了载波振幅受调制信号控制的程度。调幅后，载波的频率和相位没有发生变化，但振幅是

随着调制信号 $u_\Omega(t)$ 线性地变化。这 3 个信号的波形图如图 6.4 所示,图中的虚线称为调幅波的包络。

调幅波可分为普通调幅(AM)波、抑制载波的双边带调幅(DSB)波和抑制载波的单边带调幅(SSB)波。普通调幅波的包络与调制信号完全相同,由于包含了载波,因此功率利用率低、不经济,主要应用于中、短波无线电广播系统中。抑制载波的双边带调幅波中不包含载波,节省了发射功率。抑制载波的单边带调幅波的特点是提高了频带利用率,广泛应用于短波通信和载波电话中。

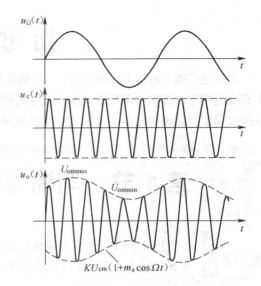

图 6.4 调制信号、载波信号及调幅波波形图

2. 调幅电路

调幅电路有很多种,二极管平衡调幅电路就是其中的一种,它的电路图如图 6.5 所示。

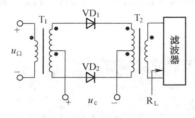

(a)二极管平衡调幅电路

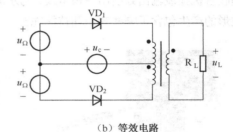

(b)等效电路

图 6.5 二极管平衡调幅

图 6.5 中,VD_1、VD_2 性能一致,T_1、T_2 的匝数比分别是 1:2、2:1,并且具有中心抽头,$u_\Omega(t)$ 是振幅较小的调制信号,$u_c(t)$ 是振幅较大的载波信号,二极管在 $u_c(t)$ 的作用下,工作在开关状态;当 $u_c(t)$ 为正半周时,VD_1、VD_2 同时导通;当 $u_c(t)$ 为负半周时,VD_1、VD_2 同时截止;由于非线性器件二极管具有相乘作用,输出的信号再经过带通滤波器的滤波,在输出端得到双边带调幅信号。

二、检波电路

检波是调幅的逆过程。它的作用是从高频已调信号中恢复出原来的调制信号。调幅收音机中的检波电路就是一个二极管包络检波电路,原理图如图 6.6 所示。

从图 6.6 中可以看出,检波电路是由输入回路、二极管及低通滤波器组成。其工作原理与整流电路类似,区别在于输入信号的不同,检波电路输入的是调幅信号,整流电路输入的是低频正弦波。当输入信号电压足够大时,VD 导通,C 开始充电;在二极管截止时,

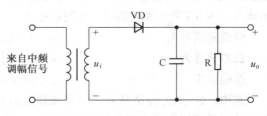

图 6.6 二极管包络检波电路原理图

C 向 R 放电。在输入信号的作用下，二极管导通和截止在不断重复着，直到充、放电达到动态平衡后，经过低通滤波器就得到调制信号。

常见的振幅检波电路有两类，即包络检波和同步检波。包络检波是指解调电路输出电压与输入调幅波的包络成正比的检波，由于普通调幅信号的包络与调制信号呈线性关系，因此包络检波电路只适用于普通调幅波的检波。同步检波主要用于双边带调幅波和单边带调幅波的检波，也可用于普通调幅波的解调。

第 2 节　调频与鉴频

 图 6.7（a）所示为调频收音机的机芯电路板，打开收音机，正常接收一个电台节目，用示波器观察鉴频输出信号波形；记录下观察的结果。

实验现象

从调频收音机鉴频输出处引出一根屏蔽线，与示波器探头连接，观察到的信号波形如图 6.7（b）所示。该波形的产生又包含了哪些知识和技能呢？

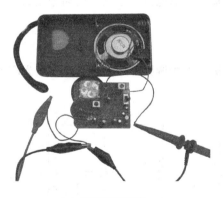

（a）演示电路连接

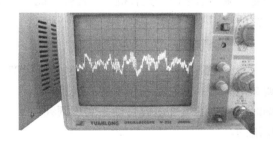

（b）观察到的波形

图 6.7　调频收音机演示电路

知识探究

一、调频电路

1. 调频波的概念

在信号的调制方式中，除了采用振幅调制外，还广泛采用频率调制。用调制信号去控制载波信号的频率，称为频率调制（简称 FM）。调频信号的波形图如图 6.8 所示。

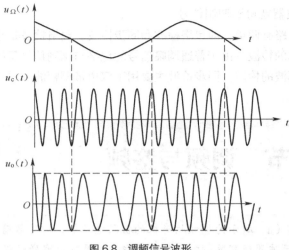

图 6.8　调频信号波形

从图 6.8 中可以发现经过调频后载波的幅值没有变化，载波的频率随调制信号 $u_\Omega(t)$ 在一定范围内发生了变化。频率变化的大小由调制信号的大小决定，变化的周期由调制信号的频率决定。调频信号在传输过程中，虽然会有干扰信号改变信号的幅值，但在接收端可以用限幅器将信号幅度上的变化削去，所以调频波的抗干扰性极好，在用调频收音机收听调频广播时，基本上听不到杂音。调频信号由于具有抗干扰性强的优点，在调频广播、广播电视、通信、遥测等领域得到了广泛的应用。

2. 调频电路

调频电路有直接调频和间接调频两种类型。变容二极管直接调频电路是目前应用最为广泛的调频电路之一，它是利用变容二极管反偏时所呈现的可变电容特性来实现调频功能的。

（1）电路结构。变容二极管直接调频电路如图 6.9 所示。左边为 LC 正弦波振荡电路，C_1 和 C_3 为耦合电容器，C_2 为旁路电容器，VD 为变容二极管，L_2 为高频扼流圈，它对高频视为开路，对调制信号视为短路，从而使调制电压有效地加到变容二极管 VD 两端。C_3 起到隔直的作用，V_Q 为变容二极管提供反向

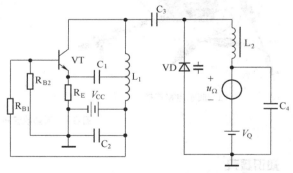

图 6.9　变容二极管直接调频电路

工作电压，保证变容二极管始终反偏工作。C_4 为高频旁路电容器，防止调制信号被分流。

（2）工作过程。调制信号 $u_\Omega(t)$ 加在变容二极管的负极，随着调制信号幅值的变化，变容二极管的结电容 C_j 也变化。因此，电感 L_1 和变容二极管结电容 C_j 组成的振荡回路产生的正弦波的频率也随着变化。换句话说，LC 正弦波振荡电路输出的正弦波信号是随着调制信号 $u_\Omega(t)$ 幅值的变化而变化的，由此实现了频率调制，即调频。

二、鉴频电路

调频信号的解调称为频率检波，简称为鉴频。鉴频是调频的逆过程，其作用是从调频波信号中恢复出原来的调制信号。相应的解调电路称为鉴频器。鉴频器的类型有斜率鉴频器、相位鉴频器和比例鉴频器。其中，集成斜率鉴频器是一种典型的鉴频器，具有良好的鉴频特性。

（1）电路结构。集成斜率鉴频器电路如图 6.10 所示。$u_s(t)$ 是输入的调频信号；L_1、C_1、C_2 是实现频幅变换的线性电路，可以将输入的调频信号 $u_s(t)$ 转换成两个幅度按频率变化的调幅—调频信号 $u_1(t)$ 和 $u_2(t)$；VT_1 和 VT_4 构成射极跟随器；VT_2 和 VT_5 是两只相同的包络检波器，C_3、C_4 为检波滤波电容器；VT_3 和 VT_6 构成差分放大电路，对其工作过程感兴趣的读者可查阅相关资料。

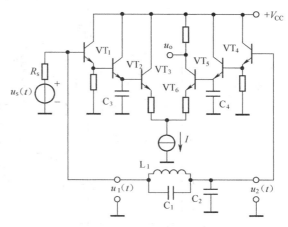

图 6.10　集成斜率鉴频器

（2）工作过程。调频信号 $u_s(t)$ 经 L_1C_1 和 C_2 线性网络的变换，得到的 $u_1(t)$ 和 $u_2(t)$ 分别加在 VT_1 和 VT_4 的基极，由于 VT_1 和 VT_4 是射极跟随器，电压放大倍数接近于 1，$u_1(t)$ 和 $u_2(t)$ 就直接送入包络检波器 VT_2 和 VT_5 中进行检波，检波器输出的解调信号再经过差分放大电路 VT_3 和 VT_6 放大后，由 VT_6 集电极输出，得到原来的调制信号。

第 3 节　混频器

一、混频器的功能

混频器的主要功能是将两个不同频率的信号进行频率组合，得到一个固定的新的频率信号，并保持其调制规律不变。通常把得到的固定频率称为中频。例如：在超外差收音机电路中，混频器将接收到的广播信号与本振信号混频变换为 465kHz 的固定中频；在彩色电视机中，混频器将接收到的电视信号与本振信号混频变换为 38MHz 的固定中频。混频器与本地振荡器合称为变频器。

二、混频电路

常见的混频电路有二极管混频电路、三级管混频电路以及在高质量的通信设备中使用的二极管环形混频电路。调幅收音机中采用的是三极管混频电路，如图 6.11 所示。

图 6.11 中，由无线的 L_1、双连的 C_{01}、C_A 组成的输入回路，从接收到的广播信号中选出所需要的频率信号，再经 L_1 与 L_2 的耦合加到 VT_1 的基极；VT_1、振荡线圈 T_2 的 L_4、双连的 C_{02}、C_B

组成本机振荡电路，产生本振信号通过 C_2 加到 VT_1 发射极；VT_1 完成两个信号的混频，通过中频变压器 T_3 选出 465kHz 中频信号输出。

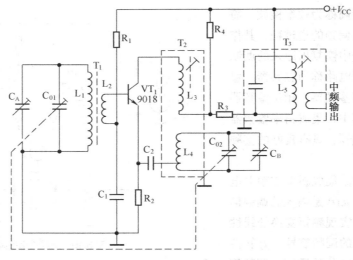

图 6.11　调幅收音机混频电路

技 能 实 训

岗位描述

整机调试是电子产品生产过程中的一个重要步骤。本次实训熟悉的收音机装配过程与装配工艺，掌握的整机调试技能，有助于在电子企业中从事电子产品整机装配、调试、维修及产品售后服务等岗位的工作。

实训　组装调幅调频收音机

1．实训目的

（1）熟悉收音机装配过程与装配工艺。

（2）掌握收音机安装技巧。

（3）掌握收音机调试方法。

2．器材准备（见表 6.1）

表 6.1　　　　　　　　　　　　实训器材

序　号	名　称	规　格	数　量	序　号	名　称	规　格	数　量
1	电阻器	150Ω	1 只	22	天线线圈磁棒	B5×13×55	1 只
2	电阻器	220Ω	1 只	23	拉杆天线		1 只
3	电阻器	470Ω	1 只	24	喇叭		1 只
4	电阻器	2.2 kΩ	1 只	25	中周	黄、红	各 1 个
5	电阻器	3.6 kΩ	1 只	26	调频线圈	4.5T	1 个

序 号	名 称	规 格	数 量	序 号	名 称	规 格	数 量
6	电阻器	5.1 kΩ	2只	27	调频本振	3.5T	1只
7	电阻器	100 kΩ	1只	28	鉴频器	10.7M（2脚）	1只
8	电位器	51 kΩ	1只	29	滤波器	465K（3脚）	2只
9	四连电容器	CBM-443DF	1只	30	滤波器	10.7M（3脚）	1只
10	陶瓷电容器	3pF	1只	31	发光二极管	红色	1只
11	陶瓷电容器	30pF	1只	32	集成电路	CXA1191M	1只
12	陶瓷电容器	103	1只	33	拔动开关		1只
13	陶瓷电容器	104	1只	34	万用表	MF47	1块
14	陶瓷电容器	181	1只	35	调谐盘		1个
15	陶瓷电容器	223	1只	36	刻度盘		1个
16	陶瓷电容器	473	2只	37	直流电源	3V	1台
17	电解电容器	4.7μF	3只	38	连接导线、焊锡		若干
18	电解电容器	10μF	3只	39	常用安装工具（电烙铁、尖嘴钳等）		1套
19		220μF	1只	40	高频信号发生器		1台
20		470μF	1只	41	安装用电路板		1块
21	独石电容器	104	1只				

3. 相关知识

（1）收音机组成框图及工作原理。

① 超外差调幅收音机主要由输入回路、变频电路、中放电路、检波电路、前置低放、低频功放电路和扬声器或耳机组成，如图6.12（a）所示。

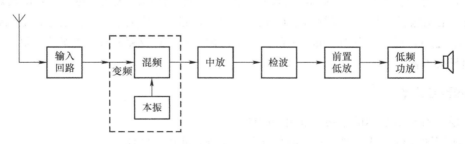

（a）超外差调幅收音机组成框图

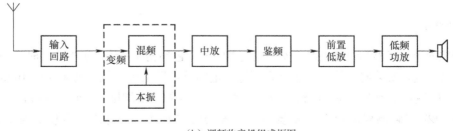

（b）调频收音机组成框图

图6.12 收音机的组成框图

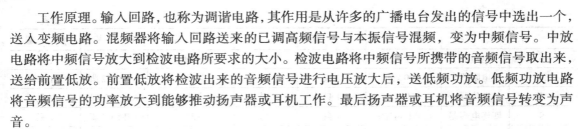

工作原理。输入回路，也称为调谐电路，其作用是从许多的广播电台发出的信号中选出一个，送入变频电路。混频器将输入回路送来的已调高频信号与本振信号混频，变为中频信号。中放电路将中频信号放大到检波电路所要求的大小。检波电路将中频信号所携带的音频信号取出来，送给前置低放。前置低放将检波出来的音频信号进行电压放大后，送低频功放。低频功放电路将音频信号的功率放大到能够推动扬声器或耳机工作。最后扬声器或耳机将音频信号转变为声音。

② 调频收音机的组成框图与调幅收音机基本相似，如图 6.12（b）所示。其中的解调功能由鉴频电路来完成，是将中频调频信号还原成音频信号。

（2）整机调试。

① 中频调试。在调幅调频收音机中，调频部分通常使用 10.7MHz 陶瓷滤波器，因此调频部分的中频无须调试。调幅部分的中频调试方法如下。

接通收音机的电源，将拨动开关切换到 AM 位置，旋转调谐盘收到一个广播电台信号，用无感螺丝刀调节中频变压器 T_3（黄）的磁芯，使声音输出最大。转动收音机方向以减小输入信号，再用无感螺丝刀调节中频变压器 T_3（黄）的磁芯，使声音输出最大。465kHz 的调幅中频即调好。

② 覆盖及统调调试

A. 旋转调谐盘至 639kHz，用无感螺丝刀调节振荡线圈 T_2（红）的磁芯，收到中央人民广播电台第一套节目信号，调节中波磁棒线圈位置，使声音最大。再旋转调谐盘至 1161kHz，调节 AM 连微调电容 C_{04}，收到中央人民广播电台第一套节目信号，调节 AM 连微调电容 C_{01}，使声音最大。在 639kHz 和 1161kHz 两个频率点反复调节，直至收音机在两个频率点都输出最大声音。

B. 将拨动开关切换到 FM 位置，旋转调谐盘至 102.9MHz，调节 FM 连微调电容 C_{02}，收到安徽人民广播电台信号后，再调 FM 连微调电容 C_{03}，使声音输出最大。然后，将旋转调谐盘至 87.6MHz，用无感螺丝刀调节调频本振 L_2 磁芯，收到合肥人民广播电台节目信号，微调调频天线 L_1 的磁芯，使声音最大。在 102.9MHz 和 87.6MHz 两个频率点反复调节，直至收音机在两个频率点都输出最大声音。

4. 内容与步骤

（1）根据图 6.13 所示的电路，画出装配图。

（2）根据图 6.13 列出元件清单，备好元件，检查各元件的好坏。

（3）参照装配图，利用提供的电路板完成收音机电路的组装。

操作指导

① 安装固定电阻器和集成电路。安装固定电阻器，色环朝向一致，水平安装时，一般第一道色环在左边；竖直安装时，第一道色环在下边；电阻体应贴紧电路板；剪脚应留 1mm。安装集成电路时，应注意正确放置集成电路，焊接过程中，电烙铁与引脚接触时间不能过长，防止烧坏集成电路。② 安装陶瓷电容器。安装陶瓷电容器时，元件上的标志应方便观看；元件底部离电路板 3mm 左右；剪脚应留 1mm。③ 安装电解电容。安装电解电容应立式安装，注意

极性；电解电容底部尽量贴紧电路板；剪脚应留 1mm。④ 安装四联电容，天线线圈。⑤ 安装电位器，应立式安装，电位器底部离电路板 3mm 左右，正面朝外。⑥ 安装其他元器件。每次安装完一个步骤，都应检查一遍焊接质量，检查是否有错焊、漏焊等问题，发现问题及时纠正。

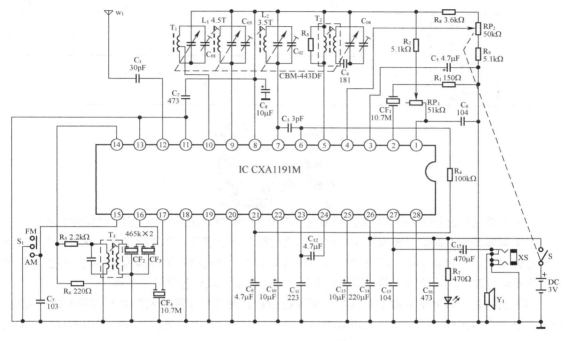

图 6.13　收音机电路图

（4）检查确认各元件安装无误后，通电调试。

（5）将拨动开关置于 AM，参阅整机调试相关知识进行中频、覆盖及统调调试。调试好后调节收音机调谐旋钮，试听效果。若效果不好，说明有故障，检查原因、排除故障。

（6）将拨动开关置于 FM，参阅整机调试相关知识进行调试。调试好后调节收音机调谐旋钮，试听效果。若效果不好，说明有故障，检查原因、排除故障。

（7）实训结束后，整理好本次实训所用的器材，清洁工作台，打扫实训室。

5. 问题讨论

（1）若收音机工作在 AM 方式下，调节调谐旋钮，始终都有同一个广播电台的声音，这是为什么？

（2）AM/FM 开关失灵，会是什么原因造成的？

6. 实训总结

（1）调试过程中若遇到故障，说明故障现象，分析产生故障的原因，提出解决方法。

（2）填写表 6.2。

表 6.2　　　　　　　　　　　　　　实训评价表

课题						
班级		姓名		学号		日期	
训练收获						
训练体会						
训练评价	评定人	评　语		等级		签名
	自己评					
	同学评					
	老师评					
	综合评定等级					

单元小结

（1）本单元重点介绍了调幅与检波的概念及应用、调频与鉴频的概念及应用、混频的概念及应用。

（2）调幅是用调制信号改变高频载波振幅的过程。调幅信号有普通调幅波、双边带调幅波和单边带调幅波。二极管平衡调幅是常见的一种调幅电路。调幅信号的解调称为检波。检波电路包括包络检波电路和同步检波电路。调幅收音机中使用的是二极管包络检波电路。

（3）调频是用调制信号改变载波信号频率的过程，使其频率随调制信号幅度的变化而变化。变容二极管直接调频电路是广泛采用的调频电路之一。鉴频是对调频信号进行解调的过程。集成斜率鉴频器是一种典型的鉴频器，具有良好的鉴频特性。

（4）混频器与本地振荡器合称为变频器，其主要功能是将两个不同频率的信号进行频率组合，得到一个固定的新的频率信号，并保持其调制规律不变。通常把变频后的固定频率称为中频。

思考与练习

一、填空题

1. 用调制信号控制高频载波信号的_____称为调幅信号。

2. 调幅波可分为_____、_____和_____。

3. 调幅波的解调称为_____。

4. 常见的振幅检波电路有_____和_____两类。在收音机中，用_____实现对普通调幅信号的检波。

5. 用调制信号控制载波信号的_____，称为调频。调频电路有_____和_____两种类型。

6. 变容二极管工作在反偏状态时，把调制信号加在变容二极管的负极，使得变容二极管的_____随调制信号的变化而变化，利用这一特性可以实现_____。

7．鉴频器的类型有_____、_____和_____。

8．将已调波的载波频率变换为固定的_____，并保持其调制规律不变的电路称为_____。调幅收音机中采用的混频电路是_____。

二、简答题

1．调幅波与调频波有什么区别？

2．简述二极管包络检波电路的工作原理。

3．简述变容二极管直接调频电路的工作原理。

*第7单元

晶闸管及其应用电路

情 景 导 入

在日常生活中，书桌上的调光台灯（见图 7.1）、电风扇的调速器内都含有晶闸管的应用电路。在变频空调、不间断电源（UPS）中，也能见到晶闸管的身影。那么，在这些产品中应用晶闸管需要哪些知识和技能呢？

图 7.1 家用调光台灯

知 识 链 接

硅晶体闸流管简称晶闸管，又称为可控硅（SCR），它是一种功率半导体器件，能在高电压、大电流条件下工作。利用晶闸管，只要用很小的功率就可以对大功率的电源进行控制和变换。晶闸管由于具有体积小、重量轻、效率高、控制灵敏、容量大等优点，广泛地应用在可控整流、交流调压、逆变等方面。

第1节 晶闸管的使用

晶闸管的种类很多，分为普通晶闸管、快速晶闸管、高频晶闸管、双向晶闸管、可关断晶闸管等。除普通晶闸管外，其他晶闸管可统称为特殊晶闸管，它们是在普通晶闸管基础上提升某一方面的性能或为满足特定的应用需要而制作的。

一、晶闸管的结构及特性

 按图7.2（a）、（b）所示连接电路，接通电源，依次闭合DIP开关的"2"（阳极）、"1"（控制极），观察发光二极管发光情况；依次断开DIP开关的"1"、"2"，观察发光二极管的发光情况；记录观察的结果。

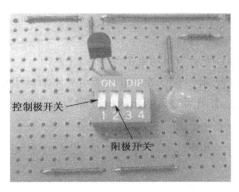

控制极开关

阳极开关

（a）演示电路板

（b）电源连接

图7.2　晶闸管特性演示

实验现象

闭合DIP开关的"2"号时，发光二极管不亮，如图7.3（a）所示；DIP开关的"2"号闭合，同时再闭合"1"号，发光二极管亮，如图7.3（b）所示；发光二极管亮后，断开DIP开关的"1"号，发光二极管继续亮，如图7.3（c）所示；再断开DIP开关的"2"号，发光二极管才熄灭，如图7.3（d）所示。这些现象反映了晶闸管的什么特性呢？

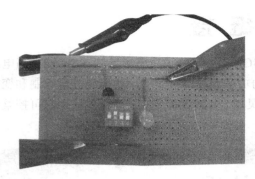
（a）加阳极电压

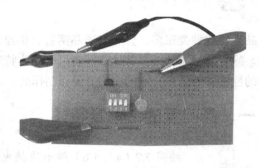
（b）同时加控制板电压

（c）撤销控制极电压

（d）撤销阳极电压

图 7.3　演示现象

知识探究

1. 晶闸管的结构

晶闸管的外形如图 7.4 所示。其中，图 7.4（a）所示为小功率晶闸管，图 7.4（b）、（c）所示为大功率晶闸管。晶闸管的内部结构如图 7.5（a）所示。它有 3 个电极：由外层 P 区引出的电极称为阳极 A，由外层 N 区引出的电极称为阴极 K，由中间 P 区引出的电极称为控制极 G（又称门极）。晶闸管的图形符号如图 7.5（b）所示。

（a）塑料封装

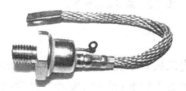
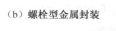
（b）螺栓型金属封装

（c）平板型陶瓷管壳封装

图 7.4　晶闸管实物图

2. 晶闸管的特性

图 7.2 的演示电路如图 7.6 所示。结合图 7.6，从演示现象中，可总结出晶闸管的特性如下。

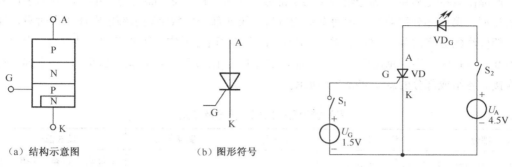

（a）结构示意图　　　　（b）图形符号

图 7.5　晶闸管结构及图形符号　　　　图 7.6　晶闸管特性演示电路

（1）晶闸管具有正向阻断特性，即晶闸管加阳极正电压 + U_A 时（S_2 闭合，A 接电源正极，K 接电源负极），若控制极不加电压（S_1 断开），晶闸管不导通，处于关断状态。

（2）晶闸管具有触发导通特性，即晶闸管加阳极正电压 + U_A，同时也加控制极正电压 + U_G（S_1 闭合，G 接电源的正极，K 接电源的负极），晶闸管导通，有电流从阳极流向阴极，发光二极管亮。此时的电流通常称为阳极电流。晶闸管导通后，如果撤销控制极电压（断开 S_1），晶闸管仍维持导通。因此，U_G 只起触发作用，一旦触发后，晶闸管就不受 U_G 的控制。

（3）晶闸管具有反向阻断特性，即晶闸管加阳极负电压 $-U_A$ 时（阳极接电源负极，阴极接电源正极），不导通。导通的晶闸管，必须在阳极与阴极之间的电压降低到 0（断开 S_2）或阳极加负电压时，才关断。

 归纳　　晶闸管导通的条件是：阳极加正向电压，同时控制极也加正向触发电压。

3. 晶闸管的主要参数

（1）额定电压（U_D）。晶闸管有正向阻断和反向阻断特性，允许重复加在晶闸管两端的正、反向峰值电压最小值，称为晶闸管的额定电压。

（2）通态平均电压（$U_{T(AV)}$）。通态平均电压是指在规定的环境温度和标准散热条件下，当正向通过正弦半波额定电流时，阳极与阴极间的电压在一个周期内的平均值，习惯上称为导通时的管压降。这个电压越小越好，一般为 0.4 ～ 1.2V。

（3）通态平均电流（$I_{T(AV)}$）。通态平均电流简称正向电流，指在标准散热条件和规定环境温度下（不超过 40℃），允许通过工频（50Hz）正弦半波电流在一个周期内的最大平均值。

（4）维持电流（I_H）。维持电流是指在规定的环境温度和控制极断路的情况下，维持晶闸管继续导通时需要的最小阳极电流。它是晶闸管由导通转关断的临界电流。

在这几个参数中，额定电压、通态平均电流表明了晶闸管正常工作时能够承受的电压、电流最大值，通态平均电压的大小影响晶闸管导通时的功耗，维持电流表明了维持晶闸管导通所需的最小电流。实际上，晶闸管的阳极电流小于维持电流时，晶闸管就关断了。

4. 晶闸管的型号

常用的晶闸管型号有：KP5、BT169、MCR100-6、KS10、BT136、MAC 97A6 等。其中，KP××、KS×× 等为国产晶闸管的型号，BT××、MCR××、MAC×× 等是国外晶闸管的型号。

国产晶闸管的型号由 5 部分组成：第 1 部分用字母"K"表示晶闸管，第 2 部分用字母表示器件的类型，第 3 部分用数字表示通态平均电流，第 4 部分用数字表示额定电压（有时只标注百位数，即标注的数字需乘以 100），第 5 部分用字母表示通态平均电压的组别，共 9 级，从 A～I 分别为 0.4～1.2V，字母每延后一个，电压增加 0.1V。在第 3 与第 4 部分之间，用一个连字符号"–"连接。各组成部分的意义如表 7.1 所示。

表 7.1　　　　　　　　　　晶闸管型号的组成、符号及意义

第 1 部分		第 2 部分		第 3 部分	第 4 部分	第 5 部分	
字母表示晶闸管		字母表示类型		用数字表示通态平均电流，单位为 A	用数字表示额定电压，单位为 V	字母表示通态平均电压的组别	
符号	意义	符号	意义			符号	意义
K	晶闸管	P	普通型			A	0.4V
		S	双向型			B	0.5V
		K	快速型			H	1.1V
		G	高频型			I	1.2V

例如：KS500A-1400V 表示通态平均电流为 500A、额定电压为 1 400V 的双向晶闸管。又如：KP20-10F 表示通态平均电流为 20A、额定电压为 1 000V、通态平均电压为 0.9V 的普通晶闸管。

二、特殊晶闸管

1. 快速晶闸管和高频晶闸管

快速晶闸管和高频晶闸管与普通晶闸管没有本质的区别，只是导通与关断的转换速度较快，并且高频晶闸管的工作频率较高。典型应用有逆变器、斩波器、感应加热、各种类型的强迫换流器、电焊机等。

2. 双向晶闸管

双向晶闸管的 3 个电极分别称为第二阳极 A_2、第一阳极 A_1 和控制极 G，图形符号如图 7.7 所示。双向晶闸管相当于两只晶闸管反向并联，在第二阳极 A_2 与第一阳极 A_1 之间，所加的电压无论是正向还是反向，只要控制极 G 和第一阳极 A_1 之间加有正、负极性的触发电压，就可触发双向晶闸管导通，呈低阻状态，在第二阳极 A_2 与第一阳极 A_1 之间有电流流过。双向晶闸管一旦导通，即使撤销触发电压，也能继续保持导通状态。只有当第二阳极 A_2 与第一阳极 A_1 之间的电流减小，小于维持电流或第二阳极 A_2、第一阳极 A_1 之间电压极性改变且没有触发电压时，双向晶闸管才关断。双向晶闸管的典型应用有无触点交流开关、交流功率的调节和控制、温度控制、交流电动机调速等。

3. 可关断晶闸管

可关断晶闸管（GTO）的 3 个电极称为阳极、阴极和控制极，但图形符号与普通晶闸管不同，

如图7.8所示。其特点是：在阳极与阴极之间加正向电压，同时门极与阴极之间有正向触发电压时，才导通；一旦导通之后，即使撤销门极触发电压也不影响其导通；与普通晶闸管不同的是，在门极加负电压时可关断导通的晶闸管。可关断晶闸管的应用与普通晶闸管类似，典型应用有交直流开关、交直流电机控制、逆变器、变频器、UPS电源等。

| 图 7.7　双向晶闸管图形符号 | 图 7.8　可关断晶闸管图形符号 |

特殊晶闸管还有逆导晶闸管、光控晶闸管等，对它们的特性及应用感兴趣的读者可查阅相关资料。

第2节　晶闸管电路的应用

晶闸管的应用电路很多，本节以家用调光台灯电路为例，介绍晶闸管在 单相交流调压、单相半控整流方面的应用。

一、晶闸管调压电路

按图7.9（a）所示连接电路，接通电源；调节电位器，观察灯泡亮度的变化；记录观察的结果。

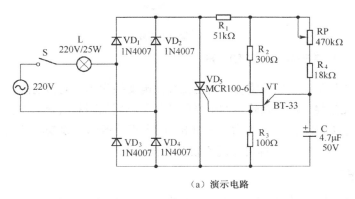

（a）演示电路

（b）演示电路板

图 7.9　家用调光台灯电路演示

实验现象

调节电位器 RP，灯泡的亮度随之发生变化，如图 7.10 所示。为什么会出现这种现象呢？

（a）灯亮

（b）灯变暗

图 7.10　演示现象

知识探究

1.　单只晶闸管交流调压电路

图 7.9（a）所示的家用调光台灯电路由两部分组成：一是晶闸管 VD_5 与 4 只二极管 $VD_1 \sim VD_4$ 构成的交流调压电路，如图 7.11 所示，其功能是在控制极触发电压 u_g 作用下实现交流调压，即实现灯泡亮度的调节；二是单结管 VT 构成的触发电路，其作用是提供晶闸管导通所需的触发电压（通常是脉冲电压），后面将会介绍。

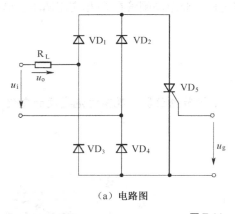

（a）电路图

（b）输出电压波形图

图 7.11　单只晶闸管交流调压电路

图 7.11 所示电路的工作过程为：4 只整流二极管将输入的正弦交流电变换为单方向脉动的直流电加在晶闸管的阳极与阴极之间，无论触发电压在输入的正半周还是负半周加到晶闸管的控制极，都能使晶闸管导通向负载供电，负载电压的波形如图 7.11（b）阴影部分所示。改变触发电压加到控制极的时间（见图 7.11（b）中的 t_1、t_2），即可实现负载上电压的调节。

2.　两只反向并联晶闸管交流调压电路

在实际应用中，也可以用两只反向并联的晶闸管构成交流调压电路，如图 7.12 所示。其调压

过程为：电源电压 u_i 的正半周，在 t_1 时刻将触发电压 u_{g1} 加到 VD_1 的控制极，VD_1 被触发导通，VD_2 承受反向电压而截止，当电源电压 u_i 过零时，VD_1 自然关断；电源电压 u_i 的负半周，在 t_2 时刻将触发电压 u_{g2} 加到 VD_2 的控制极，VD_2 被触发导通，VD_1 承受反向电压而截止，当电源电压 u_i 过零时，VD_2 自然关断。于是，负载上获得与如图 7.11（b）阴影部分所示类似的电压波形，改变触发电压加到控制极的时间便可实现交流调压。

3. 双向晶闸管交流调压电路

双向晶闸管交流调压电路如图 7.13 所示，它实际上是用一只双向晶闸管替换图 7.12 中的两只晶闸管实现交流调压，其调压过程和输出电压波形与两只反向并联晶闸管交流调压电路类似，只是触发电压应按双向晶闸管的要求提供。

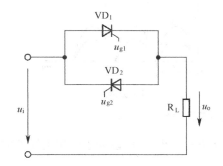

图 7.12　两只反向并联晶闸管交流调压电路

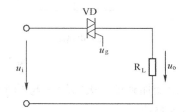

图 7.13　双向晶闸管交流调压电路

归纳　　家用调光台灯电路本质上是一个晶闸管交流调压电路，只是交流调压电路的负载是灯泡。如果晶闸管交流调压电路的负载是电风扇，则晶闸管交流调压电路就是调速电路。

二、晶闸管整流电路

在强电控制的电源中，常采用晶闸管作为整流元件。由晶闸管构成的整流电路称为可控整流电路。

1. 单相桥式半控整流电路

单相桥式半控整流电路如图 7.14（a）所示，与普通二极管整流电路相比，这里用 2 只晶闸管代替 2 只二极管。该电路的工作过程如下。

（1）输入电压 u_i 正半周期间，VD_1、VD_3 承受正向电压，当 t_1 时刻（对应 $\omega t_1 = \alpha$，α 称为控制角）VD_1 的控制极有正向触发电压 u_{g1} 时，VD_1、VD_3 导通，电流经 $VD_1 \rightarrow b \rightarrow R_L \rightarrow c \rightarrow VD_3$ 形成回路，R_L 上输出的电压波形与 $u_i(t)$ 在触发电压加到控制极时刻后的正半周波形相同，电流 i_L 从 b 流向 c。

（2）输入电压 u_i 负半周期间，VD_2、VD_4 承受正向电压，当 t_2 时刻（对应 $\omega t_2 = 180° + \alpha$）$VD_2$ 的控制极有正向触发电压 u_{g2} 时，VD_2、VD_4 导通，电流经 $VD_2 \rightarrow b \rightarrow R_L \rightarrow c \rightarrow VD_4$ 形成回路，R_L 上输出的电压波形与 $u_i(t)$ 在触发电压加到控制极时刻后的负半周波形相同，电流 i_L 从 b 流向 c。因此，无论 $u_i(t)$ 为正半周期还是负半周期，流过 R_L 的电流方向是一致的，实现整流。整流波形如图 7.14（b）所示。

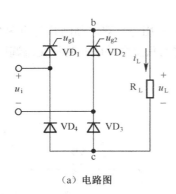

（a）电路图

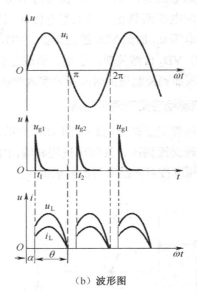

（b）波形图

图 7.14 单相桥式半控整流电路

（3）改变加到控制极的触发电压时刻（即改变 α 角的大小），就改变了输出电压的大小，从而实现可控整流。

 提示   在交流调压、可控整流电路中，α 称为控制角，控制晶闸管导通的时刻。θ 称为导通角，反映晶闸管导通的时间。

由一只晶闸管构成的单相桥式半控整流电路如图 7.15 所示。该电路与图 7.11 所示电路的结构、工作过程类似，但负载电阻 R_L 连接的位置不同，因此两个电路实现的功能完全不一样。通常，图 7.11 中的负载称为交流负载，电路实现交流调压功能；图 7.15 中的负载称为直流负载，电路实现可控整流功能。

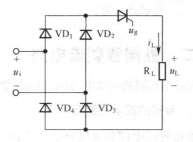

2. 单相桥式半控整流电路参数估算

图 7.15 一只晶闸管构成的单相桥式半控整流电路

单相桥式半控整流电路输出的直流电压估算公式为

$$U_L = 0.9U_i \cdot \frac{1+\cos\alpha}{2}$$

式中，U_i——整流电路输入电压的有效值；

      α——控制角。

负载上的直流电流 I_L 为

$$I_L = 0.9 \frac{U_i}{R_L} \cdot \frac{1+\cos\alpha}{2}$$

每只晶闸管、整流二极管流过的电流为

$$I_V = \frac{1}{2} I_L$$

晶闸管承受的最高电压和整流二极管承受的最大反向电压为

$$U_{RM} = \sqrt{2} \ U_i$$

三、晶闸管的触发电路

晶闸管触发电路的作用是为晶闸管控制极提供触发脉冲电压。除了必须有足够功率和脉冲宽度外，还应该有足够的控制角 α 的调节范围，并易于与主电路电压同步。产生触发脉冲电压的电路有许多种类，这里只介绍应用较广泛的单结管触发电路。

1. 单结管的结构与特性

单结管又称为双基极二极管，如图 7.16（a）所示。其结构示意图如图 7.16（b）所示，由一个 PN 结组成。从 N 型硅片上引出的两个电极分别称为第一基极 B_1 和第二基极 B_2，从 PN 结 P 区引出的电极称为发射极 E。单结管的图形符号如图 7.16（c）所示。

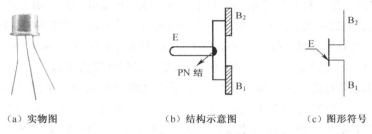

（a）实物图　　　　　　　　（b）结构示意图　　　　　　　（c）图形符号

图 7.16　单结管实物图、结构示意图及图形符号

单结管的特性如下。

（1）单结管参数中有一个峰点电压 U_P 和一个谷点电压 U_V。当单结管的发射极电压等于峰点电压 U_P 时，单结管导通。导通之后，当发射极电压减小到谷点电压 U_V 时，单结管由导通变为截止。

（2）单结管发射极与第一基极之间的电阻 R_{B1} 随发射极电流增大而变小，具有负阻特性；发射极与第二基极之间的电阻 R_{B2} 则与发射极电流无关。

（3）不同的单结管有不同的 U_P 和 U_V。同一个单结管，若电源电压 U_{BB} 不同，它的 U_P 和 U_V 也有所不同。

2. 单结管振荡电路

单结管振荡电路如图 7.17（a）所示，它能产生一系列脉冲，用来触发晶闸管。

当合上开关 S 后，电源通过 R_1、R_2 加到单结管的两个基极上，同时又通过 RP、R 向 C 充电，u_C 按指数规律上升。在 $u_C < U_P$ 时，单结管截止，R_1 两端输出电压近似为 0。当 u_C 达到峰点电压 U_P 时，单结管的 E、B_1 极之间突然导通，R_{B1} 阻值急剧减小，C 上的电压通过 R_{B1}、R_1 放电，由于 R_{B1}、R_1 阻值都很小，放电很快，放电电流在 R_1 上形成一个脉冲电压 u_o。当 u_C 下降到谷点电压 U_V 时，E、B_1 极之间恢复阻断状态，单结管从导通跳变到截止，输出电压 u_o 为零，完成一次振荡。

当 E、B₁ 极之间截止后，电源又对 C 充电，并重复上述过程，结果在 R₁ 上得到一个周期性尖脉冲输出电压，如图 7.17（b）所示。

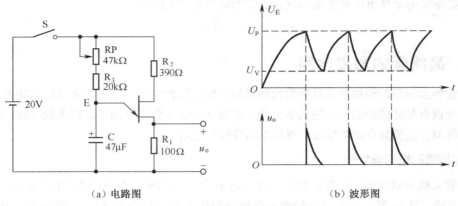

（a）电路图　　　　　　　　　（b）波形图

图 7.17　单结管振荡电路及波形

上述电路的工作过程利用了单结管负阻特性和 RC 充放电特性。如果改变 RP 的阻值，便可改变电容器充放电的快慢，使输出的脉冲前移或后移，从而改变控制角 α，控制晶闸管触发导通的时刻。显然，充放电时间常数 $\tau(\tau=RC)$ 较大时，触发脉冲后移，控制角 α 较大，晶闸管推迟导通；时间常数 τ 较小时，触发脉冲前移，控制角 α 较小，晶闸管提前导通。

需要特别说明的是，在实际应用中，必须解决触发电路与主电路不同步的问题，否则会产生失控现象。用单结管振荡电路提供触发电压时，解决不同步问题的具体办法是用稳压管对全波整流输出限幅后作为基极电源，如图 7.18 所示。图中 T_S 称同步变压器，初级绕组接主电源。

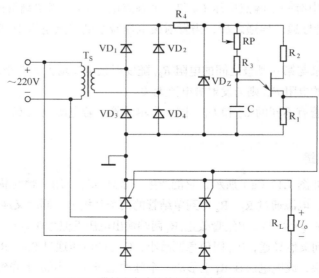

图 7.18　带触发电路的单相桥式半控整流电路

技 能 实 训

岗位描述

制作家用调光台灯电路所需的技能，可用于电子元件检测、电子电路安装调试、家电维修等方面。选择合适的元件，完成家用调光台灯制作实训，可以提高从事电子企业质量检验部门相关岗位、电子产品生产过程中的调试岗位、家电维修及售后服务等岗位工作的技能。

实训　制作家用调光台灯电路

1. 实训目的

（1）学会识别和选择单结管、普通晶闸管。

（2）掌握晶闸管调光台灯电路的安装及调试方法。

2. 器材准备（见表 7.2）

表 7.2　　　　　　　　　　　　　实训器材

序　号	名　称	规　格	数　量
1	二极管	1N4007	4 只
2	晶闸管	MCR100-6	1 只
3	单结管	BT-33	1 只
4	电阻器	100Ω、300Ω、18kΩ、51kΩ	各 1 只
5	电位器	470kΩ	1 只
6	电解电容	4.7μF/50V	1 只
7	灯泡、灯座	25W/220V	1 套
8	万用表	MF47	1 块
9	安装用电路板	20cm × 10cm	1 块
10	连接导线、焊锡		若干
11	常用安装工具（电烙铁、尖嘴钳等）		1 套

3. 相关知识

（1）普通晶闸管的检测。

① 好坏的判别。万用表选择 R×100 挡，测量普通晶闸管阳极与阴极间正反向电阻值。普通晶闸管正常的阳极与阴极间正反向电阻值都应在几百千欧以上，若只有几欧或几十欧，则说明晶闸管已短路损坏。

万用表选择 R×10 挡或 R×1 挡，测量普通晶闸管控制极与阴极间正反向电阻值。控制极与阴极间的正向电阻应很小（几十欧），反向电阻应很大（几十至几百千欧）。但有时由于控制极 PN 结特性并不太理想，反向不完全呈阻断状态，故有时测得的反向电阻不是太大（只有几千欧或几十千欧），这并不能说明控制极特性不好。测试时，如果控制极与阴极间的正反向电阻都很

小（接近零）或极大，说明晶闸管已损坏。

② 管脚的判别。对于普通晶闸管，只有控制极与阴极之间是一个 PN 结，具有正向导通、反向阻断特性。利用这个特性，用万用表 R×100 挡，任意测量两个管脚的正反向电阻，当有两个管脚之间的电阻很小时，黑表笔所接管脚便为控制极，红表笔所接管脚为阴极，剩下的一个管脚便是阳极。

（2）单结管的检测。

① 发射极的判别。选择万用表 R×1k 挡，任意测量两个管脚间的正反向电阻，其中必有两个电极间的正反向电阻是相等的（这两个管脚分别为第一基极 B_1 和第二基极 B_2），则剩下一个管脚即为发射极 E。

② 两个基极的判别。选择万用表 R×1k 挡，测量发射极与某一基极间的正向电阻，阻值较小时，该基极为 B_1；阻值较大时，该基极为 B_2。

4. 内容与步骤

（1）根据图 7.19 所示电路绘制出装配电路图，标清楚各元件的位置。

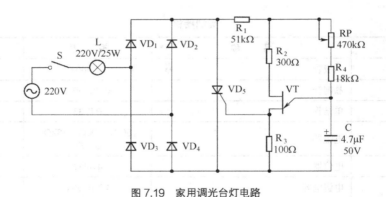

图 7.19　家用调光台灯电路

（2）根据图 7.19 所示电路列出元件清单，备好元件，检查各元件的好坏。

（3）根据装配图完成晶闸管调光台灯电路的安装。

操作指导

桥式整流电路的交流输入端用接插件引出与灯座连接。

（4）检查无误后，经指导教师同意，通电调试。

（5）调节电位器 RP，观察灯泡亮度的变化。

操作指导

调试时，若调光效果不明显，可用电容量大一点的电容器替换原电容器。替换电容器的耐压应不低于单结管的峰点电压 U_P。

（6）实训结束后，整理好本次实训所用的器材，清洁工作台，打扫实训室。

5. 问题讨论

（1）电位器顺时针调节灯泡亮，还是逆时针调节灯泡亮？如果一个同学顺时针调节灯泡亮，另一个同学逆时针调节也是灯泡亮，为什么？

（2）若调节电位器灯泡亮度变化不明显，应如何修改电路中的元件参数？

6. 实训总结

（1）画出实训电路装配图。

（2）调试过程中若遇到故障，说明故障现象，分析产生故障的原因，提出解决方法。

（3）填写表 7.3。

表 7.3　　　　　　　　　　　　　实训评价表

课　题							
班级		姓名		学号		日期	
训练收获							
训练体会							
训练评价	评定人	评　语				等级	签名
	自己评						
	同学评						
	老师评						
	综合评定等级						

单元小结

（1）本单元重点介绍了普通型晶闸管及在交流调压、可控整流方面的应用，单结管及由单结管组成的触发电路。

（2）晶闸管具有正向阻断特性、触发导通特性和反向阻断特性。晶闸管导通的条件是：阳极加正向电压，同时控制极也加正向触发电压。

（3）控制角增大时，交流调压、可控整流的输出减小；反之，控制角减小时，交流调压、可控整流的输出增大。

（4）单结管发射极电压增大到峰点电压时，单结管导通；单结管发射极电压减小到谷点电压时，单结管截止。利用这种特性，可组成单结管振荡电路，产生晶闸管导通所需的触发脉冲。

思考与练习

一、填空题

1. 晶闸管又叫_____，具有_____个 PN 结。

2. 晶闸管的 3 个电极分别是_____、_____和_____。

3. 晶闸管导通的条件是在阳极加_____的同时，在控制极加_____。晶闸管一旦导通，控制极就失去_____。

4. 要使导通的晶闸管关断，必须使其阳极电流减小到低于_____。

5. 在晶闸管交流调压电路中，减小_____角 α，可使输出电压的平均值_____。

6. 单结管的 3 个电极分别是_____、_____和_____。

7. 单结管的发射极电压上升达到_____电压时就导通；当发射极电压下降到低于_____ 电压时就截止。

8. 在单结管构成的振荡电路中，调节_____可以提前或推迟输出触发脉冲电压。

二、简答题

1. 比较晶闸管和整流二极管的异同。

2. 在晶闸管中，以极小的功率控制很大的功率，它与三极管用比较小的基极电流控制较大的集电极电流有何不同？

3. 晶闸管导通时，通过的电流是由什么决定的？

4. 晶闸管由导通转变为关断需要什么条件？

5. 查阅双向晶闸管资料，总结双向晶闸管有几种触发方式？

6. 查阅资料，总结晶闸管触发电路有哪些？

7. 为什么在晶闸管交流调压电路中，触发电路要与主电路同步？采用什么方法使单结管触发电路与主电路同步？

第 2 部分

数字电子技术

第8单元

数字电路基础

知识目标

- 理解模拟信号与数字信号的区别。
- 了解脉冲波形主要参数的含义及常见脉冲波形。
- 掌握数字信号的表示方法，了解数字信号在日常生活中的应用。
- 掌握与门、或门、非门基本逻辑门的逻辑功能，了解与非门、或非门、与或非门等复合逻辑门的逻辑功能。
- 了解 TTL、CMOS 门电路的型号、引脚功能等使用常识。
- 了解逻辑代数的表示方法和运算法则。
- 掌握二进制、十六进制数的表示方法。
- 了解 8421BCD 码的表示形式。

技能目标

- 会画常用逻辑门的逻辑符号，会使用真值表。
- 会用逻辑代数基本公式化简逻辑函数，了解其在工程应用中的实际意义。
- 能根据要求，合理选用集成门电路。
- 能进行二进制、十进制数之间的相互转换。
- 会测试 TTL、CMOS 门电路的逻辑功能。

情 景 导 入

在火车站售票厅的电子屏上，显示着各次列车的票务信息，如图 8.1 所示；在街道两旁商场外的广告屏上，滚动播出各种商品的信息；在电梯里，跳动的数字提示电梯到达的楼层。这些日常生活中随处可见的产品里都含有数字电路。从本单元起，将逐步介绍数字电路的相关知识和技能。

图 8.1　火车站售票厅的电子屏

知识链接

在工程实践中，把电信号分为模拟信号和数字信号两大类。模拟信号是指在时间和数值上都连续变化的信号。如电视的图像信号和伴音信号、由传感器将温度变化转换成的电信号等。传输、处理模拟信号的电路称为模拟电路。数字信号指在时间和数值上都是断续变化的信号。如生产中记录产品个数的计数信号、通过计算机键盘输入计算机的信号等。传输、处理数字信号的电路称为数字电路。

第1节 脉冲与数字信号

脉冲与数字信号具有类似的波形，其波形在时间和数值上都是断续变化的，表现为跃变的电压或电流。但两者是两个完全不同的概念，又有着千丝万缕的联系。

一、脉冲波形

 用示波器观察脉冲波形。先观察矩形脉冲，再观察尖脉冲，并记录下观察到的波形。

实验现象

观察到的矩形脉冲波形如图 8.2（a）所示，观察到的尖脉冲波形如图 8.3（a）所示。描述脉冲波形需要哪些参数呢？

（a）观察波形　　　　　　　　（b）波形图

图 8.2　矩形脉冲

 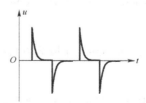

（a）观察波形　　　　　　　　（b）波形图

图 8.3　尖脉冲

知识探究

描述脉冲波形的基本参数是脉冲幅度、脉冲周期和脉冲宽度。在工程应用中，综合考虑电子产品的性价比，实际使用的矩形脉冲，其波形有时如图 8.4 所示。与图 8.2 相比，图 8.4 所示的波形有一个上升沿和下降沿。因此，描述脉冲波形时，还需要增加上升时间和下降时间才能表述清楚。

1. 脉冲幅度

脉冲幅度是指脉冲电压或脉冲电流变化的最大值。脉冲幅度用来度量脉冲的强弱，其值等于

143

脉冲的最大值与最小值之差的绝对值。图 8.4 中标注的 U_m 为矩形脉冲电压的幅度。

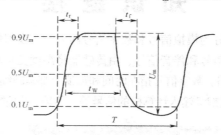

图 8.4 有上升沿和下降沿的矩形脉冲

2. 脉冲周期

脉冲周期是指两个相邻脉冲重复出现的时间间隔，用 T 表示，如图 8.4 所示。脉冲周期的单位是 s（秒），在电子技术中常用的单位还有 ms（毫秒）、μs（微秒）等。它们的换算关系为

$$1s = 1000 \text{ ms}$$

$$1ms = 1000 \text{ μs}$$

在实际应用中，还可以用脉冲频率来描述脉冲重复的快慢。脉冲频率定义为脉冲周期的倒数，用 f 表示。即

$$f = \frac{1}{T}$$

脉冲频率的单位是 Hz（赫兹），常用的还有 kHz（千赫兹）、MHz（兆赫兹）等。它们的换算关系为

$$1MHz = 1000 \text{ kHz}$$

$$1kHz = 1000 \text{ Hz}$$

脉冲周期和脉冲频率是对同一脉冲的两种不同表述，脉冲周期强调的是脉冲重复的时间间隔，而脉冲频率强调的是 1s 内脉冲重复的次数。

3. 脉冲上升时间

脉冲上升时间是指脉冲从 $0.1U_m$ 上升到 $0.9U_m$ 所需的时间，如图 8.4 中的 t_r 所示。

4. 脉冲下降时间

脉冲下降时间是指脉冲从 $0.9U_m$ 下降到 $0.1U_m$ 所需的时间，如图 8.4 中的 t_f 所示。

5. 脉冲宽度

脉冲宽度是指脉冲从上升沿的 $0.5U_m$ 到下降沿的 $0.5U_m$ 所需的时间，如图 8.4 中的 t_w 所示。对上升时间和下降时间极短的脉冲，如图 8.2 所示的矩形脉冲，脉冲持续的时间即为脉冲宽度。

二、数字信号

就电信号而言，数字电路中传输的信号是脉冲信号，表现为一种跃变的电压或电流，且持续时间极为短暂。这种跃变的电压或电流，通常表现为两种对立的状态：有脉冲、无脉冲或高电平、低电平。因此，可以将数字电路中传输的脉冲信号用两个最简单的数字"1"和"0"来表示。可以选用"1"表示"有脉冲"，"0"表示"无脉冲"，也可以选用"1"表示"无脉冲"，"0"表示"有脉冲"。这种用数字"0"、"1"表示的脉冲信号就称为数字信号。在实际应用中，无特别说明时

通常选用"1"表示"有脉冲","0"表示"无脉冲"。

 归纳 数字信号本质上是一种脉冲信号。当用数字"0"、"1"来表示脉冲的"有"、"无"时，脉冲信号才称为数字信号。

数字信号关注的是脉冲的有无、脉冲持续的时间（脉冲宽度）、脉冲频率，各种干扰与噪声，只对脉冲的幅度产生一定的影响，一般不会影响到脉冲的有无。因此，数字信号具有较强的抗干扰能力。

 提示 在本节中，"0"、"1"失去了日常生活中计数的功能，只是用来表示脉冲的"有"、"无"，也可以用来表示脉冲电平的"高"、"低"或开关的"接通"、"断开"。在学习过程中应注意理解不同场合下"0"、"1"的含义。

第2节 逻辑关系与逻辑门电路

数字电路是数字逻辑电路的简称，关注的重点是单元电路之间信号的逻辑关系，而不是信号本身。也就是说，数字电路的输入与输出表现为有脉冲、无脉冲或高电平、低电平两个对立的状态，并且输出状态与输入状态之间只存在某种因果关系，没有数值大小的概念。这种输出与输入之间存在的因果关系，通常称为逻辑关系。能够实现特定逻辑关系的单元电路称为逻辑门。目前，常用的逻辑门都制成了集成电路。

一、基本逻辑关系

1. 与逻辑

 看一看 按图8.5所示连接电路，分别闭合、断开开关S_1、S_2，观察发光二极管的发光情况，并将观察到的结果记录于表8.1。

实验现象

当开关S_1、S_2中有一个断开时，发光二极管（LED）不亮；只有开关S_1、S_2同时闭合时，发光二极管才亮。观察到的结果如表8.1所示。

表8.1　　　　与逻辑演示结果

开关 S_1	开关 S_2	发光二极管
断开	断开	不亮
断开	闭合	不亮
闭合	断开	不亮
闭合	闭合	亮

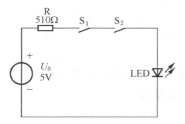

图8.5　与逻辑实例

知识探究

通过观察演示可以发现，发光二极管是否发光，与两个开关的闭合或断开之间存在一定的逻

辑关系。通常，开关的闭合或断开称为逻辑条件（对应电路的输入），发光二极管的亮或不亮称为逻辑结果（对应电路的输出）。分析表 8.1 可知，控制发光二极管的两个开关同时闭合时，发光二极管才亮；只要有一个开关断开，发光二极管就不会亮。这种发光二极管"亮"或"不亮"与两个控制开关的"闭合"或"断开"之间的逻辑关系称为与逻辑，即开关 S_1 与 S_2 同时闭合成立时，发光二极管才亮，否则发光二极管不亮。

若将图 8.5 中的开关 S_1、S_2 用两只三极管 VT_1、VT_2 代替，如图 8.6 所示，三极管的导通（对应开关闭合）或截止（对应开关断开）由基极输入的矩形脉冲 A、B 来控制，则脉冲持续期间，有高电平（3V）加在三极管基极，三极管导通；其他时间，加在三极管基极的是低电平（0V），三极管截止。这时的与逻辑演示结果如表 8.2 所示。

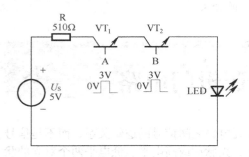

图 8.6　用三极管替换开关

表 8.2　　　　　　　　　与逻辑演示结果

输入 A	输入 B	VT_1	VT_2	发光二极管
0V	0V	截止	截止	不亮
0V	3V	截止	导通	不亮
3V	0V	导通	截止	不亮
3V	3V	导通	导通	亮

由图 8.6 可知，两只三极管串联可以实现与逻辑功能。在实际应用中，将实现与逻辑功能的电路称为与门电路，简称为与门，并用如图 8.7 所示的逻辑符号表示。图中，A、B 为门电路输入，Y 为门电路输出。

比较表 8.1 和表 8.2，若用"1"表示开关"闭合"、三极管"导通"、矩形脉冲的"高电平"，用"0"表示开关"断开"、三极管"截止"、矩形脉冲的"低电平"，用"1"表示发光二极管"亮"，用"0"表示发光二极管"不亮"，则表 8.1、表 8.2 可统一表示为如表 8.3 所示的与逻辑真值表。真值表给出了输入（A、B）的每一种取值组合与输出（Y）之间的逻辑关系。

表 8.3　　　　　与逻辑真值表

输入 A	输入 B	输出 Y
0	0	0
0	1	0
1	0	0
1	1	1

图 8.7　与逻辑符号

提示　　　对比图 8.6，门电路输入的是"高电平"或"低电平"，输出的是发光二极管"亮"或"不亮"，输出与输入之间只存在逻辑关系，没有数值关系。

归纳　　　与逻辑可归纳为：只要输入有 0，输出就为 0；只有输入全为 1 时，输出才为 1，即决定某个事件的各个条件全部具备时，该事件才会发生。

2. 或逻辑

 看一看　按图 8.8 所示连接电路,分别闭合、断开开关 S_1、S_2,观察发光二极管的发光情况,并将观察到的结果记录于表 8.4。

实验现象

当开关 S_1、S_2 中有一个闭合时,发光二极管就亮;只有开关 S_1、S_2 同时断开时,发光二极管才不亮。观察到的结果如表 8.4 所示。

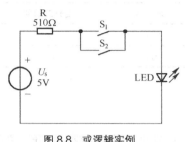

图 8.8　或逻辑实例

表 8.4		或逻辑演示结果
开关 S_1	开关 S_2	发光 二极管
断开	断开	不亮
断开	闭合	亮
闭合	断开	亮
闭合	闭合	亮

知识探究

分析表 8.4 可知:开关 S_1 或 S_2 只要有一个闭合时,发光二极管就亮;只有开关 S_1、S_2 都断开时,发光二极管才不亮。这种发光二极管"亮"或"不亮"与两个控制开关的"闭合"或"断开"之间的逻辑关系称为或逻辑。若用两只并联的三极管替换开关 S_1、S_2 也能实现或逻辑功能。在实际应用中,将实现或逻辑功能的电路称为或门电路,简称或门,逻辑符号如图 8.9 所示。

若用"1"表示开关"闭合",用"0"表示开关"断开",用"1"表示发光二极管"亮",用"0"表示发光二极管"不亮",则表 8.4 转换为或逻辑的真值表如表 8.5 所示。

A —[≥1]— Y
B —

图 8.9　或逻辑符号

表 8.5		或逻辑真值表
输入 A	输入 B	输出 Y
0	0	0
0	1	1
1	0	1
1	1	1

 归纳　或逻辑可归纳为:只要输入有 1,输出就为 1;只有输入全为 0 时,输出才为 0,即决定某个事件的各个条件中,只要具备一个时,该事件就会发生。

3. 非逻辑

 看一看　按图 8.10 所示连接电路,分别闭合、断开开关 S,观察发光二极管的发光情况,并将观察到的结果记录于表 8.6。

实验现象

当开关S闭合时，发光二极管不亮；只有开关S断开时，发光二极管才会亮。观察到的结果如表8.6所示。

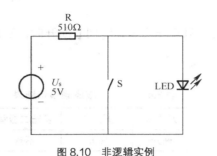

图8.10　非逻辑实例

表8.6　　　　非逻辑演示结果

开关S	发光二极管
断开	亮
闭合	不亮

知识探究

表8.6所示的发光二极管"亮"或"不亮"与控制开关的"闭合"或"断开"之间的逻辑关系称为非逻辑。若用一只三极管替换开关S也能实现非逻辑功能。在实际应用中，实现非逻辑功能的电路称为非门电路，简称非门，逻辑符号如图8.11所示。

若用"1"表示开关"闭合"，用"0"表示开关"断开"，用"1"表示发光二极管"亮"，用"0"表示发光二极管"不亮"，则表8.6转换为非逻辑的真值表如表8.7所示。

图8.11　非逻辑符号

表8.7　　　　非逻辑真值表

输入A	输出Y
0	1
1	0

归纳　非逻辑可归纳为：输入为1，输出为0；输入为0，输出才为1，即决定某个事件的条件和结果互为否定。

4.复合逻辑

将3种基本逻辑按一定的方式组合在一起，就构成了复合逻辑。常用的复合逻辑有与非逻辑、或非逻辑、与或非逻辑等。

（1）与非逻辑。与非逻辑是与逻辑和非逻辑的复合。实现与非逻辑功能的电路称为与非门电路，简称与非门，其逻辑符号如图8.12所示。

与非逻辑的真值表如表8.8所示。与非逻辑的功能是对与逻辑的否定，对如表8.3所示的与逻辑真值表中的输出Y取非，即得到如表8.8所示的与非逻辑真值表。

归纳　与非逻辑可归纳为：只要输入有0，输出就为1；只有输入全为1时，输出才为0。

表 8.8	与非逻辑真值表	
输入 A	输入 B	输出 Y
0	0	1
0	1	1
1	0	1
1	1	0

图 8.12　与非逻辑符号

（2）或非逻辑。或非逻辑是或逻辑和非逻辑的复合。实现或非逻辑功能的电路称为或非门电路，简称或非门，其逻辑符号如图 8.13 所示。

或非逻辑的真值表如表 8.9 所示。或非逻辑的功能是对或逻辑的否定，对如表 8.5 所示的或逻辑真值表中的输出 Y 取非，即得到如表 8.9 所示的或非逻辑真值表。

表 8.9	或非逻辑真值表	
输入 A	输入 B	输出 Y
0	0	1
0	1	0
1	0	0
1	1	0

图 8.13　或非逻辑符号

 归纳　或非逻辑可归纳为：只要输入有 1，输出就为 0；只有输入全为 0 时，输出才为 1。

（3）与或非逻辑。与或非逻辑是与逻辑、或逻辑、非逻辑的复合。实现与或非逻辑功能的电路称为与或非门电路，简称与或非门，其逻辑符号如图 8.14 所示。

与或非逻辑的功能是：A、B，C、D 分别先"与"；"与"后的逻辑结果 Y_1、Y_2 再"或"；"或"的逻辑结果 Y_3 最后取"非"。该过程的示意图如图 8.15 所示。

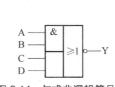

图 8.14　与或非逻辑符号

（a）与逻辑

（b）或逻辑

（c）非逻辑

图 8.15　与或非逻辑结果产生过程

提示　在实际应用中，复合逻辑可以用与门、或门、非门的组合来实现，也可以直接选用已制成集成电路的复合逻辑门来实现，如 74LS00（与非门）、74LS02（或非门）等。

二、TTL 逻辑门电路

TTL 逻辑门电路是三极管—三极管逻辑门电路的简称，是一种三极管集成电路，通常一个集

成块内包含多个相同的逻辑门。TTL 逻辑门电路由于生产工艺成熟、产品参数稳定、工作可靠、开关速度高，因此获得了广泛的应用。在实际应用中，TTL 逻辑门产品型号较多，国外型号有SN54/74 系列、MC54/74 系列等，国内的型号有 CT4000、CT3000、CT2000 等。

1. TTL 与非门

常用的 TTL 与非门有 4 个 2 输入端与非门 74LS00、3 个 3 输入端与非门 74LS10 等。它们具有14 个引脚，采用双列直插式封装，引脚排列如图 8.16（b）、图 8.17（b）所示。引脚识别时，将正面的半圆置于左边（对用圆点标记的集成电路，将圆点置于左下方），从左下方起，逆时针数，依次为 1、2、3…14 脚。在 14 个引脚中：14 脚为电源端，接供电电源；7 脚为接地端，接电路板的地。

（a）实物图 　　　　　　　　　　　　　（b）引脚排列

图 8.16　4 个 2 输入端 TTL 与非门 74LS00

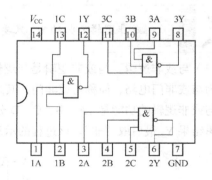

（a）实物图 　　　　　　　　　　　　　（b）引脚排列

图 8.17　3 个 3 输入端 TTL 与非门 74LS10

在 74LS00 的其余引脚中：1、2、3 脚构成 1 个与非门，1、2 脚为输入端，3 脚为输出端；4、5、6 脚构成 1 个与非门，4、5 脚为输入端，6 脚为输出端；8、9、10 脚构成 1 个与非门，9、10 脚为输入端，8 脚为输出端；11、12、13 脚构成 1 个与非门，12、13 脚为输入端，11 脚为输出端。

在 74LS10 的其余引脚中：1、2、12、13 脚构成 1 个与非门，1、2、13 脚为输入端，12 脚为输出端；3、4、5、6 脚构成 1 个与非门，3、4、5 脚为输入端，6 脚为输出端；8、9、10、11脚构成 1 个与非门，9、10、11 脚为输入端，8 脚为输出端。

2. TTL 或非门

常用的 TTL 或非门有 4 个 2 输入端或非门 74LS02、3 个 3 输入端或非门 74LS27 等。它们也具有 14 个引脚,采用双列直插式封装,引脚排列如图 8.18(b)、8.19(b)所示。在 14 个引脚中:14 脚为电源端,7 脚为接地端。

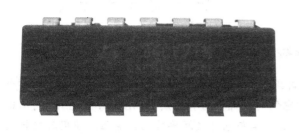

（a）实物图

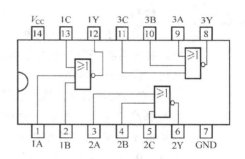

（b）引脚排列

图 8.18　4 个 2 输入端 TTL 或非门 74LS02

（a）实物图

（b）引脚排列

图 8.19　3 个 3 输入端 TTL 或非门 74LS27

在 74LS02 的其余引脚中:1、2、3 脚构成 1 个或非门,2、3 脚为输入端,1 脚为输出端;4、5、6 脚构成 1 个或非门,5、6 脚为输入端,4 脚为输出端;8、9、10 脚构成 1 个或非门,8、9 脚为输入端,10 脚为输出端;11、12、13 脚构成 1 个或非门,11、12 脚为输入端,13 脚为输出端。

在 74LS27 的其余引脚中:1、2、12、13 脚构成 1 个或非门,1、2、13 脚为输入端,12 脚为输出端;3、4、5、6 脚构成 1 个或非门,3、4、5 脚为输入端,6 脚为输出端;8、9、10、11 脚构成 1 个或非门,9、10、11 脚为输入端,8 脚为输出端。

3. OC 门

OC 门是一种特殊的与非门,它是将与非门输出级三极管的集电极开路后得到的。一个 OC 门的逻辑功能仍然是实现与非逻辑,逻辑符号如图 8.20 所示。

常用的 OC 门有 4 个 2 输入端 OC 门 74LS01、74LS03,3 个 3 输入端 OC 门 74LS12 等。74LS03、74LS12 的引脚排列与 74LS00、74LS10 的引脚排列相同,74LS01 的引脚排列如图 8.21 所示。

图 8.20　OC 门逻辑符号

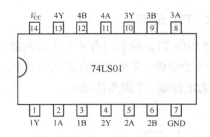

（a）实物图　　　　　　　　　　　　　　　（b）引脚排列

图 8.21　4 个 2 输入端 OC 门 74LS01

虽然 74LS03、74LS12 的引脚排列与 74LS00、74LS10 的引脚排列相同，单个门使用时的逻辑功能也一样，但它们的内部电路有差别，74LS00、74LS10 的输出端不能并联，74LS03、74LS12 的输出端与电源之间要接上拉电阻，使用时应特别注意。

OC 门使用时，必须在输出端与供电电源之间外接一个负载电阻（通常称为上拉电阻），如图 8.22 所示。

线与

与非门不能将两个或两个以上门的输出端并联在一起使用。然而，在实际应用中，有时需要将两个或两个以上的与非门的输出端并联在一起，OC 门就是为了满足这一需要而制作的。

OC 门的输出端，虽然能够并联使用，但并联后输出与输入之间的逻辑关系会发生相应的变化。图 8.23 所示的两个 OC 门输出端并联后的输出 Y 与单个 OC 门的输出 Y_1、Y_2 之间具有与逻辑的关系，称为"线与"。就输出 Y 与两个 OC 门的输入 A、B、C、D 之间的逻辑关系而言，实际上实现的是"与或非"逻辑功能。

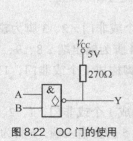

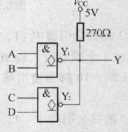

图 8.22　OC 门的使用　　　　　　图 8.23　OC 门输出端并联实现"线与"

这种与功能并不是由与门来实现的，而是由输出端连线产生的，故称为线与逻辑。

4. 三态门

三态门是在普通逻辑门的基础上，增加使能控制电路 构成的，具有 3 种输出状态：高电平、低电平和高电阻。与普通逻辑门相比，三态门多了一个使能控制端。图 8.24 所示为三态缓冲器的逻辑符号。

图 8.24 中，使能端 EN 低电平有效，即当 EN = 0 时，其逻辑功能与普通的缓冲器相同；而当 EN = 1 时，输出端呈现高阻状态，相当于断路。

常用的三态门有 74LS125、74LS244 等。图 8.25 所示为四个三态缓冲器 74LS125 的实物图和引脚排列，其真值表如表 8.10 所示。

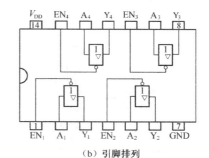

（a）实物图　　　　　　　（b）引脚排列

图 8.24　三态缓冲器逻辑符号　　　　图 8.25　四个三态缓冲器 74LS125

表 8.10　　　　　　　　　　三态缓冲器 74LS125 真值表

输　入		输　出
EN	A	Y
0	0	0
0	1	1
1	×	高阻

利用三态门实现信号传输控制

图 8.26 所示为由四个三态缓冲器构成的单向总线。当 EN_1、EN_2、EN_3、EN_4 轮流为低电平"0"，且任何时刻只有一个三态门工作时，输入信号 A_1、A_2、A_3、A_4 轮流被送到总线上，而其他三态门由于 EN = 1 而处于高阻状态。

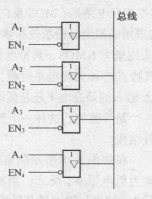

图 8.26　用四个三态缓冲器构成的单向总线

5. 闲置输入端的处理

（1）暂时不用的"与"输入端，可通过 1kΩ 电阻接电源，当电源小于等于 5V 时可直接接电源，如图 8.27（a）所示。对暂不使用的"或"输入端应接地（接地相当于接低电平 0）。

（2）将不使用的输入端并接在使用的输入端上，如图8.27（b）所示。这种处理方法影响前级负载及增加输入电容，影响电路的工作速度。

（3）不使用的"与"输入端可以悬空（悬空输入端相当于接高电平1），或者剪短，如图8.27（c）所示。在实际使用中，悬空的输入端容易接收各种干扰信号，导致工作不稳定，一般不提倡。

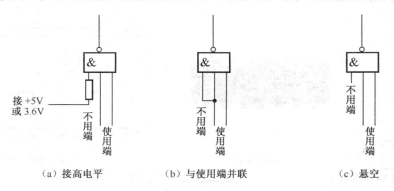

（a）接高电平　　　　　　　（b）与使用端并联　　　　　　　（c）悬空

图8.27　与非门闲置输入端的处理方法

6. 安装注意事项

（1）安装时要注意集成块引脚的排列顺序，接插集成块时用力适度，防止引脚折伤。

（2）焊接时用25W电烙铁较合适，焊接时间不宜过长。

（3）调试时，要注意电源电压的大小和极性，尽量稳定在+5V，以免损坏集成块。

（4）引线应尽量短。若引线不能缩短时，要考虑加屏蔽措施，防止外界电磁干扰的影响。

三、CMOS 逻辑门电路

CMOS逻辑门是另一种集成逻辑门，集成电路内部是场效晶体管。由于场效晶体管集成电路制造工艺简单、集成度高、功耗低，因此在实际应用中也非常普及。

1. CMOS 反向器

构成CMOS逻辑门的基本单元电路是CMOS反向器。CMOS反向器由N沟道增强型绝缘栅场效晶体管（NMOS）和P沟道增强型绝缘栅场效晶体管（PMOS）组成，基本电路如图8.28所示。

在图8.28中：VT_1的箭头向里为NMOS，其特点是A为高电平时导通，A为低电平时截止；VT_2的箭头向外为PMOS，其特点是A为高电平时截止，A为低电平时导通。因此，在如图8.28所示的电路中，不论输入端A输入的是高电平还是低电平，VT_1和VT_2总有一个是截止的，而另一个是导通的。这种一个管子导通，另一个管子就截止的结构称为互补结构。

在如图8.28所示的电路中：当输入端A为高电平1时，输出端Y为低电平0；反之，当输入端A为低电平0时，输出端Y为高电平1。输出与输入具有反相关系，故如图8.28所示的电路通常被称为CMOS反相器。

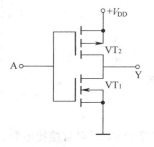

图8.28　CMOS 反相器

2. CMOS 逻辑门

（1）CMOS非门。CMOS反相器的输出与输入之间具有互为否

定的关系，因此 CMOS 反相器电路就是一个 CMOS 非门电路。常用的 6 个 CMOS 非门集成电路 CD4069 的实物图和引脚排列如图 8.29 所示。

（a）实物图

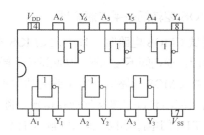

（b）引脚排列

图 8.29　CMOS 非门 CD4069

CD4069 具有 14 个引脚，采用双列直插式排列，其中，14 脚为电源端，7 脚为接地端；1、3、5、9、11、13 脚分别是输入端，2、4、6、8、10、12 脚分别是输出端。

（2）CMOS 与非门。常用的 CMOS 与非门有 CD4011、SN74AC00、SN74AC10 等，图 8.30 所示为 CD4011 的实物图和引脚排列。

（a）实物图

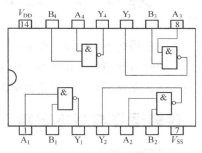

（b）引脚排列

图 8.30　CMOS 与非门 CD4011

在 CD4011 的 14 个引脚中：14 脚为电源端，7 脚为接地端；1、2 脚为输入端，3 脚为输出端；5、6 脚为输入端，4 脚为输出端；8、9 脚为输入端，10 脚为输出端；12、13 脚为输入端，11 脚为输出端。

（3）CMOS 或非门。常用的 CMOS 或非门有 CD4001、SN74HC02、SN74HC27 等，图 8.31 所示为 CD4001 的实物图和引脚排列。

（a）实物图

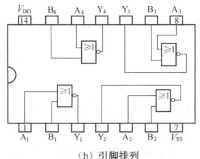

（b）引脚排列

图 8.31　CMOS 或非门 CD4001

在 CD4001 的 14 个引脚中 : 14 脚为电源端, 7 脚为接地端 ; 1、2 脚为输入端, 3 脚为输出端 ; 5、6 脚为输入端, 4 脚为输出端 ; 8、9 脚为输入端, 10 脚为输出端 ; 12、13 脚为输入端, 11 脚为输出端。

3. CMOS 逻辑门使用注意事项

（1）测试 CMOS 电路时，禁止在 CMOS 本身没有接通电源的情况下输入信号。

（2）电源接通期间不应把器件从测试座上插入或拔出。电源电压为 3 ～ 15V，电源极性不能倒接。

（3）焊接 CMOS 电路时，电烙铁的功率不得大于 20W，并要有良好的接地。

（4）输出端不允许直接接地或接电源。除具有 OC 结构的门电路外，不允许把输出端并联。

（5）与 TTL 门电路不同，多余的输入端不能悬空。"与门"的多余输入端应接电源 V_{DD}，"或门"的多余端接地或低电平 V_{ss}。也可将多余端与使用端并联，但这样会影响信号传输速度。

（6）CMOS 逻辑门输出的高、低电平与 TTL 逻辑门输出的高、低电平不相等。通常 TTL 逻辑门输出的低电平约为 0.2V，高电平约为 3.4V ；而 CMOS 逻辑门输出的低电平约为 0V，高电平约为供电电源的电压。因此，它们不能直接组合在一起使用，需要经电平转换后才能组合使用。

*第 3 节　逻辑函数及其化简

逻辑函数用于描述逻辑输出与逻辑输入之间的逻辑关系。逻辑函数可以用逻辑门的组合来实现，对逻辑函数进行化简可以优化数字电路的结构，提高数字电路工作的可靠性。在介绍逻辑函数及其化简之前，先介绍一下基本逻辑运算与逻辑代数的基本定律。

一、逻辑运算与基本定律

1. 基本逻辑运算和法则

（1）逻辑乘。逻辑乘也称为与运算，其运算规则为

$$0 \cdot 0 = 0 \qquad 0 \cdot 1 = 0 \qquad 1 \cdot 0 = 0 \qquad 1 \cdot 1 = 1$$

根据逻辑乘的运算规则，可列出逻辑乘的运算法则如下。

$$A \cdot 0 = 0 \qquad A \cdot 1 = A \qquad A \cdot A = A$$

 提示　式中，A 为逻辑变量，取值为 0 或 1，只表示两种不同的逻辑状态，不表示数量的大小。

于是，对逻辑变量 A、B 进行逻辑乘运算，其结果用 Y 表示，则逻辑表达式为

$$Y = A \cdot B$$

或

$$Y = AB$$

逻辑乘运算可以用与门来实现。与门的输出与输入之间的逻辑关系也可以用逻辑乘来描述，即如图 8.5 所示的与逻辑可表示为 $Y = AB$。

（2）逻辑加。逻辑加也称为或运算，其运算规则为

$$0 + 0 = 0 \qquad 0 + 1 = 1 \qquad 1 + 0 = 1 \qquad 1 + 1 = 1$$

根据逻辑加的运算规则，可列出逻辑加的运算法则如下。

$$A+0=A \qquad A+1=1 \qquad A+A=A$$

对逻辑变量 A、B 进行逻辑加运算，其结果用 Y 表示，则逻辑表达式为

$$Y=A+B$$

逻辑加运算可以用或门来实现。或门的输出与输入之间的逻辑关系也可以用逻辑加来描述，即如图 8.9 所示的或逻辑可表示为 Y=A+B。

（3）逻辑非。逻辑非也称为非运算，其运算规则为

$$\overline{0}=1 \qquad \overline{1}=0$$

式中，$\overline{0}$读做0的非。

根据逻辑非的运算规则，可列出逻辑非的运算法则如下。

$$A+\overline{A}=1 \qquad A\cdot\overline{A}=0 \qquad \overline{\overline{A}}=A$$

对逻辑变量 A 进行逻辑非运算，其结果用 Y 表示，则逻辑表达式为

$$Y=\overline{A}$$

逻辑非运算可以用非门来实现。非门的输出与输入之间的逻辑关系也可以用逻辑非来描述，即如图 8.11 所示的非逻辑可表示为 $Y=\overline{A}$。

【例 8.1】 写出如图 8.14 所示的与或非逻辑的表达式。

分析：重画图 8.14 如图 8.32 所示。与或非门的逻辑功能是：先实现 A、B 和 C、D 逻辑乘运算，再实现乘的结果逻辑加运算，最后实现加的结果逻辑非运算。

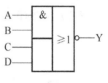

图 8.32　例 8.1 的图

解：与或非逻辑的表达式为

$$Y=\overline{AB+CD}$$

2. 逻辑代数的基本定律

（1）交换律、结合律和分配律。

① 交换律。

逻辑乘运算的交换律为

$$A\cdot B=B\cdot A$$

逻辑加运算的交换律为

$$A+B=B+A$$

② 结合律。

逻辑乘运算的结合律为

$$(A\cdot B)\cdot C=A\cdot(B\cdot C)$$

逻辑加运算的结合律为

$$(A+B)+C=A+(B+C)$$

③ 分配律。

逻辑乘运算的分配律为

$$A\cdot(B+C)=A\cdot B+A\cdot C$$

逻辑加运算的分配律为

$$A+(B\cdot C)=(A+B)\cdot(A+C)$$

提示 逻辑加运算的分配律是逻辑代数中特有的，等式能够成立的原因是 $A \cdot A = A$，$1 + B = 1$，$1 + C = 1$。

（2）吸收律。

$$A + A \cdot B = A$$

$$A + \overline{A} \cdot B = A + B$$

归纳 在一个积之和的表达式中，如果一个乘积项是另一个乘积项的因子，则包含该因子的乘积项可以消去；如果一个乘积项的非是另一个乘积项的因子，则另一个乘积项中的这个因子可以消去。

（3）冗余律。

$$A \cdot B + \overline{A} \cdot C + B \cdot C = AB + \overline{A}C$$

归纳 在一个积之和的表达式中，如果两个乘积项中的一项包含另一项中一个因子的非，并且这两项的其余因子都是第三个乘积项的因子，则第三个乘积项是多余的。

（4）反演律（又称摩根定律）。

$$\overline{A + B} = \overline{A} \cdot \overline{B}$$

$$\overline{A \cdot B} = \overline{A} + \overline{B}$$

归纳 逻辑变量加的非等于它们各自非的乘，逻辑变量乘的非等于它们各自非的加

二、逻辑函数的表示方法

如果对应于输入逻辑变量 A、B、C…的每一组确定值，输出逻辑变量 Y 就有唯一确定的值，则称 Y 是 A、B、C…的逻辑函数。逻辑函数常用的表示方法有真值表、逻辑表达式、逻辑图等。

1. 真值表

真值表是把输入逻辑变量的各种可能取值和对应的输出逻辑变量的值排列在一起组成的表格。用真值表表示逻辑函数时，一般先根据输入逻辑变量的个数，确定表格的行数和列数；然后，根据输入逻辑变量的取值，确定输出逻辑变量的值。由于 1 个输入变量有 0、1 两种取值，2 个输入变量有 00、01、10、11 共 4 种取值，n 个输入变量则有 2^n 种取值，所以真值表的行数至少要有 2^n 行。真值表的列数取决于输入逻辑变量的个数和输出逻辑变量的个数。

【例 8.2】列出 3 人表决逻辑的真值表。

分析：3 人表决时，只要有 2 个人投赞成票，就可视为表决通过。用 A、B、C 分别表示 3 个人的投票输入，取值为 1 时表示赞成，取值为 0 时表示不赞成，取值的组合共有 $2^3 = 8$ 种。用 Y 表示表决结果，取值为 1 时表示表决通过，取值为 0 时表示表决没有通过。真值表由 9 行、4 列组成，其中第 1 行为真值表的表头。

解：3 人表决逻辑的真值表如表 8.11 所示。

表 8.11   3 人表决逻辑真值表

A	B	C	Y
0	0	0	0
0	0	1	0
0	1	0	0
0	1	1	1
1	0	0	0
1	0	1	1
1	1	0	1
1	1	1	1

2. 逻辑表达式

逻辑表达式是指用逻辑乘、逻辑加、逻辑非 3 种运算把逻辑变量连接起来所构成的等式。对一个逻辑函数而言，可以用与或表达式、与非—与非表达式、与或非表达式等多种逻辑表达式来描述。其中，与或表达式最为常用。

逻辑函数的与或表达式就是将逻辑函数表示为若干个乘积项之和的形式。如 3 人表决逻辑的与或表达式为

$$Y = AB + BC + AC$$

由真值表可以很方便地写出逻辑函数的逻辑表达式。具体步骤为：将真值表中输出逻辑变量值为 1 的对应输入逻辑变量写成一个乘积项，若输入逻辑变量取值为 1，则该变量写成原变量，反之写成反变量（原变量的非）；将每个乘积项相加，即得到逻辑函数的逻辑表达式。例如，根据表 8.11 所示的 3 人表决逻辑真值表写出的逻辑表达式为

$$Y = \overline{A}BC + A\overline{B}C + AB\overline{C} + ABC$$

提示 $Y = AB + BC + AC$ 和 $Y = \overline{A}BC + A\overline{B}C + AB\overline{C} + ABC$ 是同一个逻辑函数的不同逻辑表达式描述，它们的逻辑功能完全相同，都能实现 3 人表决功能。在实际应用中，选择什么样的逻辑表达式取决于制作数字电路时选用的逻辑器件。

3. 逻辑图

逻辑图是由逻辑符号所构成的图形。在数字电路中，常用逻辑符号表示基本单元电路及由这些单元电路组成的部件，例如，用如图 8.12、图 8.13、图 8.14 所示的逻辑符号分别表示与非门、或非门、与或非门。因此，用逻辑图表示逻辑函数是一种比较接近实际工程应用的方法。通常画逻辑图的依据是逻辑函数的逻辑表达式。逻辑表达式中的每个乘积项用一个与门实现，各乘积项的相加用或门实现。也可以借助逻辑代数的基本定律，对逻辑表达式变换后用同一种门电路实现，如用"与非门"或"或非门"来实现。

【例 8.3】画出 3 人表决逻辑的逻辑图。

分析：画逻辑图前，先要确定逻辑表达式，不同的逻辑表达式直接影响逻辑门的选用。对 3 人表决逻辑而言，若以 $Y = AB + BC + AC$ 为依据，需要选用 3 个 2 输入端的与门和 1 个 3 输入端的或门；若以 $Y = \overline{A}BC + A\overline{B}C + AB\overline{C} + ABC$ 为依据，则需要选用 4 个 3 输入端的与门和 1 个 4 输

入端的或门。由此得出：用逻辑门实现 3 人表决逻辑时，以 $Y = AB + BC + AC$ 为依据画出逻辑图，在制作数字电路时选用的逻辑门少，相应的成本也低。

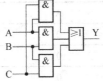

具体画图时，用 1 个 2 输入端的与门实现 AB，用 1 个 2 输入端的与门实现 BC，用 1 个 2 输入端的与门实现 AC；3 个与门的输出通过 1 个 3 输入端的或门实现相加，则或门的输出就是 3 人表决逻辑的输出。

解：3 人表决逻辑的逻辑图如图 8.33 所示。

图 8.33 3 人表决逻辑逻辑图

归纳 在实际应用中，应根据需要灵活使用逻辑函数的 3 种表示方法。真值表便于逻辑功能分析，逻辑表达式便于书写和化简，逻辑图便于工程实施。除这 3 种表示方法外，还有逻辑函数的卡诺图表示和波形图表示，这 2 种表示法超出了本书的要求，有兴趣的读者可查阅相关资料。

三、逻辑函数的化简

逻辑函数化简是指采用某种方法找出逻辑函数的最简逻辑表达式。最简逻辑表达式是指逻辑表达式中的乘积项最少、并且每个乘积项中的变量也最少。逻辑函数化简的常用方法有两种：一是公式化简法，就是利用逻辑运算法则和逻辑代数的基本定律进行化简；二是图形化简法，即借助卡诺图来化简。由于逻辑函数的卡诺图表示法超出了本书的要求，所以对图形化简法不做介绍，有兴趣的读者可查阅相关资料。公式化简法的常用方法有以下几种。

1. 并项化简法

并项化简法是：利用 $A + \overline{A} = 1$，把两个乘积项合并成一项，从而消去一个变量（或表达式），剩下两个乘积项的公共因子。

【例 8.4】 试化简逻辑函数 $Y = \overline{A}BC + A\overline{B}C + AB\overline{C} + ABC$。

分析：第一个乘积项与第四个乘积项有一个公因子 BC，提出公因子 BC 后，两项合并成 $(\overline{A} + A)BC$；第二个乘积项与第四个乘积项有一个公因子 AC，提出公因子 AC 后，两项合并成 $A(\overline{B} + B)C$；第三个乘积项与第四个乘积项有一个公因子 AB，提出公因子 AB 后，两项合并成 $AB(\overline{C} + C)$；最后，分别利用 $\overline{A} + A = 1$、$\overline{B} + B = 1$、$\overline{C} + C = 1$，即可完成化简。

解：$Y = \overline{A}BC + A\overline{B}C + AB\overline{C} + ABC$

$\qquad = (\overline{A} + A)BC + A(\overline{B} + B)C + AB(\overline{C} + C)$

$\qquad = BC + AC + AB$

提示 在用公式化简法时，可以多次利用某个乘积项与其他乘积项结合，构成并项关系，从而消去一个变量。

2. 吸收化简法

吸收化简法是：利用吸收律 $A + A \cdot B = A$ 或 $A + \overline{A} \cdot B = A + B$，消去多余项或多余因子。

【例 8.5】 试化简逻辑函数 $Y = A + ABC + \overline{A}B + \overline{B}C + BCD$。

分析：第一项和第二项可以利用 $A + A \cdot (BC) = A$ 消去 ABC；第一项和第三项可以利用 $A + \overline{A} \cdot B = A + B$ 消去 $\overline{A}$；得到的 B 与第四项结合消去 $\overline{B}$；得到的 C 与第五项结合消去 BCD，或用 B 与第五项结合消去 BCD。

解 ：Y= A + ABC +$\overline{A}$B +$\overline{B}$C + BCD

  = A + $\overline{A}$B + $\overline{B}$C + BCD

  = A + B+$\overline{B}$C + BCD

  = A + B + C + BCD

  = A + B + C

3. 配项化简法

配项化简法是：利用 A = A $\cdot$(B +$\overline{B}$)，为某一项配上所需的变量，以便用其他方法进行化简。

【例8.6】试化简逻辑函数 Y = AB +$\overline{A}$ $\overline{C}$+B$\overline{C}$。

解：Y = AB +$\overline{A}$ $\overline{C}$+ B$\overline{C}$

  = AB +$\overline{A}$ $\overline{C}$+ B$\overline{C}$（A +$\overline{A}$）

  = AB +$\overline{A}$ $\overline{C}$+ AB$\overline{C}$+$\overline{A}$B$\overline{C}$

  = (AB +AB$\overline{C}$) + ($\overline{A}$ $\overline{C}$+$\overline{A}$B$\overline{C}$)

  = AB +$\overline{A}$ $\overline{C}$

4. 消去冗余项化简法

消去冗余项化简法是：利用冗余律 A $\cdot$ B +$\overline{A}$$\cdot$ C + B $\cdot$ C= AB + $\overline{A}$C，将冗余项 BC 消去。例如，对例8.6，可以直接用冗余律，将 B$\overline{C}$ 消去。

> 提示　在用公式化简法进行化简的过程中，通常很少单独使用并项、吸收、配项、消去冗余项化简法，而是综合使用这些方法，以便快速、顺利地完成逻辑函数的化简。

第4节　数制与编码

数制是指计数的方式。在日常生活中，常用的数制有十进制、六十进制等，而数字电路中常用的数制是二进制和十六进制。编码是指用预先规定的方法将文字、数字或其他对象编成数码。例如，用千位数字表示楼号，百位数字表示楼层号，十位和个位数字表示房间号，则数码 2410、5101 等，就是对学生公寓每个房间的编码。

一、数制及数制转换

1. 二进制

二进制是指用 2 个数码 0、1 计数的方式。其特点是：逢二进一、借一为二；整数部分的位权为 2^{n-1}，小数部分的位权为 2^{-m}，n、m 分别为整数和小数的位数。通常，一个二进制数 N 可以写成如下形式：

$$N = a_{n-1}2^{n-1} + a_{n-2}2^{n-2} + \cdots + a_0 2^0 + a_{-1}2^{-1} + a_{-2}2^{-2} + \cdots + a_{-m}2^{-m}$$

式中，a 称为系数，取值为 0 或 1。

为区别不同进制的数，常用下标加以说明，如：$(1011)_2$ 为二进制数，$(1011)_{10}$ 为十进制数，$(1011)_{16}$ 为十六进制数。二进制数还可以用 0b 表示，如 0b1011。十六进制数也可以用 0x 或 H 表示，如 0x1011 或 24H。

二进制数的运算很简单，运算规则与十进制数类似，但要注意"逢二进一、借一为二"的特点。例如二进制加和乘的运算规则为

$$0 + 0 = 0 \qquad\qquad 0 \times 0 = 0$$
$$0 + 1 = 1 \qquad\qquad 0 \times 1 = 0$$
$$1 + 0 = 1 \qquad\qquad 1 \times 0 = 0$$
$$1 + 1 = 10 \qquad\qquad 1 \times 1 = 1$$

【例 8.7】试计算 $(1011)_2 + (11)_2$ 和 $(1010)_2 - (11)_2$ 的值。

解：

$$\begin{array}{r} 1011 \\ + \ 11 \\ \hline 1110 \end{array} \qquad \begin{array}{r} 1010 \\ - \ 11 \\ \hline 111 \end{array}$$

故：$(1011)_2 + (11)_2 = (1110)_2$，$(1010)_2 - (11)_2 = (111)_2$。

2. 二进制数与十进制数的相互转换

由于人们习惯于使用十进制数，而数字电路只能识别二进制数，因此在数字电路中常常要进行二进制数和十进制数的转换。

（1）二进制数转换为十进制数。二进制数转换为十进制数的规则为：按权展开求和，即将每位的系数与相应的位权相乘，然后把每位乘积相加，得到的和就是对应的十进制数。

【例 8.8】 试将 $(1011)_2$ 转换为十进制数。

解：$(1011)_2 = 1 \times 2^3 + 0 \times 2^2 + 1 \times 2^1 + 1 \times 2^0$

$$= 8 + 0 + 2 + 1$$

$$= (11)_{10}$$

（2）十进制数转换为二进制数。十进制整数转换为二进制数的转换规则为：除 2 反序取余，即先将十进制数除以 2，取出余数；然后将商不断除以 2，取出每次的余数，直到商为 0；最后，按"从后到前的顺序"读出余数，该余数即是所要得到的二进制数。

【例 8.9】 试将 $(53)_{10}$ 转换为二进制数。

解：

2	53		余数
2	26	…	1
2	13	…	0
2	6	…	1
2	3	…	0
2	1	…	1
	0	…	1

读数方向 ↑

故：$(53)_{10} = (110101)_2$

3. 十六进制

十六进制是指用 16 个数码 0、1、2、3、4、5、6、7、8、9、A、B、C、D、E、F 计数的方式。数字电路中每位十六进制数通常用 4 位二进制数来表示，它们的对应关系如表 8.12 所示。

表 8.12   十六进制数与二进制数对应表

十 进 制 数	二 进 制 数	十六进制数	十 进 制 数	二 进 制 数	十六进制数
0	0000	0	8	1000	8
1	0001	1	9	1001	9
2	0010	2	10	1010	A
3	0011	3	11	1011	B
4	0100	4	12	1100	C
5	0101	5	13	1101	D
6	0110	6	14	1110	E
7	0111	7	15	1111	F

    十六进制数与二进制数之间的转换十分方便,只要把每位十六进制数转换成相应的二进制数,就得到了十六进制数对应的二进制数。反过来,只要把二进制数向左每 4 位分成 1 组,不足 4 位的用 "0" 补齐,每组对应的十六进制数即是所转换的十六进制数。

【例 8.10】   试把 $(111101)_2$ 转换为十六进制数。

解: $(111101)_2 = (0011\ 1101\ )_2$

                          $= (3D)_{16}$

【例 8.11】   试把 0xFFF04 转换为二进制数。

解: $0xF \rightarrow 0b1111$

             $0x0 \rightarrow 0b0000$

             $0x4 \rightarrow 0b0100$

故:0xFFF04 = 0b11111111111100000100

二、编码

    在数字电路中,必须用二进制数对输入的文字、符号、十进制数等信号进行编码。编码后的二进制数失去了计数功能,只是用来代表所编码的信号。根据编码规则的不同,常用的编码有二进制编码、二—十进制编码、字符编码。

1. 二进制编码

    二进制编码是指:单纯地用二进制数表示输入的信号,二进制数的位数由输入信号的个数决定。由于 1 位二进制数可以表示 2 个输入信号,如果有 3 个输入信号,就要用 2 位二进制数来表示。例如,对红、黄、绿 3 种颜色的交通灯控制信号 I_R、I_Y、I_G 进行二进制编码时,其编码表如表 8.13 所示。

表 8.13   二进制编码表

输 入 信 号	二 进 制 码	
I_R	0	1
I_Y	1	0
I_G	1	1

提示   2 位二进制数有 00、01、10、11 共 4 种组合,可以对 4 个控制信号进行编码。这里只用了 01、10、11,没有用 00。

2. 二一十进制编码

二一十进制编码，又称 BCD 码，是指：用 4 位二进制数表示 1 位十进制数。由于 4 位二进制数组合的方式不同，二一十进制编码方法有很多，其中最自然简单的编码方法是 8421BCD 码。

8421BCD 码是指：在 4 位二进制数中，从左到右每一位对应的权分别是 2^3、2^2、2^1、2^0，即 8、4、2、1。8421BCD 码与十进制数之间的对应关系如表 8.14 所示。

表 8.14   **8421BCD 码与十进制数对照表**

十 进 制 数	8421 码	十 进 制 数	8421 码
0	0000	5	0101
1	0001	6	0110
2	0010	7	0111
3	0011	8	1000
4	0100	9	1001

例如：十进制数 357 的 8421BCD 码为 001101010111。尽管 BCD 码也只有 0、1 两个数码，但它不是十进制数对应的二进制数。BCD 码和二进制数之间是不能直接转换的，要先将 BCD 码表示的数转换为十进制数，再将十进制数转换为二进制数。

  8421BCD 码只利用了 4 位二进制数的 16 种组合 0000 ～ 1111 中的前 10 种组合 0000 ～ 1001，其余 6 种组合 1010 ～ 1111 是无效的。根据从 16 种组合中选取 10 种组合方式的不同，可得到 2421 码、5421 码、余 3 码等其他二一十进制编码，有兴趣的读者可查阅相关资料。

3. 字符编码

字符编码的方法也有多种，如 ASCII、国标码等。ASCII 用 7 位二进制数表示计算机键盘上的符号，国标码用 16 位二进制数表示汉字。由于字符编码的内容超出了本书的范围，感兴趣的读者可查阅相关资料。

技 能 实 训

 岗位描述

21 世纪，数码产品已走入千家万户，使人们的生活发生了巨大的变化，而门电路是组成数码产品部件的基本单元，掌握门电路的测试和应用，不仅有助于对数码产品功能的深刻了解，而且能正确使用并解决常见小故障。本次技能实训有 2 个：与非门电路的测试，或非门电路的测试。通过实训获得的技能，可以从事电子元器件生产企业的质量检验部门相关岗位，及简单的数码产品生产制造、销售等岗位的工作。

实训 1   与非门电路的测试

1. 实训目的

（1）掌握 74LS00 集成与非门引脚的识别。

（2）掌握 74LS00 集成与非门逻辑功能的测试。

2. 器材准备（见表8.15）

表8.15　　　　　　　　　　　实训器材

序　号	名　　称	规　格	数　量
1	集成与非门	74LS00	1块
2	电阻器	1kΩ/150Ω	3只/1只
3	三极管	S9013	1只
4	发光二极管	2EF	1只
5	DIP开关	4位	1只
6	直流稳压电源	5V	1台
7	安装用电路板	20cm×10cm	1块
8	连接导线、焊锡		若干
9	常用安装工具（电烙铁、尖嘴钳等）		1套
10	万用表	MF47	1块

3. 相关知识

与非门逻辑功能测试电路如图8.34所示。图中：开关 S_2 合上时，1A端（引脚1）输入低电平"0"；开关 S_2 断开时，1A端输入高电平"1"；开关 S_1 合上时，1B端（引脚2）输入低电平"0"；开关 S_1 断开时，1B端输入高电平"1"。1Y端（引脚3）输出低电平"0"时，VT截止，VD不发光；1Y端输出高电平"1"时，VT导通，VD发光。根据与非逻辑真值表操作开关 S_1、S_2，观察发光二极管的相应变化，即可完成与非门的测试。

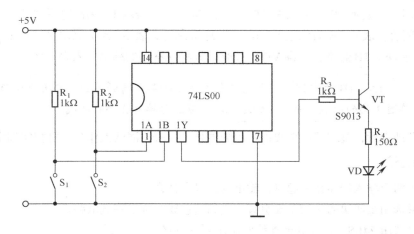

图8.34　与非门测试电路

4. 内容与步骤

（1）根据图8.34所示的电路，列出元件清单，备好元件，检查各元件的好坏。

①列材料清单时，应注明元件参数。替换元件的性能参数应优于电路中的元件。对选择的元件要进行质量检测。

② 检测集成电路质量的好坏。外观检：观察引脚是否完好，塑料封装有无裂纹或断裂。仪表检：用万用表测量各引脚对应于接地引脚之间的正、反向电阻值，并和完好的 IC 进行比较。

（2）根据图 8.34 所示的电路，画出装配图。在确定集成块引脚的连线时，应注意所选的引脚必须属于同一个与非门。

（3）根据装配图完成电路安装。

（4）检查电路安装是否正确。主要检查三极管、发光二极管的引脚是否装错，集成块引脚之间是否搭焊等。

（5）检查无误后，接通电源。

（6）根据表 8.16 所示的真值表完成测试。

表 8.16　　　　　　　　　　　　　　　与非门测试真值表

1A	1B	1Y	VD
0	0		
0	1		
1	0		
1	1		
悬空	1		
1	悬空		

① 根据真值表中输入状态操作开关 S_1、S_2，将观察到的结果填入表 8.16 中。

 操作指导

开关 S_1 闭合，表示 1B 为低电平"0"，开关 S_1 断开，表示 1B 为高电平"1"；

开关 S_2 闭合，表示 1A 为低电平"0"，开关 S_2 断开，表示 1A 为高电平"1"；

② 分别将 1A、1B 悬空，观察 VD 的变化，并将观察到的结果填入表 8.16 中。

> **提示** 1A、1B 悬空指：断开连接集成块 1 脚和 2 脚的连线。断开 2 脚连线，应注意接通 1 脚的连线；断开 1 脚连线时，应注意接通 2 脚的连线。

（7）实训结束后，整理好本次实训所用的器材、仪表，清洁工作台，打扫实训室。

5. 问题讨论

（1）如果两个输入端连在一起时，输出的结果是什么？

（2）如果选用集成块的 4、5、6 引脚，应如何连线？画出测试电路。

（3）如果选用 74LS10，应如何连线？画出测试电路。

6. 实训总结

（1）将测试结果和与非门逻辑真值表比较，判断与非门是否实现了与非逻辑功能。

（2）分析总结输入端悬空时的作用。

（3）测试过程中若遇到故障，说明故障现象，分析产生故障的原因，提出解决方法。

（4）填写表 8.17。

表8.17　　　　　　　　实训评价表

课题							
班级		姓名		学号		日期	
训练收获							
训练体会							
训练评价	评定人	评　语				等级	签名
	自己评						
	同学评						
	老师评						
	综合评定等级						

实训2　或非门电路的测试

1. 实训目的

（1）掌握74LS02集成或非门引脚的识别。

（2）掌握74LS02集成或非门逻辑功能的测试。

2. 器材准备（见表8.18）

表8.18　　　　　　　　　实训器材

序　号	名　　称	规　格	数　量
1	集成或非门	74LS02	1块
2	电阻器	1kΩ/150Ω	3只/1只
3	三极管	S9013	1只
4	发光二极管	2EF	1只
5	DIP开关	4位	1只
6	直流稳压电源	5V	1台
7	安装用电路板	20cm×10cm	1块
8	连接导线、焊锡		若干
9	常用安装工具（电烙铁、尖嘴钳等）		1套

3. 相关知识

或非门逻辑功能测试电路如图8.35所示。图中：开关S_1、S_2断开时，1A、1B端（2、3引脚）输入高电平"1"；开关S_1、S_2闭合时，1A、1B端输入低电平"0"。1Y端（引脚1）输出低电平"0"时，VT截止，VD不发光；1Y端输出高电平"1"时，VT导通，VD发光。根据或非逻辑真值表操作开关S_1、S_2，观察发光二极管的相应变化，即可完成或非门的测试。

4. 内容与步骤

（1）根据图8.35所示的电路，列出元件清单，备好元件，检查各元件的好坏。

（2）根据图8.35所示的电路，画出装配图。在确定集成块引脚的连线时，应注意所选的引脚必须属于同一个或非门。

（3）根据装配图完成电路安装。

（4）检查电路安装是否正确。主要检查三极管、发光二极管的引脚是否装错，集成块引脚之间是否搭焊等。

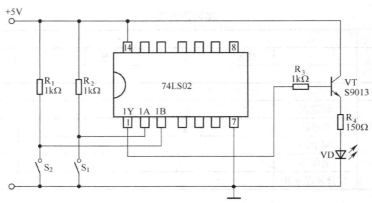

图 8.35　或非门逻辑功能测试电路

（5）检查无误后，接通电源。

（6）根据表 8.19 所示的真值表中的输入状态操作开关 S_1、S_2，将观察到的结果填入表 8.19 中。

表 8.19　　　　　　　　　　　　　　或非门测试真值表

1A	1B	1Y	VD
0	0		
0	1		
1	0		
1	1		

（7）实训结束后，整理好本次实训所用的器材，清洁工作台，打扫实训室。

5. 问题讨论

（1）如果输入端悬空，将输出什么结果？

（2）如果选用集成块的 4、5、6 引脚，应如何连线？画出测试电路。

（3）如果选用 74LS27，应如何连线？画出测试电路。

6. 实训总结

（1）将测试结果和或非门逻辑真值表比较，判断或非门是否实现了或非逻辑功能。

（2）测试过程中若遇到故障，说明故障现象，分析产生故障的原因，提出解决方法。

（3）填写表 8.20。

表 8.20　　　　　　　　　　　　　　实训评价表

课题						
班级		姓名		学号		日期
训练收获						
训练体会						
训练评价	评定人	评　语			等级	签名
	自己评					
	同学评					
	老师评					
	综合评定等级					

（1）本单元重点介绍了数字电路的基础知识，常用的集成逻辑门识别、功能及使用。

（2）模拟信号在时间和数值上连续变化，数字信号在时间和数值上断续变化。数字信号在波形上表现为脉冲形式，描述脉冲的主要参数有脉冲幅度、脉冲周期和脉冲宽度。

（3）有3种基本的逻辑关系，分别是与逻辑、或逻辑、非逻辑。3种基本逻辑关系的组合称为复合逻辑，如与非逻辑、或非逻辑、与或非逻辑等。

（4）实现特定逻辑关系的单元电路称为逻辑门，有TTL逻辑门和CMOS逻辑门两大类。在每一类中又可分为非门、与非门、或非门等。

（5）有3种基本的逻辑运算，分别是逻辑乘、逻辑加、逻辑非。3种逻辑运算的组合，可以描述一个特定的逻辑关系。

（6）逻辑函数常用的表示方法有真值表、逻辑表达式、逻辑图等。真值表是把输入逻辑变量的各种可能取值和对应的输出逻辑变量的值排列在一起组成的表格。逻辑表达式是用逻辑乘、逻辑加、逻辑非3种运算符把逻辑变量连接起来所构成的等式。逻辑图是由逻辑符号所构成的图形。

（7）用公式化简逻辑函数的常用方法有并项化简法、吸收化简法、配项化简法、消去冗余项化简法。

（8）数字电路中常用的数制是二进制和十六进制。把每位十六进制数转换成相应的二进制数，就得到了十六进制数对应的二进制数；反过来，只要把二进制数向左每4位分成1组，不足4位的用"0"补齐，每组对应的十六进制数即是所转换的十六进制数。

（9）二进制数转换为十进制数的规则为：按权展开求和。十进制数转换为二进制数规则为：除2反序取余。

（10）在数字电路中，常用的编码有二进制编码、二—十进制编码等。二—十进制编码方法有很多，其中最自然简单的编码方法是8421BCD码。

一、填空题

1. 数字信号的特点是在_____上和_____上都是断续变化的，其高电平和低电平常用_____和_____来表示。

2. 描述脉冲波形的主要参数有_____、_____、_____、_____、_____。

3. 在数字电路中，常用的计数制除十进制外，还有_____、_____。

4. $(1010010)_2 = ($ $)_{10}$，$(99)_{10} = ($ $)_2 = ($ $)_{16}$。

5. 3 种基本的逻辑关系分别是_____、_____、_____。

6. 逻辑函数常用的表示方法有_____、_____、_____。

7. 集电极开路门简称为_____门，工作时必须在输出端和供电电源之间外接_____。

8. 2 个 OC 门输出端并联到一起可实现_____功能。

9. 三态门具有_____、_____、_____3 种输出状态。

10. CMOS 或非门有两个输入端 A 和 B，要实现 $Y = \overline{A}$，应将输入端 B 接_____。若用 CMOS 与非门实现 $Y = \overline{A}$，应将输入端 B 接_____。

二、简答题

1. 试说明能否将与非门、或非门当做反相器使用？如果可以，各输入端应如何连接？

2. 三态门有何特殊功能？它有何用途？

3. 在使用 TTL 门电路和 CMOS 门电路时，应分别注意哪些问题？

4. 什么是二进制数？它有什么特点？

5. 什么是 BCD 码？常见的有哪几种？

三、分析设计题

1. 用公式法将下列逻辑函数化简为最简与或表达式，用与非门画出逻辑图。

（1）$Y = A + AB + BCD$

（2）$Y = A + B + AB(C + D)$

2. 写出如图 8.36 所示的各逻辑图的逻辑函数表达式。若输入端皆输入高电平，输出应是什么电平？

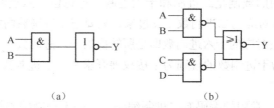

图 8.36 分析设计题 2 的图

3. 如图 8.37（a）所示的三态门，试画出输入为图（b）波形时输出端的波形。

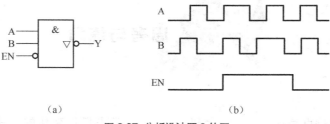

图 8.37 分析设计题 3 的图

第9单元

组合逻辑电路

知识目标

- 了解组合逻辑电路的种类，掌握组合逻辑电路的分析方法和步骤。
- 了解编码器的基本功能。
- 了解译码器的基本功能。
- 了解常用数码显示器件的基本结构和工作原理。

技能目标

- 能识别典型集成编码电路的引脚功能，会正确使用集成编码器。
- 能识别典型集成译码电路的引脚功能，会正确使用集成译码器。
- 能搭接数码管显示电路，会应用译码显示器。
- 能根据功能要求设计逻辑电路，会安装电路，实现所要求的逻辑功能。

情 景 导 入

在中央电视台播放的《星光大道》节目中，所有选手展示完才艺后，会经历一个扣人心弦的评选过程，经过几位评委的"暗下"表决后，在大屏幕上就会显示出比赛结果。在评委的座位处有什么玄机，使这样的"无声"表决表现出来呢？下面就揭开"表决器"（见图9.1）的神秘面纱。

图 9.1　表决器

知 识 链 接

通常数字系统的逻辑电路可分为两大类，一类称为组合逻辑电路；另一类称为时序逻辑电路。组合逻辑电路的特点是电路的输出只与当时的输入有关，而与电路的以前状态无关。即：输出与输入的关系具有即时性，不具备记忆功能。时序逻辑电路将在第11单元介绍。

第1节　组合逻辑电路的基本知识

组合逻辑电路可以有一个或多个输入端，也可以有一个或多个输出端。在组合逻辑电路中，数字信号是单向传递的，即只有从输入端到输出端的传递，没有从输出端到输入端的反向传递。因此，构成组合逻辑电路的基本单元电路逻辑门的特点是：某一时刻的输出，只取决于该时刻的输入，而与该时刻之前电路的状态无关；当输入的状态发生变化时，输出的状态随着发生变化。

一、组合逻辑电路的分析

按图9.2所示连接电路，接通电源，分别按下1个、2个、3个开关，观察发光二极管发光情况的变化。

实验现象

通过观察，可以发现：只有1个开关接通时，发光二极管不亮；有2个或3个开关接通时，发光二极管变亮。这种现象表达了什么含义呢？

知识探究

图9.2所示的电路可以实现3人表决逻辑功能。如何判断其逻辑功能，需要掌握组合逻辑电路的分析方法。

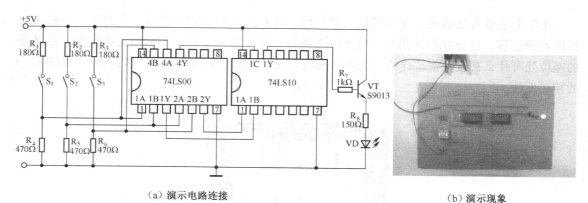

（a）演示电路连接　　　　　　　　　　　　　　（b）演示现象

图9.2　3人表决逻辑演示

提示　在图9.2中，电阻器 R_4、R_5、R_6 的阻值选择应小于900Ω。开关闭合时，电阻器 R_4、R_5、R_6 与 R_1、R_2、R_3 对5V电源的分压输出应不低于2V。

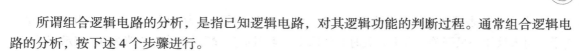

所谓组合逻辑电路的分析，是指已知逻辑电路，对其逻辑功能的判断过程。通常组合逻辑电路的分析，按下述 4 个步骤进行。

（1）根据给定的逻辑电路，写出逻辑函数表达式。把电路分为若干级，逐级写出逻辑表达式，然后写出电路输出与输入之间的逻辑函数表达式。

（2）对得到的逻辑函数表达式进行化简。根据逻辑函数表达式的具体情况，综合应用公式化简法进行化简。

（3）列真值表。把各种可能的输入取值组合代入简化的逻辑函数表达式中，算出输出值。如果有 n 个输入信号，真值表应有 2^n 种取值组合。

（4）判断逻辑电路的逻辑功能。根据真值表进行推理判断。在实际应用中，当逻辑电路很复杂时，一般难以用简明扼要的文字来归纳其逻辑功能，这时就用真值表来描述其逻辑功能。

组合逻辑电路的分析步骤，可用图 9.3 所示的框图来形象表示。

图 9.3　组合逻辑电路分析步骤

【例 9.1】试分析图 9.2 所示演示电路的逻辑功能。

解：画出图 9.2 所示演示电路的逻辑图如图 9.4 所示。

（1）写逻辑函数表达式。

$$K=\overline{S_1S_2}, L=\overline{S_2S_3}, M=\overline{S_1S_3}, Y=\overline{KLM}$$

（2）化简。

$$Y=\overline{KLM}$$
$$=\overline{K}+\overline{L}+\overline{M}$$
$$=\overline{\overline{S_1S_2}}+\overline{\overline{S_2S_3}}+\overline{\overline{S_1S_3}}$$
$$=S_1S_2+S_2S_3+S_1S_3$$

（3）列真值表，如表 9.1 所示。

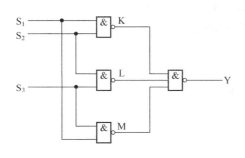

图 9.4　例 9.1 的逻辑图

表 9.1　　　　　例 9.1 的真值表

S_1	S_2	S_3	Y
0	0	0	0
0	0	1	0
0	1	0	0
0	1	1	1
1	0	0	0
1	0	1	1
1	1	0	1
1	1	1	1

第 9 单元　组合逻辑电路

173

（4）由真值表可知：只有当输入 S₁、S₂、S₃ 中有两个或以上为 1 时，输出 Y 才为 1。如果由 3 个人每人操作一只开关，合上开关时 S 值取 1，表示同意，断开开关时 S 值为 0，表示不同意；输出 Y 为 1 时，表示多数同意，输出 Y 为 0 时，表示多数不同意。则：只有两个人或以上合上开关时，输出 Y 才为 1，表示多数同意。因此，该电路可以作为 3 人表决器。

 提示 对集成逻辑门引脚的功能较熟悉时，可以由图 9.2 直接写出逻辑函数表达式，而不必画出其逻辑图。

二、组合逻辑电路的设计

组合逻辑电路的设计，就是根据给定的逻辑功能要求，找出用最少的逻辑门来实现该逻辑功能的电路。通常组合逻辑电路的设计按下述 4 个步骤进行。

（1）列真值表。根据给定的实际逻辑问题，确定哪些是输入量、哪些是输出量，理清它们之间的逻辑关系；然后，对输入量赋值，列出真值表。

（2）写逻辑函数表达式。根据真值表写出逻辑函数表达式。

（3）化简逻辑函数。

（4）画出逻辑图。

组合逻辑电路的分析步骤，可用图 9.5 所示的框图来形象表示。

图 9.5 组合逻辑电路设计步骤

【例 9.2】试设计举重裁判表决器。裁判规则为：设一个主裁判和两个副裁判，只有当主裁判和至少一个副裁判判明举重成功时，运动员的试举才算"成功"。

分析：本例有 3 名裁判，因此所设计的电路应有 3 个输入逻辑变量，主裁判 A 和两名副裁判 B、C。举重过程中，杠铃是否完全举上由每位裁判按下自己面前的按钮来确定。按下按钮时，输入逻辑变量取值为 1；不按按钮时，输入逻辑变量取值为 0。运动员试举是否成功，由输出逻辑变量 Y 控制的指示灯来显示。Y 输出为 1，指示灯亮，表示试举成功；Y 输出为 0，指示灯不亮，表示试举不成功。

解：（1）列真值表。根据题意列出真值表如表 9.2 所示。

（2）写逻辑函数表达式。根据真值表写出逻辑函数表达式为

$$Y=A\bar{B}C+AB\bar{C}+ABC$$

（3）化简逻辑函数。

$$Y=A\bar{B}C+AB\bar{C}+ABC$$
$$=A\bar{B}C+AB$$
$$=A(\bar{B}C+B)$$
$$=A(C+B)$$
$$=AB+AC$$

（4）画逻辑图。根据化简后的逻辑函数表达式，画出的逻辑图如图9.6所示。

表9.2　　例9.2 的真值表

A	B	C	Y
0	0	0	0
0	0	1	0
0	1	0	0
0	1	1	0
1	0	0	0
1	0	1	1
1	1	0	1
1	1	1	1

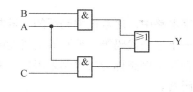

图9.6　例9.2的逻辑图

根据图9.6所示的逻辑图，动手制作举重裁判表决器，并不方便。因为需要两种不同类型的逻辑门，才能实现图9.6所示的逻辑功能。而实际应用中，逻辑门是以集成块形式出现的，两种不同类型的逻辑门，至少需要两个集成块。由于一个集成块内通常有多个相同的逻辑门，因此借助摩根定律，将化简后的逻辑函数表达式转换为与非表达式，用同一种类型的逻辑门来实现相应的逻辑功能，制作电路时反而更容易实现。

例如，对 Y=AB+AC 两次取非，可得

$$Y=\overline{\overline{AB}\cdot\overline{AC}}$$

根据上式，只要用1块集成与非逻辑门74LS00就能实现举重裁判表决器的逻辑功能，其逻辑图和制作电路连接分别如图9.7、图9.8所示。

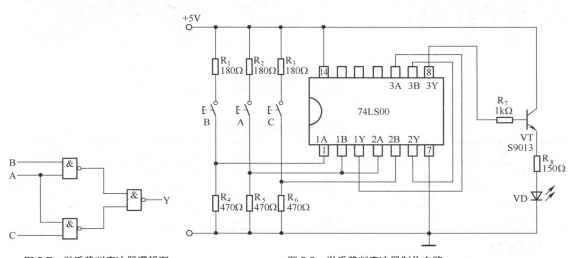

图9.7　举重裁判表决器逻辑图　　　　图9.8　举重裁判表决器制作电路

 提示　　组合逻辑电路设计时，最关键的一步是列真值表。任何逻辑问题，只要能列出真值表，就能把它的逻辑电路设计出来。然而，在实际应用中，逻辑问题往往是用文字描述的，一般较难做到全面而准确。因此，对设计者而言，列真值表是一件很不容易的事，要求设计者对设计的逻辑问题有一个全面的理解，对每一种可能的情况都能做出正确的判断。

第9单元　组合逻辑电路

175

第 2 节　编码器

在数字电路中，通常把编码后的二进制数称为代码。根据编码规则的不同，常用的有二进制代码、二—十进制代码等。编码器是指能够实现编码功能的组合逻辑电路。能够实现二进制编码功能的组合逻辑电路称为二进制编码器，能够实现二—十进制编码功能的组合逻辑电路称为二—十进制编码器。

一、二进制编码器

 按图 9.9 所示连接好电路，接通电源，每次只闭合一只开关，观察发光二极管 VD_1、VD_0 发光情况，并将观察到的结果记录于表 9.3 中。

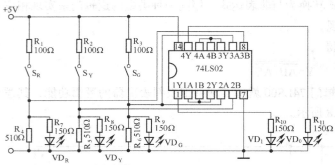

（a）演示电路连接

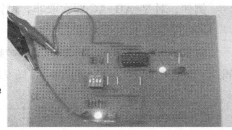

（b）演示现象

图 9.9　二进制编码演示

表 9.3　　　　　　　　　　　二进制编码演示记录表

开　关	VD_R	VD_Y	VD_G	VD_1	VD_0
S_R 闭合	亮	无关	无关	不亮	亮
S_Y 闭合	无关	亮	无关	亮	不亮
S_G 闭合	无关	无关	亮	亮	亮

实验现象

当闭合开关 S_R 时，红色发光二极管 VD_R 亮；黄色和绿色发光二极管与开关 S_R 无关，不亮；74LS02 的引脚 8 输入为高电平，相应的或非门输出端引脚 10 输出为低电平，经引脚 11、12、13 构成的非门取反后，从引脚 13 输出高电平，发光二极管 VD_0 亮；发光二极管 VD_1 不亮。

当闭合开关 S_Y 时，黄色发光二极管 VD_Y 亮；红色和绿色发光二极管与开关 S_Y 无关，不亮；74LS02 的引脚 6 输入为高电平，相应的或非门输出端引脚 4 输出为低电平，经引脚 1、2、3 构成的非门取反后，从引脚 1 输出高电平，发光二极管 VD_1 亮；发光二极管 VD_0 不亮。

当闭合开关 S_G 时，绿色发光二极管 VD_G 亮；红色和黄色发光二极管与开关 S_G 无关，不亮；

74LS02 的引脚 5、引脚 9 输入均为高电平，相应的或非门输出端引脚 4、引脚 10 输出均为低电平；引脚 4 的输出经引脚 1、2、3 构成的非门取反后，从引脚 1 输出高电平，发光二极管 VD_1 亮；引脚 10 的输出经引脚 11、12、13 构成的非门取反后，从引脚 13 输出高电平，发光二极管 VD_0 亮。每次操作观察到的结果如表 9.3 所示。

 提示 操作开关时，每次只能闭合一只开关。在某只开关闭合前，必须确保其他开关是断开的。

知识探究

1. 编码器的基本功能

如果将演示过程中开关 S_R 闭合，红色发光二极管 VD_R 亮，看做有红色信号灯控制信号 I_R 输入；发光二极管 VD_1 不亮，看作是输出 $Y_1=0$；发光二极管 VD_0 亮，看作是输出 $Y_0=1$。则：闭合开关 S_R 操作，可实现对红色信号灯控制信号的编码，其二进制代码为"01"。同理，闭合开关 S_Y 操作，可实现对黄色信号灯控制信号的编码，其二进制代码为"10"；闭合开关 S_G 操作，可实现对绿色信号灯控制信号的编码，其二进制代码为"11"。于是，表 9.3 可转换为表 9.4 所示的二进制编码真值表。表中，无输入指没有开关闭合，此时输出的代码为"00"。

表 9.4　　　　　　　　　　　　　二进制编码真值表

输　入	Y_1	Y_0
无	0	0
I_R	0	1
I_Y	1	0
I_G	1	1

由于每次操作只有一个输入信号，即输入 I_R、I_Y、I_G 具有互斥性，根据表 9.4，将输出变量取值为 1 对应的输入变量相加，可得输出 Y_1、Y_0 与输入 I_R、I_Y、I_G 之间的逻辑关系表达式如下。

$$Y_0 = I_R + I_G$$
$$Y_1 = I_Y + I_G$$

对 Y_1、Y_0 两次取非，得

$$Y_0 = \overline{\overline{I_R + I_G}}$$
$$Y_1 = \overline{\overline{I_Y + I_G}}$$

这 2 个表达式是图 9.9 所示的二进制编码演示电路搭建的依据。

一般而言，n 位编码器可以对 2^n 个输入信号进行编码，即编码器有 2^n 个输入、n 个输出。图 9.10 所示是 3 位二进制编码器示意图，可以对 8 个输入信号进行编码。由于有 8 个输入、3 个输出，通常称其为 8 线 -3 线编码器，其编码真值表如表 9.5 所示。

图 9.10　3 位二进制编码器示意图

表 9.5　　　　　　　　　　　　　　8 线 - 3 线编码器的真值表

输　　入								输　　出		
I_7	I_6	I_5	I_4	I_3	I_2	I_1	I_0	Y_2	Y_1	Y_0
0	0	0	0	0	0	0	1	0	0	0
0	0	0	0	0	0	1	0	0	0	1
0	0	0	0	0	1	0	0	0	1	0
0	0	0	0	1	0	0	0	0	1	1
0	0	0	1	0	0	0	0	1	0	0
0	0	1	0	0	0	0	0	1	0	1
0	1	0	0	0	0	0	0	1	1	0
1	0	0	0	0	0	0	0	1	1	1

2. 优先编码器

在演示过程中，要求每次只能闭合一只开关，并且在某只开关闭合前必须保证其他开关是断开的。这种要求给实际应用带来了很大的不便。为了方便使用，通常给输入信号排定一个优先顺序，当同时有几个信号输入时，编码器只对优先级高的信号进行编码。例如，若排定 $I_7 \sim I_0$ 的优先顺序是 I_7 最高 I_6 次之，依此类推，I_0 最低，则表 9.5 所示的 8 线 - 3 线编码真值表可转换为表 9.6 所示的 8 线 - 3 线优先编码真值表。表中的"×"号表示：当有优先级高的输入信号输入时，优先级低的输入信号有输入或无输入，都不会影响编码器的输出。

表 9.6　　　　　　　　　　　　　　8 线 - 3 线优先编码真值表

输　　入								输　　出		
I_7	I_6	I_5	I_4	I_3	I_2	I_1	I_0	Y_2	Y_1	Y_0
0	0	0	0	0	0	0	1	0	0	0
0	0	0	0	0	0	1	×	0	0	1
0	0	0	0	0	1	×	×	0	1	0
0	0	0	0	1	×	×	×	0	1	1
0	0	0	1	×	×	×	×	1	0	0
0	0	1	×	×	×	×	×	1	0	1
0	1	×	×	×	×	×	×	1	1	0
1	×	×	×	×	×	×	×	1	1	1

能够实现优先编码的编码器称为优先编码器。在实际应用中，为方便使用，优先编码器已制成了集成电路，以一个逻辑部件形式存在，如 8 线 - 3 线优先编码器 74LS148、74LS348 等。

3. 集成 8 线 - 3 线优先编码器

集成 8 线 - 3 线优先编码器 74LS148、74LS348 的引脚排列完全相同。图 9.11 所示是 74LS148 的实物图、引脚排列和逻辑符号。图中 EI（5 脚）为使能输入端，也称选通输入端或控制端，具有片选功能；$I_0 \sim I_7$（10 ～ 13 脚、1 ～ 4 脚）为编码信号输入端，$Y_2 \sim Y_0$（6、7、9 脚）为编码输出端；GS（14 脚）为扩展输出端，级联应用时，作为输出位的扩展端；EO（15 脚）

为使能输出端，也称选通输出端；16 脚为电源端，8 脚为接地端。

（a）实物图

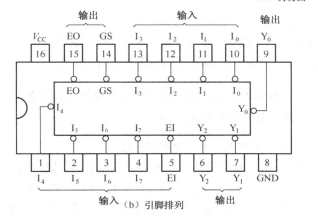

（b）引脚排列

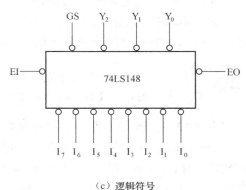

（c）逻辑符号

图 9.11　集成 8 线 - 3 线优先编码器 74LS148

 提示　逻辑符号中的小圆圈"○"表示低电平有效。即：输入端加"○"，表示输入低电平"0"时为"有"输入；使能输入端加"○"，表示低电平"0"时，使能；输出端加"○"表示反变量输出，"有"输出时，输出的是低电平"0"或反码。反码指原码的每一位取反。

74LS148、74LS348 的逻辑功能如表 9.7 所示。两者的区别在于：74LS348 在禁止状态、使能状态且输入全为高电平时输出为高阻状态。

表 9.7　　　　　　　　　　　集成 8 线 - 3 线优先编码器的功能表

输　　入									输　　出				
EI	I_7	I_6	I_5	I_4	I_3	I_2	I_1	I_0	Y_2	Y_1	Y_0	GS	EO
1	×	×	×	×	×	×	×	×	1*	1*	1*	1	1
0	1	1	1	1	1	1	1	1	1*	1*	1*	1	0
0	0	×	×	×	×	×	×	×	0	0	0	0	1
0	1	0	×	×	×	×	×	×	0	0	1	0	1
0	1	1	0	×	×	×	×	×	0	1	0	0	1
0	1	1	1	0	×	×	×	×	0	1	1	0	1
0	1	1	1	1	0	×	×	×	1	0	0	0	1
0	1	1	1	1	1	0	×	×	1	0	1	0	1
0	1	1	1	1	1	1	0	×	1	1	0	0	1

续表

输　　入									输　　出				
EI	I_7	I_6	I_5	I_4	I_3	I_2	I_1	I_0	Y_2	Y_1	Y_0	GS	EO
0	1	1	1	1	1	1	1	0	1	1	1	0	1

注：星号"*"位置对 74LS348 而言是：高阻态。

由功能表可知：

（1）EI = 1 时，编码器停止工作；EI = 0 时，编码器使能，开始工作。

（2）$I_0 \sim I_7$ 输入低电平有效。即：输入 $I_0 \sim I_7$ 为低电平"0"时，表示有输入；输入 $I_0 \sim I_7$ 为高电平"1"时，表示没有输入。

（3）$Y_2 \sim Y_0$ 反变量输出，即输出的是反码。

（4）当编码器使能时：若 EO = 0，则表示无输入信号（$I_0 \sim I_7$ 全为 1），没有编码输出，此时 GS=1；若 EO=1，则表示有输入信号（$I_0 \sim I_7$ 不全为 1），即有编码输出，此时 GS=0。

 提示 真值表和功能表是对同一个内容的不同表述。通常在逻辑电路设计时称为真值表，而对已设计好的电路进行功能描述时称为功能表。

【例 9.3】试用两片集成 8 线 - 3 线优先编码器构成 16 线 - 4 线优先编码器。

分析：16 线 - 4 线优先编码器有 16 个输入信号，4 位输出信号。可将 16 个信号分成 2 组，每组 8 个信号，用 1 个集成 8 线 -3 线优先编码器实现编码。如：$A_{15} \sim A_8$ 为一组，$A_7 \sim A_0$ 为另一组。通常，实现 $A_{15} \sim A_8$ 的集成 8 线 -3 线优先编码器称为高位片，实现 $A_7 \sim A_0$ 的集成 8 线 -3 线优先编码器称为低位片。由于高位片输入的优先级比低位片高，当高位片有输入时，低位片必须处于禁止状态，而高位片没有输入时低位片应处于使能状态。因此，可用高位片的 EO 输出作为低位片的使能输入。又由于 8 线 -3 线优先编码器只有 3 位输出，而 16 线 - 4 线优先编码的输出为 4 位，可用高位片的扩展输出端 GS 作为 4 位输出的最高位，其余 3 位为两片 8 线 -3 线优先编码器的输出相"与"。

解：设 16 个输入信号为 $A_{15} \sim A_0$，其中 A_{15} 优先级最高、A_0 优先级最低。选用两片 74LS148 构成 16 线 - 4 线优先编码器的逻辑图如图 9.12 所示。图中：$A_{15} \sim A_0$ 为低电平输入有效，即输入是"0"时表示"有"输入；$Z_3 \sim Z_0$ 为 4 位输出端，输出的是反码。

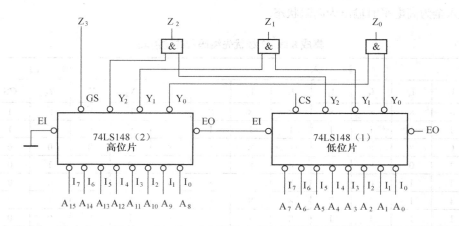

图 9.12　两片 74LS148 构成 16 线 - 4 线优先编码器逻辑图

二、二—十进制编码器

二—十进制编码器的基本功能是将 10 个十进制数码转换为 8421BCD 码。因有 10 个输入、4 位输出，通常称为 10 线 - 4 线 8421BCD 编码器，其示意图如图 9.13 所示。

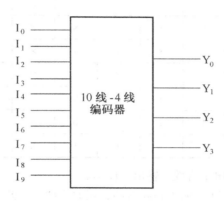

图 9.13　二—十进制编码器示意图

在实际应用中，常用的二—十进制编码器是集成 10 线 - 4 线 8421BCD 优先编码器，如 74LS147、CD74HC147 等。如图 9.14 所示是 CD74HC147 的实物图、引脚排列和逻辑符号图，其功能如表 9.8 所示。

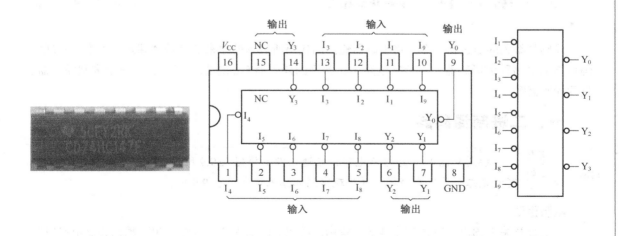

（a）实物图　　　　　　　　　　　（b）引脚排列　　　　　　　　　（c）逻辑符号

图 9.14　集成 10 线 -4 线优先编码器 CD74HC147

表 9.8　　　　　　　　　集成 10 线 -4 线优先编码器的功能表

输　入									输　出			
I_9	I_8	I_7	I_6	I_5	I_4	I_3	I_2	I_1	Y_3	Y_2	Y_1	Y_0
1	1	1	1	1	1	1	1	1	1	1	1	1
0	×	×	×	×	×	×	×	×	0	1	1	0
1	0	×	×	×	×	×	×	×	0	1	1	1
1	1	0	×	×	×	×	×	×	1	0	0	0
1	1	1	0	×	×	×	×	×	1	0	0	1
1	1	1	1	0	×	×	×	×	1	0	1	0
1	1	1	1	1	0	×	×	×	1	0	1	1
1	1	1	1	1	1	0	×	×	1	1	0	0
1	1	1	1	1	1	1	0	×	1	1	0	1
1	1	1	1	1	1	1	1	0	1	1	1	0

由表 9.8 可知：输入为低电平有效，输出为反码。

CD74HC147 的数码 "0"（I_0）输入是隐含的，当数码 "1～9"（$I_1 \sim I_9$）没有输入时，即为数码 "0" 的输入，如表 9.8 中第 3 行所示。

> 提示　表 9.8 第 3 行的输入全为 "1"，即 "1～9" 没有输入；此时的输出为 "1111"。对 "1111" 每一位取反，即是 "0000"。

第3节　译码器

译码是编码的逆过程。即：将编码器输出的代码所表示的原来的信号 "翻译" 出来。实现译码功能的电路称为译码器。在数字电路中，常用的译码器有二进制译码器、二—十进制译码器、显示译码器等。

一、二进制译码器

> 看一看　按图 9.15 所示连接好电路，接通电源；根据表 9.9 所示，操作开关 S_1、S_0，观察发光二极管发光情况，并将观察到的结果记录于表 9.9 中。

实验现象

当闭合开关 S_1、S_0 时，74LS02 的 4、5、6 脚构成的或非门输入全为低电平 "0"，输出为高电平 "1"，白色发光二极管 VD_W 亮，红色、黄色和绿色发光二极管 VD_R、VD_Y、VD_G 不亮。

当闭合开关 S_1、断开开关 S_0 时，74LS02 的 1、2、3 脚构成的或非门输入全为低电平 "0"，输出为高电平 "1"，红色发光二极管 VD_R 亮，白色、黄色和绿色发光二极管 VD_W、VD_Y、VD_G 不亮。

当断开开关 S_1、闭合开关 S_0 时，74LS02 的 8、9、10 脚构成的或非门输入全为低电平"0"，输出为高电平"1"，黄色发光二极管 VD_Y 亮，白色、红色和绿色发光二极管 VD_W、VD_R、VD_G 不亮。

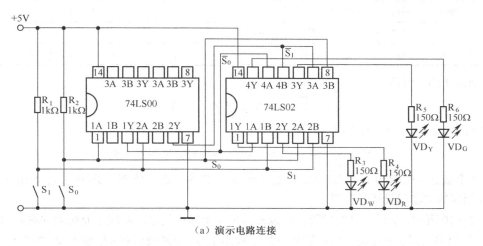

（a）演示电路连接

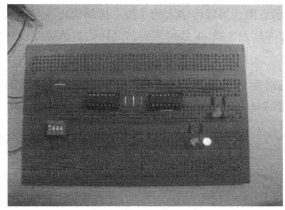

（b）演示现象

图 9.15　二进制译码演示

当断开开关 S_1、S_0 时，74LS02 的 11、12、13 脚构成的或非门输入全为低电平"0"，输出为高电平"1"，绿色发光二极管 VD_G 亮，白色、红色和黄色发光二极管 VD_W、VD_R、VD_Y 不亮。每次操作观察到的结果如表 9.9 所示。

知识探究

1. 译码器的基本功能

在演示过程中，开关闭合时输入的是低电平"0"，开关断开时输入的是高电平"1"。如果将发光二极管"亮"，看作有高电平"1"输出，则表 9.9 可转换为表 9.10 所示的二进制译码真值表。

表 9.9		二进制译码演示记录表			
输	入	输		出	
S_1	S_0	VD_G	VD_Y	VD_R	VD_W
闭合	闭合	不亮	不亮	不亮	亮
闭合	断开	不亮	不亮	亮	不亮
断开	闭合	不亮	亮	不亮	不亮
断开	断开	亮	不亮	不亮	不亮

表 9.10		二进制译码真值表			
输	入	输		出	
S_1	S_0	Y_G	Y_Y	Y_R	Y_W
0	0	0	0	0	1
0	1	0	0	1	0
1	0	0	1	0	0
1	1	1	0	0	0

根据表 9.10，可得

$$Y_W = \overline{S_1}\,\overline{S_0}\ ,\ Y_R = \overline{S_1}S_0\ ,\ Y_Y = S_1\overline{S_0}\ ,\ Y_G = S_1 S_0$$

对 Y_W、Y_R、Y_Y、Y_G 两次取非，得

$$Y_W = \overline{S_1 + S_0}\ ,\ Y_R = \overline{S_1 + \overline{S_0}}\ ,\ Y_Y = \overline{\overline{S_1} + S_0}\ ,\ Y_G = \overline{\overline{S_1} + \overline{S_0}}$$

这 4 个表达式是图 9.15 所示的二进制译码演示电路搭建的依据。其中，$\overline{S_1}$、$\overline{S_0}$ 由 S_1、S_0 经 74LS00 相应的与非门反相后获得。

由表 9.10 可知，2 位二进制代码，可以翻译出 4 个输出信号，对应于原编码的输入信号。一般而言，译码器可以将 n 位输入代码翻译成 2^n 个输出信号，即译码器有 n 位输入、2^n 个输出。图 9.16 所示是 3 位二进制译码器示意图，可以将输入的 3 位二进制代码，翻译成 8 个输出信号。由于有 3 位输入、8 个输出，通常称其为 3 线 - 8 线译码器，其译码真值表如表 9.11 所示。

2. 集成译码器

在实际应用中，译码器制成了集成电路。常用的集成二进制译码器有 2 线 - 4 线译码器 74LS139、3 线 - 8 线译码器 74LS138、4 线 -16 线译码器 74LS154 等。

表 9.11			3 线 - 8 线译码器的真值表							
输		入	输				出			
A_2	A_1	A_0	Y_7	Y_6	Y_5	Y_4	Y_3	Y_2	Y_1	Y_0
0	0	0	0	0	0	0	0	0	0	1
0	0	1	0	0	0	0	0	0	1	0
0	1	0	0	0	0	0	0	1	0	0
0	1	1	0	0	0	0	1	0	0	0
1	0	0	0	0	0	1	0	0	0	0
1	0	1	0	0	1	0	0	0	0	0
1	1	0	0	1	0	0	0	0	0	0
1	1	1	1	0	0	0	0	0	0	0

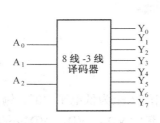

图 9.16　3 位二进制译码器示意图

（1）74LS139

集成 2 线 - 4 线译码器 74LS139 内含有 2 个相同的译码器，实物图、引脚排列、逻辑符号如图 9.17 所示。其中：1 ～ 7 脚为一个 2 线 - 4 线译码器，9 ～ 15 脚为另一个 2 线 - 4 线译码器，每一个译码器有 1 个使能输入端 ST、2 个二进制码输入端 A_1A_0、4 个输出端 Y_3 ～ Y_0。74LS139 中一个译码器的功能表如表 9.12 所示。

（a）实物图

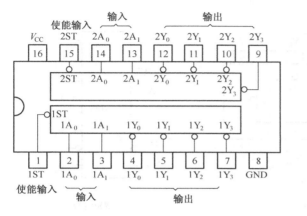

（b）引脚排列

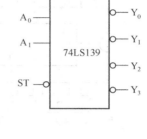

（c）逻辑符号

图 9.17　集成 2 线－4 线译码器 74LS139

表 9.12　　　　　　　　　　集成 2 线 - 4 线译码器 74LS139 的功能表

输　　入			输　　出			
ST	A_1	A_0	Y_3	Y_2	Y_1	Y_0
1	×	×	1	1	1	1
0	0	0	1	1	1	0
0	0	1	1	1	0	1
0	1	0	1	0	1	1
0	1	1	0	1	1	1

由表 9.12 可知：

① 使能输入端为低电平有效。即：ST 为高电平"1"时，译码器禁止工作，输出全为高电平"1"；ST 为低电平"0"时，译码器可以工作，输出由输入代码决定。高电平输入电压的最小值为 2V，低电平输入电压的最大值为 0.8V。

② 有输出为低电平输出。即：输出端是低电平"0"时，为"有"输出；输出端是高电平"1"时，为"无"输出。电源电压 5V 时，高电平输出电压的最小值为 2.7V，典型值为 3.4V；低电平输出电压的最大值为 0.4V，典型值为 0.25V。

（2）74LS138

集成 3 线 - 8 线译码器 74LS138 的实物图、引脚排列、逻辑符号如图 9.18 所示，其功能表如表 9.13 所示。

（a）实物图

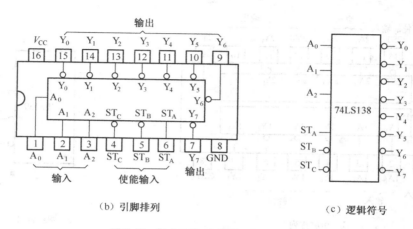

（b）引脚排列　　　　　　　　　（c）逻辑符号

图 9.18　集成 3 线 –8 线译码器 74LS138

表 9.13　　　　　　　　　集成 3 线 - 8 线译码器 74LS138 的功能表

输　　入					输　　出							
ST_A	$ST_B + ST_C$	A_2	A_1	A_0	Y_7	Y_6	Y_5	Y_4	Y_3	Y_2	Y_1	Y_0
0	×	×	×	×	1	1	1	1	1	1	1	1
×	1	×	×	×	1	1	1	1	1	1	1	1
1	0	0	0	0	1	1	1	1	1	1	1	0
1	0	0	0	1	1	1	1	1	1	1	0	1
1	0	0	1	0	1	1	1	1	1	0	1	1
1	0	0	1	1	1	1	1	1	0	1	1	1
1	0	1	0	0	1	1	1	0	1	1	1	1
1	0	1	0	1	1	1	0	1	1	1	1	1
1	0	1	1	0	1	0	1	1	1	1	1	1
1	0	1	1	1	0	1	1	1	1	1	1	1

由表 9.13 可知：

①3 个使能输入端中，ST_A 为高电平有效，ST_B、ST_C 为低电平有效。只要 ST_A 为低电平 "0" 或 ST_B、ST_C 中有一个为高电平 "1"，译码器就禁止工作，输出端为高电平 "1"。只有 ST_A 为高

电平 "1"、ST_B 为低电平 "0"、ST_C 为低电平 "0" 同时满足时，译码器才可以工作，输出由输入的代码决定。高电平输入电压的最小值为 2V，低电平输入电压的最大值为 0.8V。

② 输出端为低电平输出。即：输出端为高电平 "1" 时，表示 "无" 输出；输出端为低电平 "0" 时，表示 "有" 输出。电源电压 5V 时，高电平输出电压的最小值为 2.7V，典型值为 3.4V；低电平输出电压的最大值为 0.4V，典型值为 0.25V。

（3）74LS154

集成 4 线 -16 线译码器 74LS154 的实物图、引脚排列如图 9.19 所示，其功能表如表 9.14 所示。

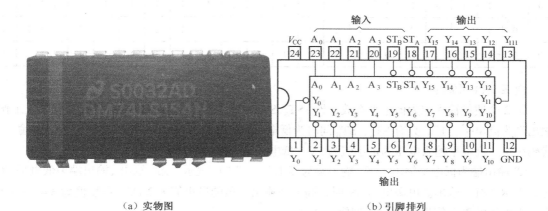

（a）实物图　　　　　　　　　　　　　　　（b）引脚排列

图 9.19　集成 4 线 −16 线译码器 74LS154

表 9.14　　　　　　　　　集成 4 线 - 16 线译码器 74LS154 的功能表

输　入						输　出															
ST_A	ST_B	A_3	A_2	A_1	A_0	Y_{15}	Y_{14}	Y_{13}	Y_{12}	Y_{11}	Y_{10}	Y_9	Y_8	Y_7	Y_6	Y_5	Y_4	Y_3	Y_2	Y_1	Y_0
0	1	×	×	×	×	1	1	1	1	1	1	1	1	1	1	1	1	1	1	1	1
1	0	×	×	×	×	1	1	1	1	1	1	1	1	1	1	1	1	1	1	1	1
1	1	×	×	×	×	1	1	1	1	1	1	1	1	1	1	1	1	1	1	1	1
0	0	0	0	0	0	1	1	1	1	1	1	1	1	1	1	1	1	1	1	1	0
0	0	0	0	0	1	1	1	1	1	1	1	1	1	1	1	1	1	1	1	0	1
0	0	0	0	1	0	1	1	1	1	1	1	1	1	1	1	1	1	1	0	1	1
0	0	0	0	1	1	1	1	1	1	1	1	1	1	1	1	1	1	0	1	1	1
0	0	0	1	0	0	1	1	1	1	1	1	1	1	1	1	1	0	1	1	1	1
0	0	0	1	0	1	1	1	1	1	1	1	1	1	1	1	0	1	1	1	1	1
0	0	0	1	1	0	1	1	1	1	1	1	1	1	1	0	1	1	1	1	1	1
0	0	0	1	1	1	1	1	1	1	1	1	1	1	0	1	1	1	1	1	1	1
0	0	1	0	0	0	1	1	1	1	1	1	1	0	1	1	1	1	1	1	1	1

续表

输入						输出															
ST_A	ST_B	A_3	A_2	A_1	A_0	Y_{15}	Y_{14}	Y_{13}	Y_{12}	Y_{11}	Y_{10}	Y_9	Y_8	Y_7	Y_6	Y_5	Y_4	Y_3	Y_2	Y_1	Y_0
0	0	1	0	0	1	1	1	1	1	1	1	0	1	1	1	1	1	1	1	1	1
0	0	1	0	1	0	1	1	1	1	1	0	1	1	1	1	1	1	1	1	1	1
0	0	1	0	1	1	1	1	1	1	0	1	1	1	1	1	1	1	1	1	1	1
0	0	1	1	0	0	1	1	1	0	1	1	1	1	1	1	1	1	1	1	1	1
0	0	1	1	0	1	1	1	0	1	1	1	1	1	1	1	1	1	1	1	1	1
0	0	1	1	1	0	1	0	1	1	1	1	1	1	1	1	1	1	1	1	1	1
0	0	1	1	1	1	0	1	1	1	1	1	1	1	1	1	1	1	1	1	1	1

由表 9.14 可知：

①2 个使能输入端为低电平有效。即：ST_A、ST_B 有一个为高电平"1"时，译码器就禁止工作，输出端为高电平"1"。只有 ST_A、ST_B 同时为低电平"0"时，译码器才可以工作，输出由输入的代码决定。高电平输入电压的最小值为 2V，低电平输入电压的最大值为 0.8V。

②输出端为低电平输出。即：输出端为高电平"1"时，表示"无"输出；输出端为低电平"0"时，表示"有"输出。电源电压 5V 时，高电平输出电压的最小值为 2.7V，典型值为 3.4V；低电平输出电压的最大值为 0.4V，典型值为 0.25V。

二、二—十进制译码器

二—十进制译码器的功能是将 BCD 码翻译成 10 个输出信号，对应于原编码的输入信号。由于有 4 位输入、10 个输出，通常称为 4 线 - 10 线译码器。在实际应用中，集成 4 线 - 10 线译码器有 74LS42、74LS43 等，其中 74LS42 为 8421BCD 码译码器。

74LS42 的实物图、引脚排列、逻辑符号如图 9.20 所示，其功能表如表 9.15 所示。

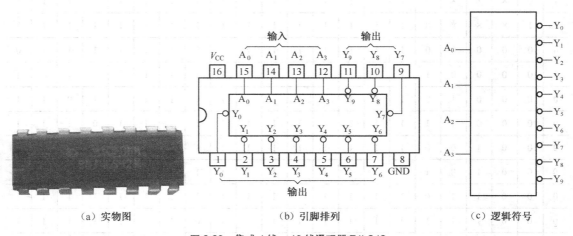

(a) 实物图　　　　　　　　(b) 引脚排列　　　　　　　　(c) 逻辑符号

图 9.20　集成 4 线 - 10 线译码器 74LS42

表 9.15　　　　　　　　　　　集成 4 线 - 10 线译码器 74LS42 的功能表

编号	输入				输出									
	A_3	A_2	A_1	A_0	Y_9	Y_8	Y_7	Y_6	Y_5	Y_4	Y_3	Y_2	Y_1	Y_0
0	0	0	0	0	1	1	1	1	1	1	1	1	1	0
1	0	0	0	1	1	1	1	1	1	1	1	1	0	1
2	0	0	1	0	1	1	1	1	1	1	1	0	1	1
3	0	0	1	1	1	1	1	1	1	1	0	1	1	1
4	0	1	0	0	1	1	1	1	1	0	1	1	1	1
5	0	1	0	1	1	1	1	1	0	1	1	1	1	1
6	0	1	1	0	1	1	1	0	1	1	1	1	1	1
7	0	1	1	1	1	1	0	1	1	1	1	1	1	1
8	1	0	0	0	1	0	1	1	1	1	1	1	1	1
9	1	0	0	1	0	1	1	1	1	1	1	1	1	1
废弃	1	0	1	0	1	1	1	1	1	1	1	1	1	1
	1	0	1	1	1	1	1	1	1	1	1	1	1	1
	1	1	0	0	1	1	1	1	1	1	1	1	1	1
	1	1	0	1	1	1	1	1	1	1	1	1	1	1
	1	1	1	0	1	1	1	1	1	1	1	1	1	1
	1	1	1	1	1	1	1	1	1	1	1	1	1	1

由表 9.15 可知：

① 4 个输入端共有 16 个输入组合，其中 0 ～ 9 为有效输入，其余为无效输入。当无效输入时，输出端全为高电平“1”，即没有输出。高电平输入电压的最小值为 2V，低电平输入电压的最大值为 0.8V。

② 输出端为高电平“1”时，表示“无”输出；输出端为低电平“0”时，表示“有”输出。即：输出端为低电平输出。电源电压 5V 时，高电平输出电压的最小值为 2.7V，典型值为 3.4V；低电平输出电压的最大值为 0.4V，典型值为 0.25V。

三、显示译码器

在数字电路中，经常需要把数字、符号、文字等编码后的代码翻译成人们熟悉的形式直观地显示出来。能够实现显示译码的组合逻辑电路称为显示译码器。通常，需要显示译码时，电路由两部分组成：一部分是显示器件；另一部分是译码器件。

看一看　按图 9.21 所示连接好电路，接通电源；操作开关 S_3 ～ S_0，设置 8421BCD 码输入，观察数码管显示的数码。

实验现象

闭合开关 S_3 ～ S_0，观察到数码管显示的数码是“0”。断开开关 S_0，观察到数码管显示的数码是“1”。闭合开关 S_0、断开开关 S_1，观察到数码管显示的数码是“2”。依次类推，可观察到数

码管显示的数码分别是"3"、"4"…"9"。

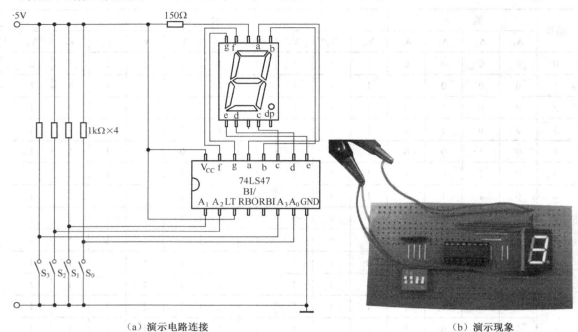

（a）演示电路连接

（b）演示现象

图 9.21 显示译码演示

知识探究

1. 显示器件

　　显示器件用来显示所需的数字、符号、文字等。显示器件有多种，常用的有 LED 数码管（显示数字）、LED 阵列（显示符号、文字）等，如图 9.22 所示。LED 阵列超出了本书的要求，不作介绍，有兴趣的读者可查阅相关资料。

　　LED 数码管的内部相当于有 7 段发光二极管，排列成"日"字形，通过点亮不同段的发光二极管，显示出相应的数字，如图 9.23 所示。

（a）LED 数码管　　　（b）LED 阵列

图 9.22 显示器件

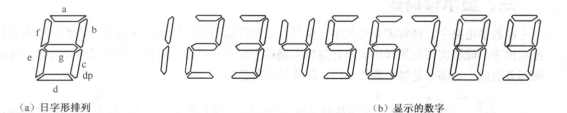

（a）日字形排列

（b）显示的数字

图 9.23 LED 数码管显示的数字

　　在实际应用中，LED 数码管有共阳极、共阴极两种。共阳极数码管内 7 段发光二极管的正极连接在一起后，引出一个引脚，7 段发光二极管的负极分别引出一个引脚，各引脚的排列和内部连接示意图如图 9.24 所示。

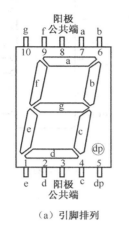
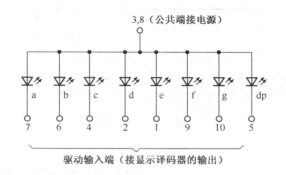

（a）引脚排列　　　　　　　　（b）内部连接示意图

图 9.24　共阳极 LED 数码管

　　共阴极数码管内 7 段发光二极管的负极连接在一起后，引出一个引脚，7 段发光二极管的正极分别引出一个引脚，各引脚的排列和内部连接示意图如图 9.25 所示。

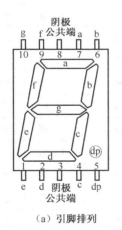
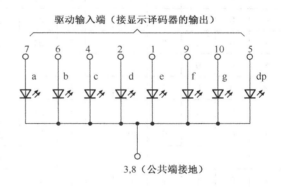

（a）引脚排列　　　　　　　　（b）内部连接示意图

图 9.25　共阴极 LED 数码管

2．显示译码器

　　显示译码器需要与显示器件配合才能实现显示译码功能。与 LED 数码管配合，实现显示译码功能的常用显示译码器有 74LS47、74LS247、74LS48 等。由于有 4 位输入、7 个输出，通常称为 4 线 - 7 线译码器。

　　（1）74LS47

　　74LS47、74LS247 的引脚排列相同，如图 9.26 所示。它们的区别只是显示"6"、"9"的字形不同，74LS47 显示的字形是"┗"、"┓"，而 74LS247 显示的字形是"┗"、"┛"。74LS47 的功能表如表 9.16 所示。

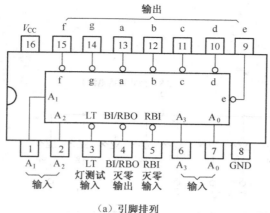

（a）引脚排列

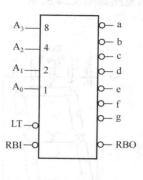

（b）逻辑符号

图 9.26　4 线－7 线译码器 74LS47

表 9.16　　　　　　　　　　　74LS47 的功能表

输　　入							输　　出							
LT	RBI	A_3	A_2	A_1	A_0	BI/RBO	a	b	c	d	e	f	g	显示
×	×	×	×	×	×	0	断	断	断	断	断	断	断	
0	×	×	×	×	×	1	通	通	通	通	通	通	通	8
1	0	0	0	0	0	0	断	断	断	断	断	断	断	
1	1	0	0	0	0	1	通	通	通	通	通	通	断	0
1	×	0	0	0	1	1	断	通	通	断	断	断	断	1
1	×	0	0	1	0	1	通	通	断	通	通	断	通	2
1	×	0	0	1	1	1	通	通	通	通	断	断	通	3
1	×	0	1	0	0	1	断	通	通	断	断	通	通	4
1	×	0	1	0	1	1	通	断	通	通	断	通	通	5
1	×	0	1	1	0	1	断 *	断	通	通	通	通	通	6
1	×	0	1	1	1	1	通	通	通	断	断	断	断	7
1	×	1	0	0	0	1	通	通	通	通	通	通	通	8
1	×	1	0	0	1	1	通	通	通	断 *	断	通	通	9

注：星号"*"处，对 74LS247 而言，将"断"替换为"通"。

由表 9.16 可知，各引脚的功能如下。

① 消隐输入端 BI 的控制级别最高，用于降低数码显示系统的功耗，只要 BI 为低电平"0"输入，不管其他输入引脚是什么状态，输出端相当于断开，与之对应的各段发光二极管熄灭不显示。BI 的低电平输入电压最大值为 0.8V。

② 灯测试输入端 LT 用于测试数码管各端发光二极管的好坏。当 LT 为低电平"0"输入时，7 段发光二极管全亮，说明数码管是好的。正常使用时，LT 应输入高电平"1"。高电平输入电压的最小值为 2V。

③灭零输入端 RBI 用于接受来自高位的灭零信号。当 RBI 为低电平"0"、LT 为高电平"1"时，如果 8421BCD 码输入端输入为"0000"，则输出的数码为"0"，但这个数码"0"不显示；如果高位不要求低位灭零，即 RBI 输入高电平"1"，则数码"0"就被显示出来了。

④灭零输出端 RBO 用于灭零指示。在多位数码显示系统中，当本位输入的 8421BCD 码为 0000，并要求输出的数码"0"熄灭时，RBO 输出为低电平"0"，该低电平被引向低位的灭零输入端 RBI，允许低一位灭零。反之，若 RBO 输出为高电平"1"，说明本位处于显示状态，不允许低位灭零。电源电压为 5V 时，输出高电平最小值为 2.7V，典型值为 3.4V；输出低电平最大值为 0.4V，典型值为 0.25V。灭零输出端与消隐输入端共用一个引脚。

⑤输出端输出为"断"时，数码管对应段的发光二极管没有接通，不亮；输出端输出为"通"时，数码管对应段的发光二极管接通，显示数码。

74LS47 为低电平输出显示译码器，需要与共阳极数码管搭配使用，应用电路如图 9.21 所示。

（2）74LS48

74LS48 的实物图、引脚排列和逻辑符号如图 9.27 所示，其功能表如表 9.17 所示。

（a）实物图

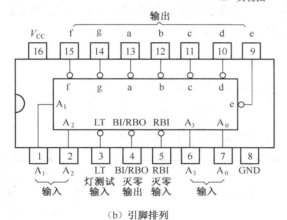

（b）引脚排列

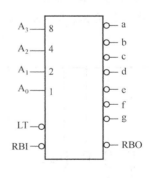

（c）逻辑符号

图 9.27　4 线 -7 线译码器 74LS48

表 9.17　　　　　　　　　　　　　　　74LS48 的功能表

输　　　入						输　　　　　出								
LT	RBI	A_3	A_2	A_1	A_0	BI/RBO	a	b	c	d	e	f	g	显示
×	×	×	×	×	×	0	0	0	0	0	0	0	0	
0	×	×	×	×	×	1	1	1	1	1	1	1	1	8
1	0	0	0	0	0	1	0	0	0	0	0	0	0	

输入						输出								
LT	RBI	A_3	A_2	A_1	A_0	BI/RBO	a	b	c	d	e	f	g	显示
1	1	0	0	0	0	1	1	1	1	1	1	1	0	0
1	×	0	0	0	1	1	0	1	1	0	0	0	0	1
1	×	0	0	1	0	1	1	1	0	1	1	0	1	2
1	×	0	0	1	1	1	1	1	1	1	0	0	1	3
1	×	0	1	0	0	1	0	1	1	0	0	1	1	4
1	×	0	1	0	1	1	1	0	1	1	0	1	1	5
1	×	0	1	1	0	1	0	0	1	1	1	1	1	6
1	×	0	1	1	1	1	1	1	1	0	0	0	0	7
1	×	1	0	0	0	1	1	1	1	1	1	1	1	8
1	×	1	0	0	1	1	1	1	1	0	0	1	1	9

由表 9.17 可知，各引脚的功能如下。

① 各输入端功能与 74LS47 相同。

② 译码器输出端为高电平 "1" 时，点亮相应段的发光二极管，显示数码；输出端为低电平 "0" 时，相应段的发光二极管不亮。电源电压为 5V 时，输出高电平最小值为 2.7V，典型值为 3.4V；输出低电平最大值为 0.4V，典型值为 0.25V。

74LS48 为高电平输出显示译码器，需要与共阴极数码管配对使用，应用电路如图 9.28 所示。图 9.28 中，开关 S_3、S_2、S_1、S_0 用于设置 8421BCD 码输入。

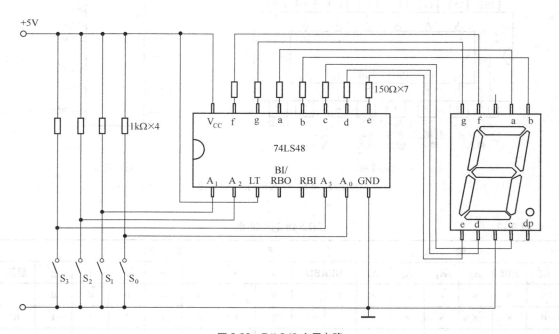

图 9.28　74LS48 应用电路

技 能 实 训

在实际生活中，能见到很多应用组合逻辑电路来解决实际问题的例子，比如家用抽水自动控制电路、水坝的水位报警控制器、裁判表决器、医院病房中的急救呼叫器等，本次技能实训有 2 个：制作 3 人表决器和搭建数码管显示电路。通过实训获得的技能，可以从事相关电子产品的安装、调试、维修及售后服务等工作。

实训 1　用与非门制作 3 人表决器

1. 实训目的

（1）掌握集成与非门 74LS00、74LS10 的引脚识别与使用。

（2）掌握组合逻辑电路的安装技巧与功能测试。

2. 器材准备（见表 9.18）

表 9.18　　　　　　　　　　　　实训器材

序　号	名　　称	规　　格	数　　量
1	集成与非门	74LS00、74LS10	各 1 块
2	电阻器	1kΩ/150Ω	4 只 /1 只
3	三极管	S9013	1 只
4	发光二极管	2EF	1 只
5	DIP 开关	4 位	1 只
6	直流稳压电源	5V	1 台
7	安装用电路板	20cm×10cm	1 块
8	连接导线、焊锡		若干
9	常用安装工具（电烙铁、尖嘴钳等）		1 套
10	万用表	MF47	1 块

3. 相关知识

在动手制作 3 人表决器前，先要完成 3 人表决器的逻辑电路设计。3 人表决器的输入是 3 个人的意愿，即"同意"或"不同意"。3 人表决器的输出是 3 个人的决议"通过"或"没通过"。3 人表决器实现的逻辑功能应是：有 2 人或 3 人同意时，表决的决议通过。若用 A、B、C 分别表示 3 个人的意愿，A、B、C 取值为"1"表示"同意"、取值为"0"表示"不同意"；用 Y 表示表决的结果，Y 取值为"1"表示"通过"、取值为"0"表示"没通过"。则可列出 3 人表决器的真值表如表 9.19 所示。

表 9.19	3 人表决器的真值表		
A	**B**	**C**	**Y**
0	0	0	0
0	0	1	0
0	1	0	0
0	1	1	1
1	0	0	0
1	0	1	1
1	1	0	1
1	1	1	1

根据表 9.19 所示的真值表，写出逻辑函数表达式，并化简得

$$Y = AB + BC + AC$$

对上式两次取非，得

$$Y = \overline{\overline{AB} \cdot \overline{BC} \cdot \overline{AC}}$$

由此可知，制作 3 人表决器需要 3 个 2 输入端的与非门和 1 个 3 输入端的与非门。若用开关"闭合"表示"0"输入、开关"断开"表示"1"输入，A、B、C 分别对应 S_1、S_2、S_3；用发光二极管"亮"表示"通过"、发光二极管"不亮"表示"没通过"，则 3 人表决器的制作电路如图 9.29 所示。

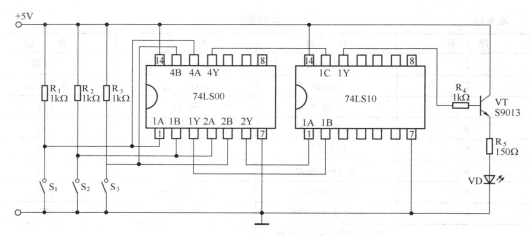

图 9.29　3 人表决器制作电路

4. 内容与步骤

（1）根据图 9.29 所示的电路，列出元器件清单，备好元器件，检查各元器件的好坏。

（2）根据图 9.29 所示的电路，画出装配图。在确定集成块引脚的连线时，应注意所选的引脚必须属于同一个与非门。

（3）根据装配图完成电路安装。

（4）检查电路安装是否正确。主要检查三极管、发光二极管的引脚是否装错，集成块引脚之间是否搭焊等。

（5）检查无误后，接通电源。

（6）根据表 9.20 所示，完成 3 人表决器的逻辑功能测试。

表 9.20　　　　　　　　　　　3 人表决器逻辑功能测试表

S_1	S_2	S_3	VD	Y
断开	断开	断开		
断开	断开	闭合		
断开	闭合	断开		
断开	闭合	闭合		
闭合	断开	断开		
闭合	断开	闭合		
闭合	闭合	断开		
闭合	闭合	闭合		

（7）实训结束后，整理好本次实训所用的器材、仪表，清洁工作台，打扫实训室。

5. 问题讨论

（1）与非门的低电平输入值、高电平输入值有什么要求？输出低电平、输出高电平是多少？

（2）若用开关"闭合"表示"1"输入、开关"断开"表示"0"输入，应如何修改制作电路。

（3）能否用或非门制作 3 人表决器？如果能用或非门制作 3 人表决器，画出制作电路。

6. 实训总结

（1）将测试结果和 3 人表决器的真值表进行比较，判断 3 人表决器是否实现了表决功能。

（2）测试过程中若遇到故障，说明故障现象，分析产生故障的原因，提出解决方法。

（3）填写表 9.21。

表 9.21　　　　　　　　　　　实训评价表

课　题							
班　级		姓　名		学　号		日　期	
训练收获							
训练体会							
训练评价	评定人	评语			等级		签名
	自己评						
	同学评						
	老师评						
	综合评定等级						

实训 2　搭接数码管显示电路

1. 实训目的

（1）掌握显示译码器 74LS47 的引脚识别与使用。

（2）掌握数码管引脚的识别与选用。

（3）学会搭接数码管显示电路。

2. 器材准备（见表9.22）

表9.22 实训器材

序　号	名　称	规　格	数　量
1	显示译码器	74LS47	1块
2	排阻／电阻器	1kΩ（5引脚）/150Ω	1只/1只
3	共阳极数码管		1只
4	DIP开关	4位	1只
5	直流稳压电源	5V	1台
6	安装用电路板	20cm×10cm	1块
7	连接导线、焊锡		若干
8	常用安装工具（电烙铁、尖嘴钳等）		1套
9	万用表	MF47	1块

3. 相关知识

74LS47输出端的两个状态一个是"接通"，另一个是"断开"。"接通"时，输出端为低电压输出，最大值为0.4V、典型值为0.25V，允许的电流为24mA；"断开"时，输出端为小电流输出，电流只有250μA。在5V电源供电的情况下，断开时的输出电压典型值仍为3.4V。

搭接数码管显示电路有两个关键点，一是显示译码器与数码管的匹配；二是显示译码器的引脚与数码管引脚的匹配。当选择显示译码器74LS47时，必须用共阳极数码管与之匹配。由于显示译码器的引脚排列与数码管的引脚排列一致性不好，安装时会出现连接导线交叉，因此应合理布置元件的位置，尽量减少交叉线。此外，74LS47接通时允许的电流为24mA，数码管相应段发光二极管的导通电压约2V，在电源电压为5V时，限流电阻应不小于120Ω。注意到这些方面后，搭接的数码管显示电路如图9.30所示。图中，用4只开关模拟8421BCD码输入，可用1只4位DIP开关来实现。

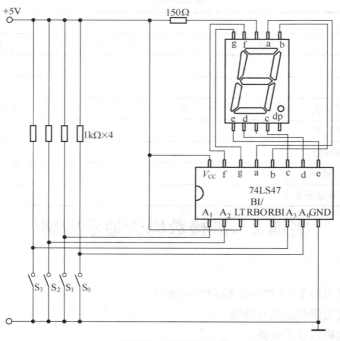

图9.30 数码显示电路

4. 内容与步骤

（1）根据图 9.30 所示的电路，列出元件清单，备好元件，检查各元件的好坏。

① 列材料清单时，应注明元件参数。替换元件的性能参数应优于电路中的元件。对选择的元件要进行质量检测。

② 检测数码管质量的好坏。先外观检测，对数码管进行外观简单检查，观察外部颜色是否均匀，外观是否损坏变形，引线是否正常，有无开焊、断裂现象等；再用万用表检测，将挡位开关置于电阻挡 R×10kΩ 处，用黑表笔接数码管的公共阳极，红表笔分别接触其他引脚，观察数码管是否微微发光。

（2）根据图 9.30 所示的电路，画出装配图。在确定集成块引脚的连线时，应注意所选的显示译码器的引脚必须与数码管的引脚匹配。

（3）根据装配图完成电路安装。

（4）检查电路安装是否正确。主要检查显示译码器与数码管匹配的引脚是否装错，集成块引脚之间是否搭焊等。

（5）检查无误后，接通电源。

（6）根据 8421BCD 码编码规则，依次拨动 DIP 开关，观察数码管显示的数码是否与输入的 8421BCD 码一致。

（7）实训结束后，整理好本次实训所用的器材、仪表，清洁工作台，打扫实训室。

5. 问题讨论

（1）如果显示译码器选用 74LS48，应如何搭接数码显示电路？

（2）如果拨动 DIP 开关输入的二进制码超出了 8421BCD 码范围，会出现什么现象？试分析观察到现象的原因。

6. 实训总结

（1）根据输入的 8421BCD 码和观察到的现象，归纳出显示译码真值表。

（2）测试过程中若遇到故障，说明故障现象，分析产生故障的原因，提出解决方法。

（3）填写表 9.23。

表 9.23　　　　　　　　　　　实训评价表

课　题							
班　级		姓　名		学　号		日　期	
训练收获							
训练体会							
训练评价	评定人	评语			等级		签名
	自己评						
	同学评						
	老师评						
	综合评定等级						

（1）本单元重点介绍了组合逻辑电路的基础知识，典型组合逻辑部件编码器、译码器的识别与使用，常用数码显示器件的识别与使用。

（2）组合逻辑电路的输出只与当时的输入有关，而与电路以前的状态无关。输出与输入的关系具有即时性，不具备记忆功能。

（3）组合逻辑电路分析的步骤是：根据给定的逻辑电路，写出逻辑函数表达式；化简逻辑函数表达式；列真值表；判断逻辑电路的逻辑功能。

（4）组合逻辑电路设计的步骤是：根据给定的实际逻辑问题，列出真值表；写出逻辑函数表达式；化简逻辑函数；画出逻辑图。

（5）能够实现编码功能的组合逻辑电路称为编码器，常用的有二进制优先编码器和二—十进制优先编码器等。当有多个信号输入时，优先编码器对优先级高的输入信号优先编码。

（6）能够实现译码功能的组合逻辑电路称为译码器，常用的译码器有二进制译码器、二—十进制译码器、显示译码器等。显示译码时，显示译码器要与数码管搭配使用。共阳极的数码管与低电平输出的 74LS47 搭配，共阴极的数码管要与高电平输出的 74LS48 搭配。由于 74LS48 的价格比 74LS47 高很多，实训时通常选择共阳极的数码管与低电平输出的 74LS47 搭配。

一、填空题

1. 组合逻辑电路任何时刻的输出信号，仅与该时刻的输入信号_____，与电路以前的输入信号_____。

2. 编码器是指能够实现编码功能的组合逻辑电路。能够实现二进制编码功能的组合逻辑电路称为_____编码器，能够实现二—十进制编码功能的组合逻辑电路称为_____制编码器。

3. 一般而言，n 位编码器可以对_____个输入信号进行编码，即编码器有_____个输入、_____个输出。

4. 74LS48 使能端的作用是_____。

5. 能够实现显示译码的组合逻辑电路称为显示译码器。通常，需要显示译码时，电路由_____与_____两部分组成。

6. 共阳极的数码管输入信号是_____电平有效。

二、简答题

1. 组合逻辑电路特点是什么？如何对组合逻辑电路进行分析？

2. 什么是编码器？什么是译码器？为什么说编码是译码的逆过程？

3. 为了正确使用 74LS138 译码器，ST_B、ST_C 和 ST_A 必须处于什么状态？

4. 74LS47集成电路的功能是什么？与其相连接的7段显示器件应当选用共阳极还是共阴极？

三、分析设计题

1. 分析图 9.31 所示组合逻辑电路，要求：

（1）写出输出 Y_1、Y_2 的表达式；

（2）列出真值表；

（3）说明电路逻辑功能。

2. 用最少的与非门实现函数

$Y=AB+BC+AC+ABC+ABCD$。

3. 用与非门设计一个 4 变量表决电路。当变量 A、B、C、D 有 3 个或 3 个以上为 1 时，输出为 $Y=1$；输入为其他状态时，输出 $Y= 0$。

4. 选用 74LS48 搭建显示译码电路时，应如何选择数码管？画出逻辑电路，完成电路搭建。

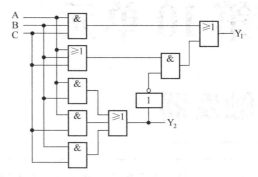

图 9.31　分析设计题 1 的图

第 10 单元

触发器

情 景 导 入

乘电梯时，控制面板上走动的箭头指示着电梯上、下的状态，跳动的数字指明电梯到达的楼层，如图 10.1 所示。那么，电梯是如何记住乘客上、下及所要到达的楼层呢？实现这些功能需要哪些知识和技能？

图 10.1 电梯控制面板

知 识 链 接

　　触发器是一种能存储一位二进制数码的基本电路，它能够自行保持"1"和"0"两个稳定的状态，又称为双稳态电路。在不同的输入信号作用下其输出可以置成1态或0态，且当输入信号消失后，触发器获得的新状态能保持下来。触发器是数字电路中广泛应用的器件之一，在计数器、智力抢答器、计算机、数码相机、数字式录音机中都能见到它。

第1节　RS触发器

　　RS触发器分为基本RS触发器、同步RS触发器两类，其中基本RS触发器是组成其他触发器的基础。

一、基本RS触发器

　　按图10.2所示连接电路，接通电源，观察开关S_1、S_2分别闭合、断开时，发光二极管的发光情况，记录下观察的结果。

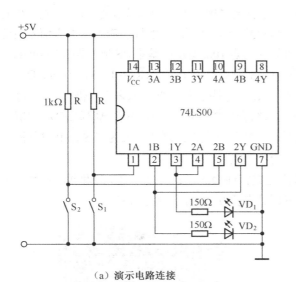

（a）演示电路连接

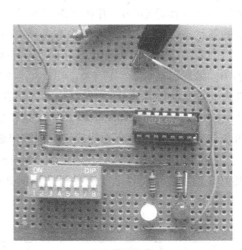

（b）演示现象

图10.2　基本RS触发器逻辑功能演示

实验现象

　　闭合S_2、断开S_1，发光二极管VD_1不亮，VD_2亮；断开S_2、闭合S_1，发光二极管VD_1亮，VD_2不亮；断开S_2、S_1，发光二极管VD_1保持原状态不变（原来亮的继续亮，原来不亮的仍不亮），发光二极管VD_2也保持原状态不变（原来不亮的仍不亮，原来亮的继续亮）。每次操作观察到的结果如表10.1所示，从实验现象中，可总结出该电路具有什么样的逻辑功能呢？

表 10.1 基本 RS 触发器逻辑功能演示记录表

S₂	S₁	VD₁	VD₂
闭合	断开	不亮	亮
断开	闭合	亮	不亮
断开	断开	保持原状态不变（亮或不亮）	保持原状态不变（不亮或亮）

知识探究

1. 基本 RS 触发器的电路组成

基本 RS 触发器又称为 RS 锁存器，逻辑电路如图 10.3（a）所示，有 2 个输入端 $\overline{R}_D$、$\overline{S}_D$，2 个互为对立的输出端 Q、$\overline{Q}$。通常，当 Q = 1、$\overline{Q}$= 0 时，称触发器处于 1 态；反之，当 Q = 0、$\overline{Q}$ = 1 时，称触发器处于 0 态。即：以 Q 端的状态作为触发器的状态。基本 RS 触发器的逻辑符号如图 10.3（b）所示，图中输入端的小圆圈表示触发信号为低电平有效。

2. 基本 RS 触发器的逻辑功能

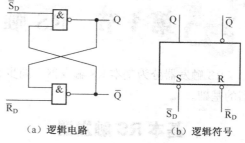

（a）逻辑电路　　　（b）逻辑符号

图 10.3　基本 RS 触发器

对比图 10.3（a）和图 10.2，如果将演示过程中：开关 S₁ 闭合看作是 $\overline{S}_D$= 0 输入，S₁ 断开看作是 $\overline{S}_D$ = 1 输入；开关 S₂ 闭合看作是 $\overline{R}_D$= 0 输入，S₂ 断开看作是 $\overline{R}_D$ = 1 输入；发光二极管 VD₁ 亮看作是 Q = 1，发光二极管 VD₁ 不亮看作是 Q = 0；发光二极管 VD₂ 亮看作是 $\overline{Q}$ =1，发光二极管 VD₂ 不亮看作是 $\overline{Q}$= 0。并将触发器的原状态标记为 Q^n（称为初态）；触发器输入端加入信号后建立的新状态标记为 Q^{n+1}（称为次态）。则表 10.1 可转换为表 10.2 所示的基本 RS 触发器逻辑功能表。

由表 10.2 可知：$\overline{R}_D$=0、$\overline{S}_D$=1 时，Q = 0，$\overline{Q}$ =1，触发器被置于"0"；$\overline{R}_D$=1、$\overline{S}_D$=0 时，Q = 1，$\overline{Q}$= 0，触发器被置于"1"；$\overline{R}_D$=1、$\overline{S}_D$=1 时，Q 与 $\overline{Q}$ 均保持不变，即 Q 原来为 0 仍然为 0，Q 原来为 1 仍然为 1。基本 RS 触发器输入端还有一种输入组合是 $\overline{R}_D$=0、$\overline{S}_D$=0，不管电路原来状态如何，Q = $\overline{Q}$=1，演示现象如图 10.4 所示，这种情况对触发器是不允许出现的。因为当 $\overline{S}_D$、$\overline{R}_D$ 撤除后，两个与非门的输出状态不能确定，即输出成为不定状态。

在实际应用中，触发器的逻辑功能表通常简化成特性表的形式。基本 RS 触发器的特性表如表 10.3 所示。由特性表很容易得知基本 RS 触发器具有置 0、置 1、保持功能。

表 10.2 基本 RS 触发器逻辑功能表

$\overline{R}_D$	$\overline{S}_D$	Q^n	Q^{n+1}	$\overline{Q}^{n+1}$
0	1	0	0	1
0	1	1	0	1
1	0	0	1	0
1	0	1	1	0
1	1	0	0	1
1	1	1	1	0

图 10.4　$\overline{R}_D$= 0、$\overline{S}_D$= 0 时的输出现象

表 10.3　　　　　　　　　　　　　基本 RS 触发器的特性表

$\overline{R}_D$	$\overline{S}_D$	Q^{n+1}	逻辑功能
0	1	0	置0
1	0	1	置1
1	1	Q^n	保持
0	0	不确定	禁用（不确定）

应用实例

防抖动开关电路

在调试数字电路时，经常要用到单脉冲信号，即按一下按钮只产生一个脉冲信号。由于按钮触点的金属片有弹性，因此按下按钮时触点常发生抖动，造成多个脉冲输出，给电路调试带来困难。用基本 RS 触发器和按钮可构成无抖动的开关电路，如图 10.5 所示。

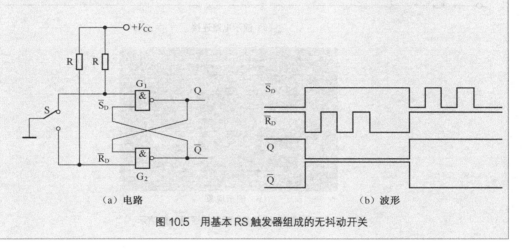

（a）电路　　　　　　　　　　　　　　　　（b）波形

图 10.5　用基本 RS 触发器组成的无抖动开关

二、同步 RS 触发器

看一看

　　按图 10.6 所示连接电路，接通电源，观察开关 S_0、S_1、S_2 闭合和断开时，发光二极管的发光情况，记下观察的结果。

实验现象

闭合 S_0，不论 S_1、S_2 断开还是闭合，发光二极管 VD_1、VD_2 的状态保持不变（原来亮的继续亮，原来不亮仍不亮）。断开 S_0，当断开 S_2、闭合 S_1 时，发光二极管 VD_1 亮，VD_2 不亮；当闭合 S_2、断开 S_1 时，发光二极管 VD_1 不亮、VD_2 亮；当闭合 S_2、S_1 时，发光二极管 VD_1、VD_2 的状态保持不变。为什么会出现这种现象呢？

知识探究

在数字电路中，为协调各部分的动作，常常要求某些触发器在同一时刻动作。因此，必须引入同步信号，使这些触发器只有在同步信号到达时才按输入信号改变状态。通常把这个同步信号叫做时钟脉冲，亦称为时钟信号，简称为时钟，用 CP 表示。时钟信号可以是正脉冲信号，也可以是负脉冲信号。当时钟信号为正脉冲时称高电平触发，当时钟信号为负脉冲时称低电平触发。

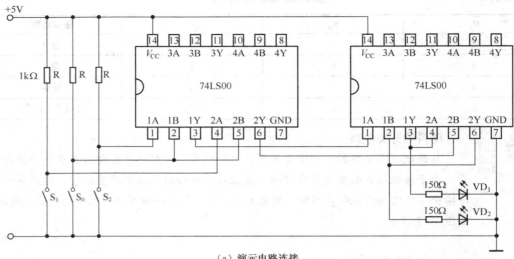

（a）演示电路连接

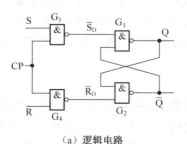

（b）演示现象

图 10.6　同步 RS 触发器逻辑功能演示

1.　同步 RS 触发器的电路组成

受时钟信号控制的触发器称为同步触发器，也称钟控触发器。同步 RS 触发器指受时钟信号控制的 RS 触发器，其逻辑电路如图 10.7（a）所示，有 3 个输入端 CP（时钟信号）、R（置"0"端）、S（置"1"端），2 个输出端 Q、$\overline{Q}$。图中，与非门 G_1、G_2 构成基本 RS 触发器，与非门 G_3、G_4 构成触发器的控制电路。同步 RS 触发器的逻辑符号如图 10.7（b）所示。

（a）逻辑电路

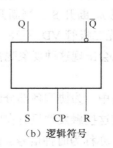

（b）逻辑符号

图 10.7　同步 RS 触发器

2. 同步 RS 触发器的逻辑功能

根据实验过程中观察到的现象，结合图 10.7（a）可知：CP = 0 时，不论 R 和 S 端输入如何，G_3 门和 G_4 门的输出均为高电平，基本 RS 触发器的 $\overline{S}_D = \overline{R}_D = 1$，触发器维持原来的状态不变；CP = 1 时，触发器才会由 R、S 端的输入状态来决定其输出状态。

在 CP = 1 期间，当 R = 0、S = 1 时，G_3 门输出为 "0"，向与非门 G_1 送一个置 "1" 的低电平，使 Q = 1。同时，与非门 G_4 输出为 "1"，使 $\overline{Q} = 0$，同步 RS 触发器被置 "1"。

当 R = 1、S = 0 时，G_4 门输出为 "0"，向与非门 G_2 送一个置 "1" 的低电平，使 $\overline{Q} = 1$。同时，与非门 G_3 输出为 "1"，使 Q = 0，同步 RS 触发器被置 "0"。

当 R = S = 0 时，G_3、G_4 门输出均为 "1"，基本 RS 触发器保持原状态不变，也就是同步 RS 触发器保持原状态。

当 R = S = 1 时，G_3、G_4 门输出均为 "0"，使 Q 和 $\overline{Q}$ 端都为 "1"，待时钟脉冲过后，触发器的状态是不确定的。因此，这种情况是不允许的。

综上所述，同步 RS 触发器的特性表如表 10.4 所示。

表 10.4　　　　　　　　　　同步 RS 触发器的特性表

CP	R	S	Q^{n+1}	逻辑功能
0	×	×	Q^n	保持
1	0	0	Q^n	保持
1	0	1	1	置1
1	1	0	0	置0
1	1	1	不确定	禁用

 归纳　　在同步触发器中，输入信号决定触发器输出的状态，时钟信号决定触发器状态改变的时刻。

 # 第 2 节　JK 触发器

在实际应用中，JK 触发器是以集成电路形式存在的。JK 触发器的功能较强，可以方便地转换成其他形式的触发器。JK 触发器作为一个基本的单元电路，也是组成某些逻辑部件的基础，如二—五—十进制计数器 74LS90。

一、JK 触发器的功能

 看一看　　按图 10.8 所示连接电路，接通电源，观察开关 S_0、S_1、S_2 闭合和断开时，发光二极管的发光情况，记下观察的结果。

207

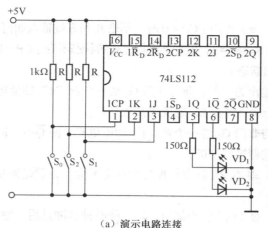
（a）演示电路连接

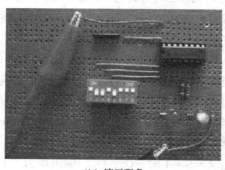
（b）演示现象

图 10.8　JK 触发器逻辑功能演示

实验现象

S_0 断开、闭合、由闭合到断开时，不论 S_1、S_2 断开还是闭合，发光二极管 VD_1、VD_2 的状态保持不变（原来亮的还是亮，原来不亮仍不亮）；S_0 由断开到闭合时，发光二极管 VD_1、VD_2 的状态取决于 S_1、S_2 是断开还是闭合。

在 S_0 由断开到闭合的瞬间，若 S_1 闭合、S_2 断开，发光二极管 VD_1 不亮，VD_2 亮；若 S_1 断开、S_2 闭合，发光二极管 VD_1 亮、VD_2 不亮；若 S_1 闭合、S_2 闭合，发光二极管 VD_1、VD_2 的状态保持不变；S_1 断开、S_2 断开，发光二极管 VD_1、VD_2 的状态发生改变，亮的变不亮、不亮的变亮。为什么会出现这种现象呢？

知识探究

1. 边沿触发器

为了提高触发器的可靠性，增强抗干扰能力，希望触发器的次态仅仅取决于 CP 脉冲的下降沿（或上升沿）到达时刻输入信号的状态，而在此时刻之前和之后输入状态的变化对触发器的次态均没有影响。能满足这种要求的触发器称为边沿触发器。

边沿触发时，在 CP 脉冲的下降沿，触发器的输出状态发生变化，称下降沿触发；反之，在 CP 脉冲的上升沿，触发器的输出状态发生变化，称上升沿触发。CP 脉冲下降沿触发时，用向下的箭头"↓"表示。CP 脉冲上升沿触发时，用向上的箭头"↑"表示。

2. JK 触发器特性表

在演示过程中观察到的现象，可归纳成表 10.5 所示的 JK 触发器的特性表。由表 10.5 可知，JK 触发器具有保持、置 0、置 1、翻转功能。

对采用上升沿触发的 JK 触发器，只要将表 10.5 中 CP 对应的箭头反向，即得其特性表。

3. 集成 JK 触发器

图 10.8 中的 74LS112 为 TTL 集成双 JK 触发器，采用下降沿触发，其逻辑符号如图 10.9 所示。74LS112 内部含有两个相同的 JK 触发器，每个触发器都带有异步控制端 $\overline{R}_D$、$\overline{S}_D$。只要在 $\overline{R}_D$ 或

$\overline{S}_D$ 端加入低电平 "0"（不能同时为 "0"），就可以立即将触发器置 "0" 或置 "1"，而不受时钟信号和输入信号的控制。通常，$\overline{S}_D$ 称为异步置位端，$\overline{R}_D$ 称为异步复位端。触发器在时钟信号控制下正常工作时，应使 $\overline{R}_D$、$\overline{S}_D$ 接高电平或悬空。

表 10.5　　　JK 触发器的特性表

CP	J	K	Q^{n+1}	逻辑功能
0, 1, ↑	×	×	Q^n	保持
↓	0	0	Q^n	保持
↓	0	1	0	置 0
↓	1	0	1	置 1
↓	1	1	$\overline{Q^n}$	翻转

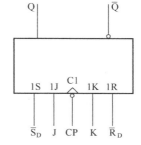

图 10.9　下降沿触发的 JK 触发器逻辑符号

采用上升沿触发的集成双 JK 触发器有 HCF4027、CD4027 等，它们属于 CMOS 电路。图 10.10 所示是 HCF4027 的实物、引脚排列和逻辑符号图。HCF4027、CD4027 的异步控制端为高电平 "1" 有效，正常使用时应接低电平 "0"。

（a）实物图

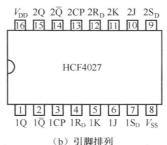

（b）引脚排列

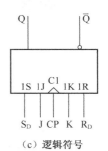

（c）逻辑符号

图 10.10　上升沿触发的集成 JK 触发器 HCF4027

　提示　　　逻辑图中 CP 端 "∧" 下有小圆圈时表示是下降沿触发，没有小圆圈时表示上升沿触发。异步控制端有小圆圈时表示低电平 "0" 有效，正常使用时应接高电平 "1"；没有小圆圈时表示高电平 "1" 有效，正常使用时应接低电平 "0"。

二、JK 触发器的应用

JK 触发器的应用比较广泛，可以组成 D 触发器、计数器等。当 JK 触发器的 J、K 端连接在一起时，就组成了具有新功能的 D 触发器。

图 10.11（a）所示是由 JK 触发器组成的异步二—五—十进制计数器 74LS90，其内部逻辑电路如图 10.11（b）所示，由 4 个 JK 触发器连接而成。计数器的识别和使用将在后续单元介绍。

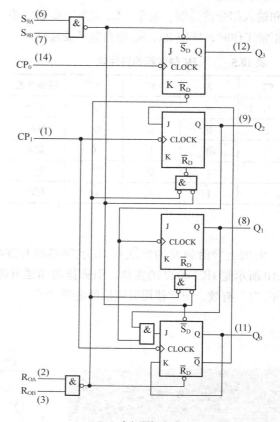

（a）74LS90　　　　　　　　　　　（b）内部逻辑电路

图 10.11　JK 触发器的应用

*第3节　D 触发器

一、D 触发器的功能

按图 10.12 所示连接电路，接通电源，观察开关 S_1、S_2 闭合和断开时，发光二极管的发光情况，记下观察的结果。

实验现象

S_1 闭合、断开、由断开到闭合（CP 为 0、1、↓）时，不论 S_2 断开还是闭合，发光二极管 VD_1、VD_2 的状态始终保持不变（原来亮的还是亮，原来不亮的仍不亮）；S_1 由闭合到断开（CP 为 ↑）时，发光二极管 VD_1、VD_2 的状态取决于 S_2 是断开还是闭合。

在 S_1 由闭合到断开瞬间（CP 为↑），若 S_2 闭合，发光二极管 VD_1 不亮，VD_2 亮；S_2 断开，发光二极管 VD_1 亮、VD_2 不亮。从这种现象中，能得到什么结论呢？

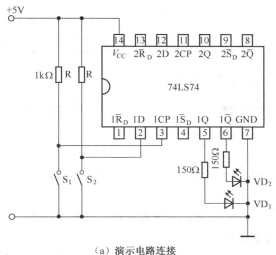

（a）演示电路连接

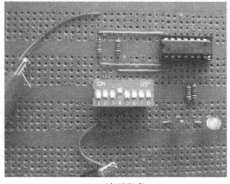

（b）演示现象

图 10.12　D 触发器逻辑功能演示

知识探究

1．D 触发器特性表

由演示过程中观察到的现象可知，D 触发器的输出状态，仅取决于 CP 上升沿时输入端 D 的状态。若 D = 0，则 Q = 0；若 D = 1，则 Q = 1。D 触发器的特性表如表 10.6 所示。

对采用下降沿触发的 D 触发器，只要将表 10.6 中 CP 对应的箭头反向，即得其特性表。

2．集成 D 触发器

图 10.12 中的 74LS74 为 TTL 集成双 D 触发器，采用上升沿触发，逻辑符号如图 10.13 所示。74LS74 内部每个 D 触发器的异步控制端 $\overline{R}_D$、$\overline{S}_D$ 为低电平有效。当 $\overline{S}_D = 0$、$\overline{R}_D = 1$ 时，立即将触发器置位为 Q = 1；当 $\overline{S}_D = 1$、$\overline{R}_D = 0$ 时，立即将触发器复位为 Q = 0。

表 10.6　　　　D 触发器的特性表

CP	D	Q^{n+1}	逻辑功能
0，1，↓	×	Q^n	保持
↑	0	0	置 0
↑	1	1	置 1

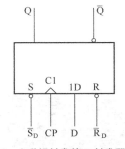

图 10.13　上升沿触发的 D 触发器逻辑符号

图 10.14（a）所示是 CMOS 集成双 D 触发器 CD4013 的实物图，其引脚排列和逻辑符号如图 10.14（b）、（c）所示，采用上升沿触发。异步置 0、置 1 采用高电平，正常使用时，应接低电平。

(a) 实物图

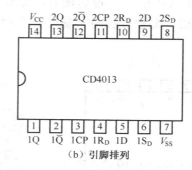

(b) 引脚排列

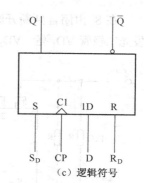

(c) 逻辑符号

图 10.14 CMOS 集成双 D 触发器 CD4013

 注意

异步输入端低电平有效时，不允许 $\overline{S}_D = 0$、$\overline{R}_D = 0$ 同时出现，触发器在时钟信号控制下正常工作时，应使 $\overline{S}_D$、$\overline{R}_D$ 接高电平或悬空。

异步输入端高电平有效时，不允许 $S_D = 1$、$R_D = 1$ 同时出现，触发器在时钟信号控制下正常工作时，应使 S_D、R_D 接低电平。

二、D 触发器的应用

在实际应用中，D 触发器的使用也比较广泛。用 D 触发器可以组成寄存器、抢答器、计数器等功能性器件。图 10.15（a）所示是由 D 触发器组成的集成寄存器 74LS175，其内部逻辑电路如图 10.15（b）所示。74LS175 的逻辑功能和使用在后续单元介绍。

（a）74LS175 芯片

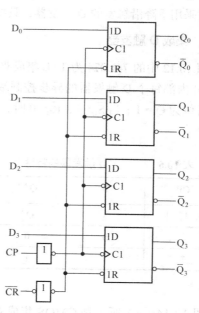

（b）74LS175 芯片内部电路组成

图 10.15 D 触发器的应用

技 能 实 训

 岗位描述

　　在实际生活中，简易电子产品的设计制作不仅能够充分展现出一个人的聪明才干，而且能够提供到电子企业相关部门就业的机会。本次实训是制作四人抢答器，分两步来实现，元件配备与检测，对应生产该电子元件企业的生产制作和质量检验部门相关岗位；抢答电路的安装与调试，对应相关电子产品（指用到实训中元件的产品，比如计算机、打印机、复印机、电磁炉、报警器、电子玩具、汽车电子设备、电话机、定时器等电子产品中的发声器都用到了蜂鸣器）生产过程中的插件、焊接、质量控制，以及产品的销售、相关部件的维修、售后服务等岗位。

实训　制作4人抢答器

1. 实训目的

（1）掌握集成 D 触发器、与非门及发光二极管的使用方法。

（2）熟悉4人抢答器的工作过程。

（3）掌握数字电路的安装技巧、调试和简单故障排除方法。

2. 器材准备（见表 10.7）

表 10.7　　　　　　　　　　　实训器材

序　号	名　称	规　格	数　量
1	发光二极管	2EF	4只
2	二极管	1N4001	1只
3	三极管	S9013	1只
4	电阻器	150Ω	4只
5	电阻器	1kΩ	4只
6	排阻	1kΩ（5引脚）	1只
7	DIP 开关	4位	2只
8	集成与非门	74LS20	1块
9	集成与非门	74LS00	1块
10	集成 D 触发器	74LS74	2块
11	蜂鸣器	2kHz	1只
12	直流稳压电源	+5V	1台
13	安装用电路板	20cm×10cm	1块
14	连接导线、焊锡		若干
15	常用安装工具（电烙铁、尖嘴钳等）		1套
16	万用表	MF47	1块

3. 相关知识

4人抢答器电路如图10.16所示，由2片双D触发器74LS74组成，每个触发器的输出接一只发光二极管，指示成功抢答的组别。抢答开始前，由主持人按下复位开关S，触发器全部清0，2片双D触发器74LS74的输出端Q全为0，所有发光二极管均不亮。当主持人宣布"抢答开始"后，抢答者按下开关，对应的发光二极管点亮，显示抢答的组别，并发出声音提示。同时，抢答成功组对应的D触发器通过与非门G_2送出信号锁住其余3个抢答者的电路，不再接收其他信号，直到主持人再次按下复位开关S，清除抢答信号为止。

4. 内容与步骤

（1）根据图10.16所示的电路，列出元件清单，备好元件，检查各元件的好坏。

操作指导

① 列材料清单时，应注明元件参数。替换元件的性能参数应优于电路中的元件。对选择的元件要进行质量检测。

② 检测蜂鸣器质量的好坏，用万用表电阻挡R×1Ω挡测试：用黑表笔接蜂鸣器"+"引脚，红表笔在另一引脚上来回碰触，如果触发出咔、咔声表示蜂鸣器质量较好，否则，蜂鸣器不能使用。

（2）根据图10.16所示的电路，画出装配图。

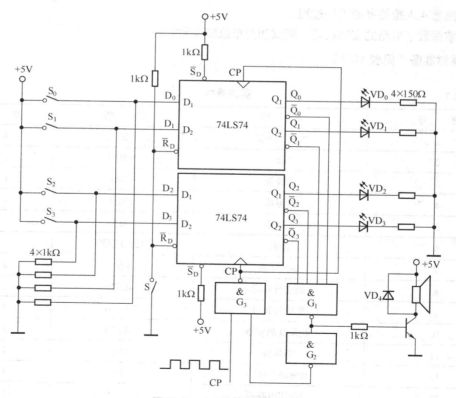

图10.16 4人抢答器逻辑电路

操作指导

画装配图时，关键是元件的布局要合理，不允许出现交叉线。无法避免交叉线时，可在电路板的安装面用跳线实现两点之间的连接。其次还要考虑电路安装的安全、经济、美观等方面。

（3）根据装配图完成电路安装。

（4）检查电路安装是否正确。主要检查各元件的位置是否装错，集成块引脚之间是否搭焊等。

操作指导

按照电路安装时所分的几个小单元电路，依次检查。

（5）检查无误后，接通电源，CP端接矩形脉冲，矩形脉冲的频率约 1kHz。

（6）抢答功能调试。

① 闭合 S，观察发光二极管是否全部不亮。若是全部不亮，进行下一步调试。否则，检修电路，直至发光二极管全部不亮。

操作指导

如果发光二极管亮，检查开关 S 端接地是否良好。如果是，接着检查发光二极管接的位置、极性是否有错，直到排除故障

② 断开 S、闭合 S_0，观察蜂鸣器是否发声、是否只有 VD_0 亮。若是，进行下一步调试。否则检修电路，直至蜂鸣器发声、只有 VD_0 亮。

操作指导

如果蜂鸣器不发声，出现该故障表示蜂鸣器驱动电路或者蜂鸣器本身出现问题，因此故障范围定位在蜂鸣器驱动电路（三极管）、蜂鸣器本身及主控集成电路（74LS74、74LS20）上，用万用表逐个检查，排除故障。

如果不只有发光二极管 VD_0 亮，检查亮的发光二极管接的位置是否有错，极性有无接反，直至情况正常。

③ 分别闭合 S_1、S_2、S_3，观察蜂鸣器、发光二极管发光状态是否变化。如无变化，S_0 对应的组别调试成功。否则，检修电路，直至蜂鸣器发声、只有发光二极管 VD_0 亮。

操作指导

如果蜂鸣器、发光二极管发光状态有变化，检查变亮的发光二极管接的位置和极性有无错误，G_1 门的输入端接的位置是否有错。

④ 参照 S_0 组别的测试，分别调试 S_1、S_2 和 S_3 对应的组别。

（7）实训结束后，整理好本次实训所用的器材、仪表，清洁工作台，打扫实训室。

5. 问题讨论

（1）如果用 JK 触发器实现 4 人抢答器，应如何修改电路，画出逻辑电路。

（2）如果制作 6 人抢答器，制作的难点是什么？

6. 实训总结

（1）画出实训电路装配图。

（2）记录实验现象，并进行分析、总结。

（3）调试过程中若遇到故障，说明故障现象，分析产生故障的原因，提出解决方法。

（4）填写表 10.8。

表 10.8　　　　　　　　　　　　**实训评价表**

课题							
班级		姓名		学号		日期	
训练收获							
训练体会							
训练评价	评定人	评 语			等级		签名
	自己评						
	同学评						
	老师评						
	综合评定等级						

单元小结

（1）本单元重点介绍了 RS 触发器的基本逻辑功能，集成 JK 触发器的识别、逻辑功能及应用，集成 D 触发器的识别、逻辑功能及应用。

（2）触发器具有记忆功能，有两种可能的稳定状态，0 态或 1 态。触发器的输入决定触发器的状态，时钟脉冲决定触发器状态变化的时刻。

（3）根据电路结构不同，触发器分为基本 RS 触发器、同步 RS 触发器和边沿触发器等。根据逻辑功能不同，触发器分为 RS 触发器、JK 触发器和 D 触发器等。

（4）基本 RS 触发器是构成其他触发器的基础，它的结构最简单。JK 触发器和 D 触发器是最常用的两种触发器。D 触发器结构比较简单，功能单一。JK 触发器是多功能触发器，可以方便地构成 D 触发器、计数器、寄存器等功能性器件。

（5）集成触发器产品通常为 D 触发器和 JK 触发器。在选用集成触发器时，不仅要知道它的逻辑功能，还必须知道它的触发方式，只有这样，才能正确地使用好触发器。

思考与练习

一、填空题

1. 触发器具有_____种稳定状态。在输入信号消失后，能保持输出状态不变，也就是说它具有_____功能。在适当触发信号作用下，从一个稳态变为另一个稳态，触发器可作为_____进制信息存储单元。

2. RS 触发器可分为基本_____触发器、_____触发器两类。

3. 钟控触发器也称同步触发器,钟控触发器状态的变化不仅取决于_____信号的变化,还取决于_____的作用。

4. 在时钟脉冲控制下,JK 触发器 J 端和 K 端输入不同组合的信号时,能够具有_____、_____、_____、_____的功能。

5. 在实际应用中,为了确保数字系统可靠工作,要求触发器来一个 CP 至多翻转一次。对于_____触发器来说,这就意味着在 CP=1 期间,必须保持输入信号稳定不变,否则,触发器状态将在此期间发生_____。

6. 边沿 D 触发器具有_____、_____的功能。

7. 74LS112 芯片内部含有两个相同的_____触发器,采用_____沿触发。

8. 74LS74 芯片为 TTL 集成双_____触发器,采用_____沿触发。

二、简答题

1. 什么是边沿触发器?有几种边沿触发方式?

2. 分别写出 RS 触发器、JK 触发器、D 触发器的特性表。

3. 集成 D 触发器 $\overline{S}_D$、$\overline{R}_D$ 端的功能是什么?

三、作图题

1. 图 10.17 所示是由与非门构成的基本 RS 触发器,根据输入波形 A、B 画出 Q、$\overline{Q}$ 的输出波形。设触发器的初态均为 0。

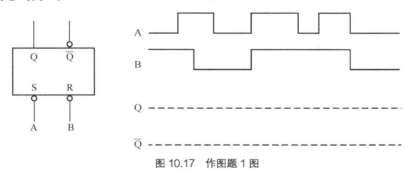

图 10.17 作图题 1 图

2. 已知 JK 触发器输入端 J、K 和 CP 的电压波形如图 10.18 所示,试画出 Q、$\overline{Q}$ 端对应的电压波形。设触发器的初始状态为 Q = 0。

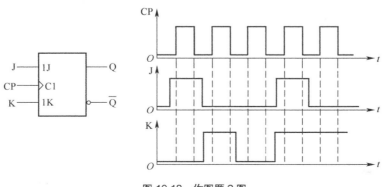

图 10.18 作图题 2 图

3. 已知输入信号 A 和 B 的波形如图 10.19（a）所示，试画出图 10.19（b）中触发器 Q 端的输出波形，设触发器初态为 0。

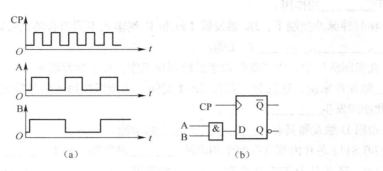

图 10.19　作图题 3 图

第 11 单元

时序逻辑电路

知识目标

● 了解寄存器的基本构成和常见类型。
● 了解寄存器的功能和典型集成寄存器的应用。
● 了解计数器的类型和功能。
● 掌握二进制、十进制等典型集成计数器的外特性及使用。

技能目标

● 能按工艺要求制作印制电路板。
● 根据要求，能安装电路，实现计数器的逻辑功能。

情 景 导 入

交通信号灯（见图 11.1）是人们日常出行中最常见的一种交通安全设备，它高高地矗立在道路中，指挥着各方向人流、车流的通行，使道路的交通井然有序。它施展了怎样的魔力，做到这一切的呢？下面就来揭秘吧！

图 11.1 交通信号灯

知 识 链 接

时序逻辑电路是一种重要的数字逻辑电路，其特点是电路任何一个时刻的输出状态不仅取决于当时的输入信号，而且与电路的原状态有关，具有记忆功能。构成组合逻辑电路的基本单元是逻辑门，而构成时序逻辑电路的基本单元是触发器。时序逻辑电路在实际中的应用很广泛，数字钟、交通灯、计算机、电梯的控制盘、门铃和防盗报警系统中都能见到。

第1节　寄存器

寄存器具有接收数码、存放或传递数码的功能，由触发器和逻辑门组成。其中，触发器用来存放二进制数，逻辑门用来控制二进制数的接收、传送和输出。由于一个触发器只能存放 1 位二进制数，因此存放 n 位二进制数的 n 位寄存器，需要 n 个触发器来组成。寄存器有数码寄存器和移位寄存器 2 种。输入输出方式有并入 – 并出、并入 – 串出、串入 – 并出、串入 – 串出 4 种。当寄存器的每一位数码由一个时钟脉冲控制同时接收或输出时，称为并入或并出。而每个时钟脉冲只控制寄存器按顺序逐位移入或移出数码时，称为串入或串出。

一、数码寄存器

按图 11.2（a）所示连接电路，接通电源；选择一组 S_3、S_2、S_1、S_0 状态，闭合 S 后再断开，在单次脉冲源（上升沿）作用下，观察发光二极管的发光情况；选择另一组 S_3、S_2、S_1、S_0 状态，重复操作，观察发光二极管的发光情况；记录下观察的结果。

实验现象

断开 S_3、S_1，闭合 S_2、S_0，单次脉冲源提供上升沿时，发光二极管 VD_3、VD_1 亮，VD_2、VD_0 不亮；断开 S_2、S_0，闭合 S_3、S_1，单次脉冲源提供上升沿时，发光二极管 VD_2、VD_0 亮，VD_3、VD_1 不亮；断开 S_2、S_1、S_0，闭合 S_3，单次脉冲源提供上升沿时，发光二极管 VD_2、VD_1、VD_0 亮，VD_3 不亮。按演示要求观察到的发光二极管发光情况如表 11.1 所示，从这些现象中能总结出什么结论呢？

知识探究

1. 集成数码寄存器

数码寄存器用来存放二进制代码，也称为基本寄存器。演示电路中所用的 74LS175 是一个集成数码寄存器，其引脚排列和逻辑符号如图 11.3（a）、（b）所示。图中 1 脚 $\overline{CR}$ 是清零端，用于清除数码寄存器保存的数码，低电平"0"有效，正常使用时应接高电平"1"；9 脚 CP 是时钟脉冲输入端，上升沿触发；13、12、5、4 脚 $D_3 \sim D_0$ 是 4 位并行数据输入端，15、11、7、2 脚 $Q_3 \sim Q_0$ 是并行数码输出端。

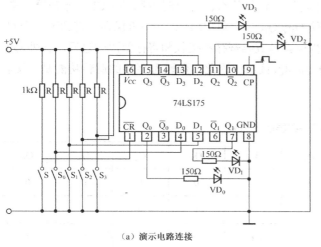
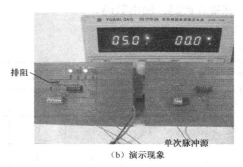

(a）演示电路连接　　　　　　　　　　（b）演示现象

图 11.2　数码寄存器功能演示

提示　低电平输入最大值为 0.8V，高电平输入最小值为 2V。

2. 逻辑功能

在演示过程中，如果将开关闭合看作是"0"、断开看作是"1"，用 $\overline{CR}$ 替换 S、用 D 替换对应的开关；将发光二极管"亮"看作是"1"、"不亮"看作是"0"，用 Q 替换对应的发光二极管；用"×"替换"任意"。则表 11.1 可转换为数码寄存器的状态表，如表 11.2 所示。

表 11.1　　　　　　　　　　　　　　数码寄存器演示结果

CP	S	S_3	S_2	S_1	S_0	VD_3	VD_2	VD_1	VD_0
任意	闭合	任意	任意	任意	任意	不亮	不亮	不亮	不亮
↑	断开	断开	闭合	断开	闭合	亮	不亮	亮	不亮
↑	断开	闭合	断开	闭合	断开	不亮	亮	不亮	亮
↑	断开	闭合	断开	断开	断开	不亮	亮	亮	亮

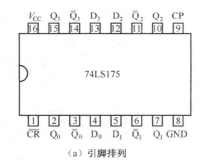
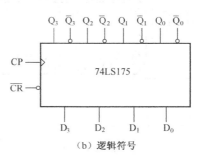

（a）引脚排列　　　　　　　　　　　　　（b）逻辑符号

图 11.3　集成数码寄存器 74LS175

由表 11.2 可知：无论寄存器中原来存储的数码是什么，只要时钟脉冲（CP）上升沿到来，四位待存的数码 $D_3 \sim D_0$ 就同时被存入，使 $Q_3Q_2Q_1Q_0 = D_3D_2D_1D_0$，并一直保存，直到下一个 CP 上升沿到来时存入新的数码为止。这个过程也就是数码寄存器接收和寄存数码的过程。当外部电路需要这些数码时，可以直接从输出端 $Q_3Q_2Q_1Q_0$ 读出。因此，数码寄存器的逻辑功能是：接收并寄存数码，输出数码。

表 11.2　　　　　　　　　　　　数码寄存器的状态表

CP	$\overline{CR}$	D_3	D_2	D_1	D_0	Q_3	Q_2	Q_1	Q_0
×	0	×	×	×	×	0	0	0	0
↑	1	1	0	1	0	1	0	1	0
↑	1	0	1	0	1	0	1	0	1
↑	1	0	1	1	1	0	1	1	1

二、移位寄存器

按图 11.4（a）所示连接电路，接通电源；闭合 S_0 后再断开，观察发光二极管的发光情况；断开 S，观察在单次脉冲源提供上升沿时，发光二极管的发光情况；闭合 S，观察在单次脉冲源提供上升沿时（重复 3 次），发光二极管的发光情况；记下观察的结果。

实验现象

闭合 S_0，发光二极管都不亮。断开 S，在单次脉冲源提供上升沿时，VD_0 亮、$VD_1 \sim VD_3$ 不亮。按演示要求观察到的发光二极管发光情况如表 11.3 所示。为什么会观察到这些现象呢？

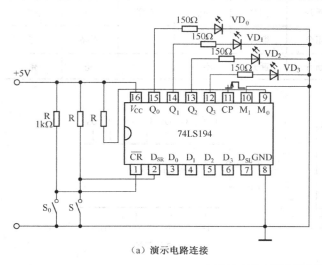

（a）演示电路连接

（b）演示现象

图 11.4　移位寄存器演示

表 11.3 右移移位寄存器演示结果

S_0	CP	S	VD_0	VD_1	VD_2	VD_3
闭合	任意	任意	不亮	不亮	不亮	不亮
断开	↑	断开	亮	不亮	不亮	不亮
断开	↑	闭合	不亮	亮	不亮	不亮
断开	↑	闭合	不亮	不亮	亮	不亮
断开	↑	闭合	不亮	不亮	不亮	亮

知识探究

1. 集成移位寄存器

演示电路中所用的 74LS194 是一个 4 位集成双向移位寄存器。所谓移位功能，是指寄存器里存储的数码能在时钟脉冲作用下依次左移或右移。因此，移位寄存器不仅可以用来寄存数码，而且可以用来实现数码的串行—并行转换。74LS194 的引脚排列和逻辑符号如图 11.5（a）、（b）所示。图中 1 脚 $\overline{CR}$ 是清零端，用于清除移位寄存器保存的数码，低电平 "0" 有效，正常使用时应接高电平 "1"；11 脚 CP 是时钟脉冲输入端，上升沿触发；2 脚 D_{SR} 是右移串行输入端，接收右移串行输入数码；引脚 3～6 是并行数码 $D_0～D_3$ 输入端，在 CP 上升沿将 $D_0～D_3$ 输入寄存器；7 脚 D_{SL} 是左移串行输入端；引脚 12～15 是 $Q_3～Q_0$ 的并行输出端，其中 Q_3 兼作串行输出端；10 脚 M_1、9 脚 M_0 是工作模式控制端。

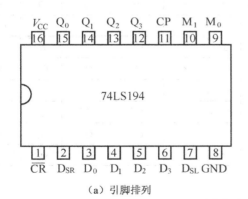

（a）引脚排列

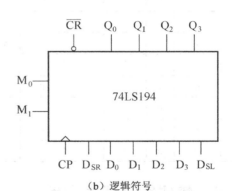

（b）逻辑符号

图 11.5　4 位集成双向移位寄存器 74LS194

2. 逻辑功能

在演示过程中，如果将开关闭合看作是 "0"、断开看作是 "1"，用 $\overline{CR}$ 替换 S_0、用 D_{SR} 替换对应的开关 S；将发光二极管 "亮" 看作是 "1"、"不亮" 看作是 "0"，用 Q 替换对应的发光二极管；用 "×" 替换 "任意"；则表 11.3 可转换为右移位寄存器的状态表 11.4。

由表 11.4 可知：当 $\overline{CR}$ = 1 时，在 CP 脉冲作用下，可依次把加在 D_{SR} 端的数据串行送入移位寄存器中，移位寄存器接收并保存该数据，且将保存的数据依次右移。因此，移位寄存器的逻辑功能是：数码寄存和移位。

表 11.4   4 位串行输入右移移位寄存器状态表

$\overline{CR}$	CP	D_{SR}	Q_0	Q_1	Q_2	Q_3
0	×	×	0	0	0	0
1	1（↑）	1	1	0	0	0
1	2（↑）	0	0	1	0	0
1	3（↑）	0	0	0	1	0
1	4（↑）	0	0	0	0	1

提示   用串行方式输入一组数码，右移输入时，高位先输入，低位后输入；左移输入时，低位先输入，高位后输入。

74LS194 实现右移还是左移由工作模式控制端 M_1、M_0 的输入决定，具体工作模式选择如表 11.5 的功能表所示。由表可知：$M_1M_0 = 01$ 时，右移；$M_1M_0 = 10$ 时，左移；$M_1M_0 = 11$ 时，并行输入。

表 11.5   4 位集成移位寄存器 74LS194 的功能表

输入										输出			
$\overline{CR}$	工作模式		CP	串行		并行				Q_0^{n+1}	Q_1^{n+1}	Q_2^{n+1}	Q_3^{n+1}
	M_1	M_0		D_{SL}	D_{SR}	D_0	D_1	D_2	D_3				
0	×	×	×	×	×	×	×	×	×	0	0	0	0
1	×	×	0	×	×	×	×	×	×	Q_0^n	Q_1^n	Q_2^n	Q_3^n
1	1	1	↑	×	×	d_0	d_1	d_2	d_3	d_0	d_1	d_2	d_3
1	0	1	↑	×	1	×	×	×	×	1	Q_0^n	Q_1^n	Q_2^n
1	0	1	↑	×	0	×	×	×	×	0	Q_0^n	Q_1^n	Q_2^n
1	1	0	↑	1	×	×	×	×	×	Q_1^n	Q_2^n	Q_3^n	1
1	1	0	↑	0	×	×	×	×	×	Q_1^n	Q_2^n	Q_3^n	0
1	0	0	×	×	×	×	×	×	×	Q_0^n	Q_1^n	Q_2^n	Q_3^n

三、集成寄存器的应用

1. 集成数码寄存器的应用

图 11.6 所示是用 8 位集成寄存器控制 LED 数码管的逻辑电路。其中，$D_0 \sim D_7$ 为集成数码寄存器的数据输入端，$Q_0 \sim Q_7$ 为数码寄存器的数据输出端，在集成数码寄存器输出端与七段数码管引脚之间接有限流电阻，防止电流过大烧坏器件。

当采用共阳极数码管时，点亮数码管需要集成数码寄存器的输出为 "0"，显示数码所需的寄存器输入如表 11.6 所示。

当采用共阴极数码管时，点亮数码管需要集成数码寄存器的输出为 "1"，显示数码所需的寄存器输入如表 11.7 所示。

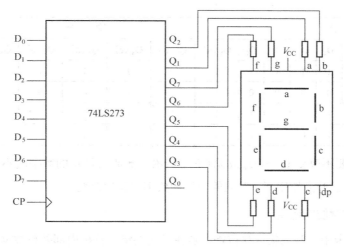

图 11.6　集成数码寄存器的应用

表 11.6　集成数码寄存器输入与共阳极数码管显示数码的关系表

CP	输入							输出							数码
	D_1	D_2	D_3	D_4	D_5	D_6	D_7	Q_1 (a)	Q_2 (b)	Q_3 (c)	Q_4 (d)	Q_5 (e)	Q_6 (f)	Q_7 (g)	
↑	0	0	0	0	0	0	1	0	0	0	0	0	0	1	0
↑	1	0	0	1	1	1	1	1	0	0	1	1	1	1	1
↑	0	0	1	0	0	1	0	0	0	1	0	0	1	0	2
↑	0	0	0	0	1	1	0	0	0	0	0	1	1	0	3
↑	1	0	0	1	1	0	0	1	0	0	1	1	0	0	4
↑	0	1	0	0	1	0	0	0	1	0	0	1	0	0	5
↑	0	1	0	0	0	0	0	0	1	0	0	0	0	0	6
↑	0	0	0	1	1	1	1	0	0	0	1	1	1	1	7
↑	0	0	0	0	0	0	0	0	0	0	0	0	0	0	8
↑	0	0	0	0	1	0	0	0	0	0	0	1	0	0	9

表 11.7　集成数码寄存器输入与共阴极数码管显示数码的关系表

CP	输入							输出							数码
	D_1	D_2	D_3	D_4	D_5	D_6	D_7	Q_1(a)	Q_2(b)	Q_3(c)	Q_4(d)	Q_5(e)	Q_6(f)	Q_7(g)	
↑	1	1	1	1	1	1	0	1	1	1	1	1	1	0	0
↑	0	1	1	0	0	0	0	0	1	1	0	0	0	0	1
↑	1	1	0	1	1	0	1	1	1	0	1	1	0	1	2
↑	1	1	1	1	0	0	1	1	1	1	1	0	0	1	3
↑	0	1	1	0	0	1	1	0	1	1	0	0	1	1	4
↑	1	0	1	1	0	1	1	1	0	1	1	0	1	1	5

续表

输入								输出							数码
CP	D_1	D_2	D_3	D_4	D_5	D_6	D_7	Q_1 (a)	Q_2 (b)	Q_3 (c)	Q_4 (d)	Q_5 (e)	Q_6 (f)	Q_7 (g)	
↑	1	0	1	1	1	1	1	1	0	1	1	1	1	1	6
↑	1	1	1	0	0	0	0	1	1	1	0	0	0	0	7
↑	1	1	1	1	1	1	1	1	1	1	1	1	1	1	8
↑	1	1	1	1	0	1	1	1	1	1	1	0	1	1	9

该应用中，只要不改变 $D_1 \sim D_7$ 或无 CP 上升沿，数码管显示的数字就不会改变。只有改变 $D_1 \sim D_7$ 后，在 CP 上升沿作用下，数码管显示的数字才发生改变。

2. 集成移位寄存器的应用

图 11.7 所示网卡中，利用集成移位寄存器在发送端将计算机内部并行数据转换成串行数据传输，以降低通信线路的价格；在接收端将接收到的串行数据转换成并行数据，以便计算机快速处理数据。

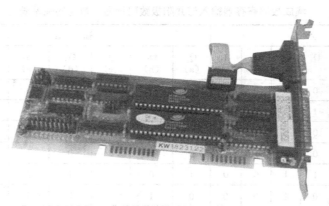

图 11.7　集成移位寄存器在网卡中的应用

第 2 节　计数器

计数器在计算机及各种数字仪表中应用广泛，具有记忆输入脉冲个数的功能，还可以实现分频、定时等功能。

一、计数器的分类

计数器主要由具有记忆功能的触发器构成，根据触发器的触发方式不同，分为同步计数器和异步计数器。在同步计数时，构成计数器的所有触发器共用同一个时钟脉冲，触发器的状态同时更新，计数速度快；而在异步计数时，构成计数器的某个触发器可能用另一个触发器的输出作为

其时钟脉冲，所有触发器更新状态的时刻不一致，计数速度相对较慢。

在计数过程中，根据进位规则不同，可分为二进制计数器、十进制计数器、任意进制计数器。根据计数是增还是减，每一种进制的计数器又可分为加法计数器、减法计数器和可逆计数器。随着计数器时钟脉冲的不断输入而作递增计数的称为加法计数器，作递减计数的称为减法计数器，可增可减计数的称为可逆计数器。

在实际应用中，计数器是以集成电路形式存在的，主要有二进制计数器、十进制计数器两大类，其他进制计数器可由它们通过外电路设计来实现。在每一大类计数器中，又以同步与异步、加计数与可逆计数来细分。

二、二进制计数器

遵循二进制计数规则计数的计数器称为二进制计数器。通常，集成二进制计数器由 4 位触发器构成，通过引脚选择、外电路控制可组成二—八—十六进制计数器。将两个集成二进制计数器级联可构成 24 进制、60 进制计数器等。

1. 集成二进制计数器

 按图 11.8（a）所示连接电路，接通电源；闭合 S，观察发光二极管的发光情况；将 S 断开，CP_1 接上单次脉冲源，观察每来一个脉冲（下降沿）时发光二极管的发光情况；记下观察的结果。

实验现象

S 闭合时，有无脉冲，发光二极管都不亮；S 断开时，来第 1 个脉冲，发光二极管 VD_1 亮，VD_2、VD_3 不亮；来第 2 个脉冲，发光二极管 VD_2 亮，VD_1、VD_3 不亮，依次操作，观察到的现象如表 11.8 所示。

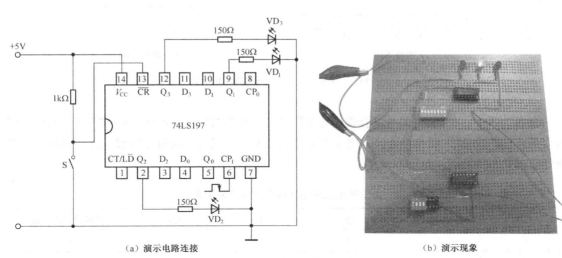

（a）演示电路连接　　　　　　　　　　　　　　　　（b）演示现象

图 11.8　二进制计数器演示

表 11.8 　　　　　　　　　　　二进制计数器演示结果记录表

S	CP_1	VD_3	VD_2	VD_1
闭合	×	不亮	不亮	不亮
断开	1	不亮	不亮	亮
断开	2	不亮	亮	不亮
断开	3	不亮	亮	亮
断开	4	亮	不亮	不亮
断开	5	亮	不亮	亮
断开	6	亮	亮	不亮
断开	7	亮	亮	亮
断开	8	不亮	不亮	不亮

知识探究

（1）集成异步二进制计数器。

集成二进制计数器有集成异步二进制计数器、集成同步二进制计数器等。演示电路所用的 74LS197 是一个集成异步二进制计数器，其引脚排列和逻辑符号如图 11.9（a）、（b）所示。图中：13 脚 $\overline{CR}$ 是异步清零端；1 脚 $CT/\overline{LD}$ 是计数和置数控制端，低电平“0”时置数，高电平“1”时计数；8 脚 CP_0、6 脚 CP_1 是 2 个计数脉冲输入端，采用下降沿触发；11、3、10、4 脚 $D_3 \sim D_0$ 是并行输入数据端；12、2、9、5 脚 $Q_3 \sim Q_0$ 是计数器输出端。

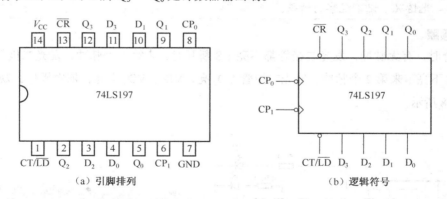

（a）引脚排列　　　　　　　　　　　（b）逻辑符号

图 11.9　集成异步二进制计数器 74LS197

在表 11.8 中，如果将开关 S 闭合看作是“0”、断开看作是“1”，用 CR 替换 S；将发光二极管“亮”看作是“1”、“不亮”看作是“0”，用输出端 Q 替换对应的发光二极管；则表 11.8 可转换为二进制计数器状态转换表，如表 11.9 所示。

表 11.9 　　　　　　　　　　　3 位异步二进制计数器的状态转换表

$\overline{CR}$	CP_1	Q_3	Q_2	Q_1	对应的十进制数
0	0	0	0	0	0
1	1	0	0	1	1
1	2	0	1	0	2

$\overline{CR}$	CP_1	Q_3	Q_2	Q_1	对应的十进制数
1	3	0	1	1	3
1	4	1	0	0	4
1	5	1	0	1	5
1	6	1	1	0	6
1	7	1	1	1	7
1	8	0	0	0	0

由表 11.9 可知，选择 74LS197 的 6 脚 CP_1 作为时钟脉冲输入端时，74LS197 可实现八进制计数功能，计数器的状态在时钟脉冲的下降沿转换。74LS197 的全部功能如表 11.10 所示。

表 11.10　　　　　　　　　　　　　74LS197 的功能表

输　　入							输　　出				说　　明
$\overline{CR}$	$CT/\overline{LD}$	CP	D_3	D_2	D_1	D_0	Q_3	Q_2	Q_1	Q_0	
0	×	×	×	×	×	×	0	0	0	0	清零
1	0	×	d_3	d_2	d_1	d_0	d_3	d_2	d_1	d_0	置数
1	1	↓	×	×	×	×	计　数				$CP_0=CP$、$CP_1=Q_0$，十六进制
											$CP_1=CP$，八进制
											$CP_0=CP$，二进制

表 11.10 所示的功能表描述了 74LS197 具有以下功能。

① 当 13 脚 $\overline{CR}$ 接低电平"0"时，计数器被清零，低电平电压最大值为 0.8V。正常使用时，13 脚 $\overline{CR}$ 应接高电平"1"，高电平电压最小值为 2V。

② 当 1 脚 $CT/\overline{LD}$ 接低电平"0"时，计数器置数，将 11、3、10、4 脚 $D_3 \sim D_0$ 端等待输入的数据置入计数器。计数器置入数据后，将以置入的数据为起点，开始计数。正常计数时，1 脚 $CT/\overline{LD}$ 应接高电平"1"。

③ 当 8 脚 CP_0 接输入的计数脉冲（CP）、6 脚 CP_1 接 5 脚 Q_0 输出时，在 CP 的下降沿，计数器进行十六进制计数。

④ 只有 6 脚 CP_1 接输入的计数脉冲（CP）时，在 CP 的下降沿，计数器进行八进制计数。

⑤ 只有 8 脚 CP_0 接输入的计数脉冲（CP）时，在 CP 的下降沿，计数器进行二进制计数。

（2）集成同步二进制计数器。

图 11.10 所示是集成同步二进制计数器 74LS161 的引脚图和逻辑符号。图中：1 脚 $\overline{CR}$ 为异步清零端，9 脚 $\overline{LD}$ 是置数控制端，7 脚 CT_P、10 脚 CT_T 是计数器的工作状态控制端；2 脚 CP 是计数脉冲输入端，接计数器内部所有触发器的时钟脉冲输入端，实现触发器状态同步转换；3 ～ 6 脚 $D_0 \sim D_3$ 是并行输入数据端，11 ～ 13 脚 $Q_3 \sim Q_0$ 是计数器输出端；15 脚 CO 是进位信号输出端。

74LS161 的功能表如表 11.11 所示。

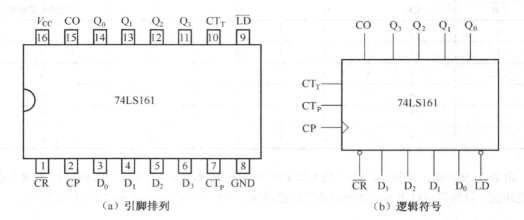

（a）引脚排列　　　　　　　　（b）逻辑符号

图 11.10　集成同步二进制计数器 74LS161

表 11.11　　　　　　　　　　　　74LS161 的功能表

输　入									输　出					说　明
$\overline{CR}$	$\overline{LD}$	CT_P	CT_T	CP	D_3	D_2	D_1	D_0	Q_3	Q_2	Q_1	Q_0	CO	
0	×	×	×	×	×	×	×	×	0	0	0	0	0	清零
1	0	×	×	↑	d_3	d_2	d_1	d_0	d_3	d_2	d_1	d_0		置数
1	1	1	1	↑	×	×	×	×	计数				1	$Q_3 \sim Q_1$ 由全 1 归 0 时，产生进位
1	1	0	×	×	×	×	×	×	保持					
1	1	×	0	×	×	×	×	×	保持					

表 11.11 所示的功能表描述了 74LS161 具有以下功能。

① 当 1 脚 $\overline{CR}$ 接低电平"0"时，计数器被清零，低电平电压最大值为 0.8V。正常使用时，13 脚 $\overline{CR}$ 应接高电平"1"，高电平电压最小值为 2V。

② 当 9 脚 $\overline{LD}$ 接低电平"0"时，计数器置数，将 3 ～ 6 脚 $D_0 \sim D_3$ 端等待输入的数据置入计数器。计数器置入数据后，将以置入的数据为起点，开始计数。正常计数时，9 脚 $\overline{LD}$ 应接高电平"1"。

③ 7 脚 CT_P、10 脚 CT_T 全接高电平"1"时，在 CP 的上升沿，计数器进行十六进制计数。当 $Q_3 \sim Q_0$ 全"1"后，再有一个 CP 的上升沿到来，$Q_3 \sim Q_0$ 全"0"，并产生进位，CO = 1。

④ 只要 7 脚 CT_P、10 脚 CT_T 中有一个接低电平"0"，计数器就处于保持状态。

2. 集成二进制计数器的应用

 看一看　　按图 11.11 所示连接电路，接通电源；观察闭合 S 时，发光二极管的发光情况；断开 S，观察单次脉冲（上升沿）作用下，发光二极管的发光情况；记下观察的结果。

实验现象

S 闭合时，有无单次脉冲，发光二极管都不亮；S 断开时，来第 1 个脉冲，发光二极管 VD_0 亮，VD_1、VD_2、VD_3 不亮；来第 2 个脉冲，发光二极管 VD_1 亮，VD_0、VD_2、VD_3 不亮，依次操作，观察到的情况如表 11.12 所示。

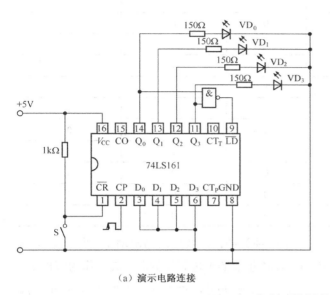

（a）演示电路连接

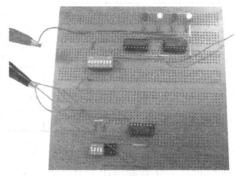

（b）演示现象

图 11.11 集成二进制计数器的应用演示

表 11.12   集成二进制计数器应用演示结果记录表

S	CP	VD_3	VD_2	VD_1	VD_0
闭合	×	不亮	不亮	不亮	不亮
断开	1	不亮	不亮	不亮	亮
断开	2	不亮	不亮	亮	不亮
断开	3	不亮	不亮	亮	亮
断开	4	不亮	亮	不亮	不亮
断开	5	不亮	亮	不亮	亮
断开	6	不亮	亮	亮	不亮
断开	7	不亮	亮	亮	亮
断开	8	亮	不亮	不亮	不亮
断开	9	亮	不亮	不亮	亮
断开	10	不亮	不亮	不亮	不亮

知识探究

将演示过程中的开关 S 闭合看作是 "0"、断开看作是 "1"，用 $\overline{CR}$ 替换 S；发光二极管 "亮"看作是 "1"、"不亮" 看作是 "0"，用输出端 Q 替换对应的发光二极管；则表 11.12 可转换为表

11.13 所示的状态转换表。

表 11.13　　　　　　　　集成二进制计数器应用演示状态转换表

$\overline{\text{CR}}$	CP	Q_3	Q_2	Q_1	Q_0
0	×	0	0	0	0
1	1	0	0	0	1
1	2	0	0	1	0
1	3	0	0	1	1
1	4	0	1	0	0
1	5	0	1	0	1
1	6	0	1	1	0
1	7	0	1	1	1
1	8	1	0	0	0
1	9	1	0	0	1
1	10	0	0	0	0

　　根据表 11.13，结合图 11.11 可知：每出现一个时钟脉冲，计数器的输出增 1，当出现 10 时钟脉冲时，计数器输出归 0。故：该电路是用 74LS161 组成的十进制计数器。其工作的原理是：当计数器计数到 1001（十进制的 9）时，$Q_3 = 1$、$Q_0 = 1$，经与非门输出 0，加到 74LS161 的 9 脚 $\overline{\text{LD}}$ 端，在第 10 个时钟脉冲到来时，将 3 ～ 6 脚 $D_0 \sim D_3$ 输入端的"0000"置入计数器，使计数器归 0，重新开始计数。

> 提示　　异步二进制计数器结构简单，由于各触发器的输入时钟信号来源不同，各电路的翻转时刻也不一样，因而计数速度受到限制，工作频率不能太高。同步二进制计数器内所有的触发器共同使用同一个输入的时钟脉冲，在同一时刻翻转，所以工作速度较快，工作频率较高，但电路结构要比异步二进制计数器复杂。

三、十进制计数器

　　遵循十进制计数规则计数的计数器称为十进制计数器。常用的有集成异步十进制加计数器、集成同步十进制可逆计数器等。通过引脚选择、外电路控制、多个计数器级联，可实现任意进制的计数。

1. 集成十进制计数器

> 看一看　　按图 11.12 所示连接电路，接通电源，观察发光二极管的发光情况；输入单次脉冲源，观察每来一个脉冲（下降沿）时发光二极管的发光情况；记下观察的结果。

实验现象

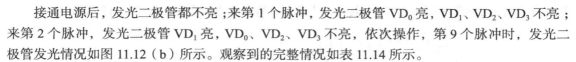

接通电源后，发光二极管都不亮；来第 1 个脉冲，发光二极管 VD_0 亮，VD_1、VD_2、VD_3 不亮；来第 2 个脉冲，发光二极管 VD_1 亮，VD_0、VD_2、VD_3 不亮，依次操作，第 9 个脉冲时，发光二极管发光情况如图 11.12（b）所示。观察到的完整情况如表 11.14 所示。

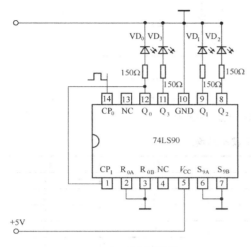

（a）演示电路连接

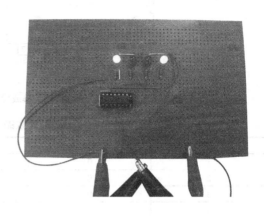

（b）演示现象

图 11.12　十进制计数器功能演示

表 11.14　　　　　　　　　十进制计数器功能演示结果记录表

CP	VD_3	VD_2	VD_1	VD_0
1	不亮	不亮	不亮	亮
2	不亮	不亮	亮	不亮
3	不亮	不亮	亮	亮
4	不亮	亮	不亮	不亮
5	不亮	亮	不亮	亮
6	不亮	亮	亮	不亮
7	不亮	亮	亮	亮
8	亮	不亮	不亮	不亮
9	亮	不亮	不亮	亮
10	不亮	不亮	不亮	不亮

知识探究

（1）集成异步十进制计数器。

演示电路所用的 74LS90 是集成异步十进制计数器，具有二—五—十进制计数功能，时钟脉冲下降沿触发时计数器状态改变，其引脚排列和逻辑符号如图 11.13（a）、（b）所示。图中：2 脚 R_{0A}、3 脚 R_{0B} 是直接复位（清零）端，具有与逻辑关系；6 脚 S_{9A}、7 脚 S_{9B} 是直接置 9 端；14 脚 CP_0 是二进制计数的时钟脉冲输入端，12 脚 Q_0 是二进制计数输出端；1 脚 CP_1 是五进制计数的时钟脉冲输入端，11、8、9 脚 $Q_3 \sim Q_1$ 是五进制计数输出端。

在表 11.14 中，如果将发光二极管"亮"看作是"1"、"不亮"看作是"0"，用输出端 Q 替

换对应的发光二极管；则表 11.14 可转换为十进制计数器状态转换表，如表 11.15 所示。

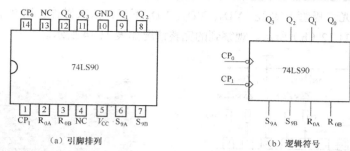

（a）引脚排列　　　　　　　　　　　　　（b）逻辑符号

图 11.13　集成异步十进制计数器 74LS90

表 11.15 　　　　　　　　　　　　　　**十进制计数器功能演示状态转换表**

CP	Q_3	Q_2	Q_1	Q_0
1	0	0	0	1
2	0	0	1	0
3	0	0	1	1
4	0	1	0	0
5	0	1	0	1
6	0	1	1	0
7	0	1	1	1
8	1	0	0	0
9	1	0	0	1
10	0	0	0	0

由表 11.15 可知：选择 74LS90 的 14 脚 CP_0 作为时钟脉冲输入端、将 Q_0 输出接到 1 脚 CP_1，每出现一个时钟脉冲，计数器的输出增 1，当出现第 10 个时钟脉冲时，计数器输出归 0。故该 74LS90 是一个十进制计数器。74LS90 的全部功能如表 11.16 所示。

表 11.16 　　　　　　　　　　　　　　**74LS90 功能表**

输　入						输　出				说　明
R_{0A}	R_{0B}	S_{9A}	S_{9B}	CP_0	CP_1	Q_3	Q_2	Q_1	Q_0	
1	1	0	×	×	×	0	0	0	0	清零
1	1	×	0	×	×	0	0	0	0	清零
×	×	1	1	×	×	1	0	0	1	置9
×	0	×	0	↓	0	计数				二进制计数
0	×	0	×	0	↓					五进制计数
0	×	×	0	↓	Q_0					8421 码十进制计数
×	0	0	×	Q_1	↓					5421 码十进制计数

表 11.16 所示的功能表描述了 74LS90 具有以下功能。

① 2 脚 R_{0A}、3 脚 R_{0B} 接高电平 "1" 时，计数器被清零，高电平电压最小值为 2V。正常使用时，两个引脚中至少有 1 个应接低电平 "0"，低电平电压最大值为 0.8V。

② 6 脚 S_{9A}、7 脚 S_{9B} 接高电平 "1" 时，计数器置数为 9。正常计数时，两个引脚中至少有 1 个应接低电平 "0"。

③ 只从 14 脚 CP_0 加入时钟脉冲时，实现二进制计数；只从 1 脚 CP_1 加入时钟脉冲时，实现五进制计数。

④ 从 14 脚 CP_0 加入时钟脉冲、将 Q_0 接到 1 脚 CP_1，实现 8421 码十进制计数；从 1 脚 CP_1

加入时钟脉冲、将 Q_1 接到 14 脚 CP_0，实现 5421 码十进制计数器。

（2）集成同步十进制计数器。

图 11.14 所示是集成同步十进制可逆计数器 74LS192 的实物图、引脚图和逻辑符号。图中：5 脚 CP_U 是加计数的时钟脉冲输入端，4 脚 CP_D 是减计数的时钟脉冲输入端；14 脚 CR 是清零端，11 脚 $\overline{LD}$ 是置数控制端；9、10、1、15 脚 $D_3 \sim D_0$ 是并行输入数据端，7、6、2、3 脚 $Q_3 \sim Q_0$ 是计数器输出端；12 脚 $\overline{CO}$ 为进位输出端，13 脚 $\overline{BO}$ 为借位输出端。74LS192 的功能表如表 11.17 所示。

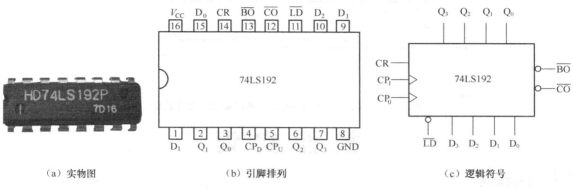

(a) 实物图　　　　　　　　(b) 引脚排列　　　　　　　　(c) 逻辑符号

图 11.14　集成同步十进制可逆计数器 74LS192

表 11.17　　　　　　　　　　　　　　74LS192 的功能表

输　　入								输　　出				说　　明
CR	$\overline{LD}$	CP_U	CP_D	D_3	D_2	D_1	D_0	Q_3	Q_2	Q_1	Q_0	
1	×	×	×	×	×	×	×	0	0	0	0	清零
0	0	×	×	d_3	d_2	d_1	d_0	d_3	d_2	d_1	d_0	置数
0	1	1	1	×	×	×	×	保持				
0	1	↑	1	×	×	×	×	加计数				
0	1	1	↑	×	×	×	×	减计数				

表 11.17 所示的功能表描述了 74LS192 具有以下功能。

① 当 14 脚 CR 接高电平"1"时，计数器被清零，高电平电压最小值为 2V。正常使用时，14 脚 CR 应接低电平"0"，低电平电压最大值为 0.8V。

② 当 11 脚 $\overline{LD}$ 接低电平"0"时，计数器置数，将 9、10、1、15 脚 $D_3 \sim D_0$ 端等待输入的数据置入计数器。计数器置入数据后，将以置入的数据为起点，开始计数。正常计数时，9 脚 $\overline{LD}$ 应接高电平"1"。

③ 5 脚 CP_U、4 脚 CP_D 接高电平"1"时，计数器处于保持状态，输出不改变原有的数据。

④ 4 脚 CP_D 接高电平"1"、5 脚 CP_U 接时钟脉冲，在时钟脉冲的上升沿作用下，进行十进制加计数。

⑤ 5 脚 CP_U 接高电平"1"、4 脚 CP_D 接时钟脉冲，在时钟脉冲的上升沿作用下，进行十进制减计数。

2. 集成十进制计数器的应用

图 11.15 所示是用 2 块集成异步十进制计数器 74LS90 组成的 60 进制计数器。图中计数器 A 的 Q_2、Q_1 分别接至 R_{0A}、R_{0B} 端，当 Q_2、Q_1 同时为高电平时，将计数器 A 清零，实现六进制计数；

计数器 B 为十进制计数器，归零时，触发计数器 A 计数；2 个计数器级联，实现 60 进制计数。

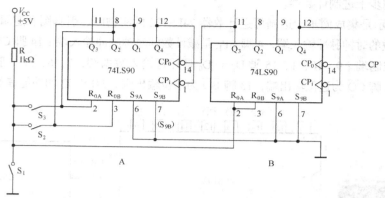

图 11.15　2 块集成异步十进制计数器组成 60 进制计数器

技 能 实 训

 岗位描述

　　随着家用电器的智能化、多功能化实现，计数器的应用已经渗透到生产、生活中，技术的发展，对从事电子行业的人员不仅提供了新的就业岗位，而且对能力提出了越来越高的要求。本次实训是制作秒计数器，分三步来实现，印制电路板的制作，对应生产 PCB 板企业的生产加工、销售部门的相关岗位；元件配备与检测，对应生产该电子元件企业的生产加工和质量检验部门相关岗位；秒计数器电路的安装与调试，对应相关电子产品（指用到实训中元件的产品，比如：数字钟、洗衣机、电磁炉、汽车里程表、交通灯、计算器等电子产品中具有计时、计数功能的部分都用到了计数器）生产过程中的插件、焊接、质量控制，以及产品的销售、相关部件的维修、售后服务等岗位。

实训　制作秒计数器

1. 实训目的

（1）掌握计数器、显示译码器、七段数码管的合理选用。

（2）掌握秒计数器安装技巧。

（3）掌握秒计数器的调试方法。

（4）会按工艺要求制作印制电路板。

2. 器材准备（见表 11.18）

表 11.18　　　　　　　　　　　　实训器材

序　号	名　　称	规　格	数　量
1	集成计数器	74LS90	2 块
2	DIP 开关	4 位	1 只
3	显示译码器	74LS247	2 块
4	共阳极数码管	105	2 只
5	直流稳压电源	5V	1 台

序　号	名　　称	规　格	数　量
6	光印板	15cm×10cm	1块
7	常用安装工具（电烙铁、尖嘴钳等）		1套
8	连接导线、焊锡		若干
9	秒信号发生器	自制	1台
10	万用表	MF47	1块

3. 相关知识

（1）秒计数器的组成。

秒计数器的组成框图如图 11.16 所示，逻辑电路如图 11.17 所示。它由秒信号发生器、秒计数器、译码电路、数码显示器 4 部分组成。秒信号发生器产生周期为 1s 的脉冲信号，作为计数器的时钟脉冲送入计数器计数；计数部分由两片 74LS90 级联构成 60 进制计数器，低位片为十进制计数，高位片为六进制计数；时间通过译码显示电路显示。

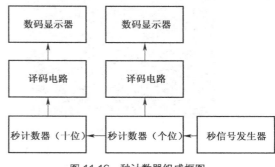

图 11.16　秒计数器组成框图

（2）印制电路板的制作。

印制电路板又称 PCB，如图 11.18 所示，有正、反两面，正面印有待安装元件的符号，反面有焊盘和线道。焊盘用于焊接元件的引脚，中心有一个小孔。线道起连接导线的作用，将两个焊盘之间连接起来。元件安装时，必须将元件从印制电路板的正面插入小孔，在反面用焊锡将元件的引脚与焊盘牢固连接。

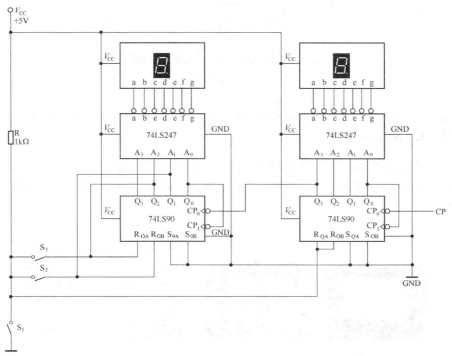

图 11.17　秒计数器逻辑电路

印制电路板的制作方法有两种，一是电脑雕刻法，二是化学腐蚀法。电脑雕刻法是根据设计好的印制电路，由电脑控制雕刻机将铜板上多余的铜箔雕刻掉，完成印制电路板的制作。化学腐蚀法是利用化学制剂将多余的铜箔腐蚀掉。化学腐蚀法的制作流程如下。

① 利用 PROTEL 或其他 PCB 设计软件进行线路图设计，将设计好的印制电路板板图通过打印机打印出来，如图 11.19 所示。

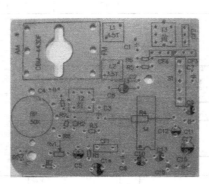
（a）正面

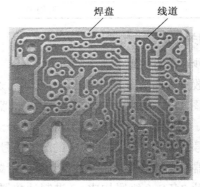
（b）反面

图 11.18　印制电路板

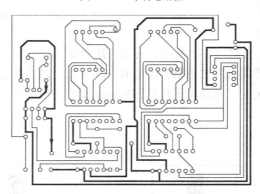

图 11.19　印制电路板板图

 提示　　使用喷墨打印机或激光打印机均可，但应注意保持线路的完好性。打印材料用普通 A4 打印纸即可。

② 选择与印制电路板板图大小相符的光印板，揭去保护层，如图 11.20 所示。

③ 使用 STR-FIII 微型环保多功能制板机进行曝光，如图 11.21 所示。A4 纸的曝光时间约为 150 ～ 190s。

图 11.20　光印板

图 11.21　曝光

④ 显影。将曝光好的线路板，放入显影机的显影液内，如图11.22（a）所示。显影槽内的加热器温度调为45℃，指示灯到达温度后可按下显影温度按钮，停止加热。打开气泵，见到绿色光印墨微粒散开，直至线路全部清晰可见且不再有微粒冒起为止，如图11.22（b）所示。以清水冲洗干净后进入下一步蚀刻工艺。

⑤ 蚀刻。把显影好的光印板用塑料夹夹住，放入蚀刻槽内，如图11.23（a）所示。蚀刻槽内的加热器调为45℃～55℃，开启后直接使用，不许停止加热器工作。蚀刻完成后，取出电路板用清水洗净，如图11.23（b）所示。

⑥ 钻孔。蚀刻好的电路板风干后，根据要求选择不同孔径大小的钻头进行钻孔，如图11.24（a）所示。钻好孔后的电路板，如图11.24（b）所示。至此，实训用印制电路板完成制作。若在实际工程中应用，再在印制电路板焊接面（反面）刷上绿油、在安装面（正面）印上待安装元件的符号即可。

（a）显影中

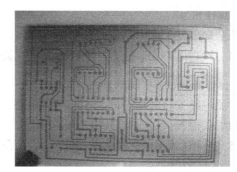
（b）显影结束

图 11.22　显影

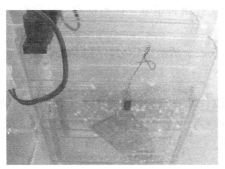
（a）蚀刻中

（b）蚀刻好

图 11.23　蚀刻

（a）钻孔中

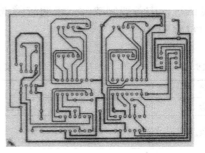
（b）孔钻好

图 11.24　钻孔

4. 内容与步骤

（1）根据提供的印制电路板板图，制作安装秒计数器的印制电路板。

操作指导

打印印制电路板板图时，注意图要清楚，并保证线路的完好；注意曝光和显影的时间。

（2）根据图 11.17 所示的电路，列出元件清单，备好元件，检查各元件的好坏。

操作指导

列材料清单时，应注明元件参数。替换元件的性能参数应优于电路中的元件。对选择的元件要进行质量检测。

（3）在印制电路板上完成电路安装。

操作指导

从全局出发，将电路分成几个单元电路，依次完成安装过程。

（4）检查电路安装是否正确。主要检查数码管的引脚是否装错，集成块引脚之间是否搭焊等。

操作指导

按照电路安装时所分的几个小单元电路，依次检查。主要检查数码管引脚是否装错，集成块引脚的焊接情况。

（5）检查无误后，接通电源。断开 S_1，闭合 S_2、S_3，对计数器清零。然后，闭合 S_1，断开 S_2、S_3。

操作指导

如不能清零，检查是否是电路接线有错或者开关的抖动造成的。

（6）从秒信号发生器输入秒脉冲，观察秒计数器工作是否正常。如不正常，分别检查各级电路的输入输出状况，直到排除故障为止。

（7）实训结束后，整理好本次实训所用的器材、仪表，清洁工作台，打扫实训室。

5. 问题讨论

（1）如果用 74LS192 来制作秒计数器，应如何修改秒计数器逻辑电路？画出修改后的电路图。

（2）如果用共阴极数码管来显示时间，应如何修改秒计数器逻辑电路？画出修改后的电路图。

（3）在秒计数器的基础上，如何搭接一个电子钟。

6. 实训总结

（1）写出印制电路板制作过程中需要注意的事项。

（2）测试过程中若遇到故障，说明故障现象，分析产生故障的原因，提出解决方法。

（3）填写表 11.19。

表 11.19　　　　　　　　　　实训评价表

课题						
班级		姓名		学号		日期	
训练收获						
训练体会						

续表

训练评价	评定人	评　　语	等级	签名
	自己评			
	同学评			
	老师评			
	综合评定等级			

（1）时序逻辑电路中，一定含有触发器。任何时刻的输出不仅与当时的输入信号有关，而且还和电路原来的状态有关。

（2）时序逻辑电路分为同步时序逻辑电路和异步时序逻辑电路两类。同步时序逻辑电路的所有触发器受同一时钟脉冲控制，而异步时序逻辑电路的各个触发器受不同的时钟脉冲控制。

（3）寄存器有数码寄存器和移位寄存器两大类。数码寄存器用触发器的两个稳定状态来存储 0 或 1，一般具有接收并寄存数码、输出数码的功能。移位寄存器除具有数码寄存器的功能外，还有移位功能，可实现数据的串行—并行转换。

（4）计数器是一种非常典型、应用广泛的时序逻辑电路，不仅能统计输入时钟脉冲的个数，还能用于分频、定时等。常用的计数器有集成二进制计数器、集成十进制计数器两大类，每一类又可分为异步加计数器、同步加计数器、同步可逆计数器等。通常同步计数器比异步计数器的工作速度快，但结构复杂些。

一、填空题

1. 数字电路按照是否有记忆功能通常可分为两类：_____、_____。

2. 时序逻辑电路按照其触发器是否有统一的时钟控制分为_____时序电路和_____时序电路。

3. 寄存器按照功能不同可分为两类：_____寄存器和_____寄存器。

4. 计数器根据进位规则不同可分为_____计数器、_____计数器、_____计数器。

5. 同步计数器和异步计数器比较，同步计数器的显著优点是_____。

二、简答题

1. 时序逻辑电路和组合逻辑电路的根本区别是什么？并列举实际生活中应用到时序逻辑电

路的例子。

2. 什么是数码寄存器？什么是移位寄存器？

3. 异步计数器和同步计数器有何不同？二进制计数器和十进制计数器有何不同？

4. 在 74LS161 中，CT_T、CT_P 有何作用？这两个功能端能否合二为一，为什么？

三、分析与设计题

1. 分析图 11.25 所示电路，指出各是几进制计数器。

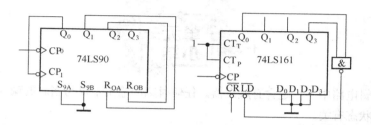

图 11.25　分析与设计题 1 图

2. 用 74LS90 构成 5 进制的计数器，有几种方法？试画出电路连接图。

*第12单元

脉冲波形的产生与变换

知识目标
- 了解多谐振荡器的功能及基本应用。
- 了解单稳态触发器的功能及基本应用。
- 了解施密特触发器的功能及基本应用。
- 了解 555 时基电路的引脚功能和逻辑功能。
- 了解 555 时基电路在生活中的应用实例。

技能目标
- 会用 555 时基电路搭接多谐振荡器、单稳态触发器、施密特触发器等应用电路。
- 会装配、测试、调整应用电路。
- 能画出相关信号波形。
- 能排除 555 时基电路应用中的常见故障。

情 景 导 入

在秒计数器实训中，计数的秒脉冲是由秒信号发生器提供的，如图 12.1 所示。下面来学习制作一个秒信号发生器，所需要具备的知识和技能。

←秒信号发生器

图 12.1 秒信号发生器

知 识 链 接

在数字电路中，经常要用到矩形脉冲，如时序逻辑电路中的时钟脉冲、控制过程中的定时信号等。矩形脉冲的获取，通常有两种方法：一是利用各种形式的振荡电路直接产生；二是通过各种整形电路，把已有的周期性变化的波形变换成符合要求的矩形脉冲。

第1节　常见脉冲产生电路

常见的脉冲产生电路有多谐振荡器、单稳态触发器、施密特触发器等。多谐振荡器直接产生所需的矩形脉冲。单稳态触发器、施密特触发器本身不能产生矩形脉冲，它们构成整形、变换电路，将已有的不合要求的脉冲或其他周期性信号整形、变换为符合要求的矩形脉冲。

一、多谐振荡器

 按图 12.2（a）所示连接电路，接通电源；观察发光二极管发光情况，并用示波器观察输出波形，记录观察到的结果。

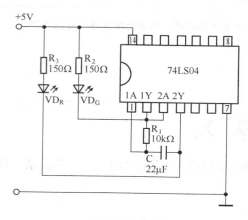

（a）演示电路连接

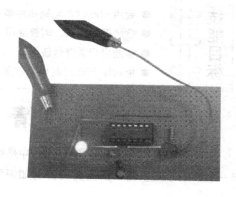

（b）演示现象

图 12.2　多谐振荡器功能演示

实验现象

接通电源后，观察到两只发光二极管轮换"亮"，用示波器观察到的输出波形如图 12.3 所示。为什么会观察到这种现象和波形呢？

知识探究

1. 电路组成

多谐振荡器的电路形式很多。演示电路是一个由非门与电阻器 R、电容器 C 构成的 RC 环形多谐振荡器的电路，如图 12.4 所示。图中，R_1 和 C 组成延时环节；红色发光二极管和绿色发光二极管用于显示振荡情况，与振荡电路本身无关。

（a）观察的波形

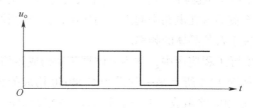
（b）波形图

图 12.3　多谐振荡器输出波形

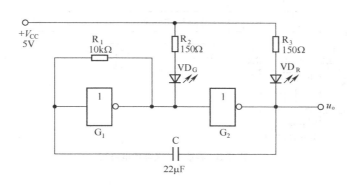

图 12.4　非门组成的 RC 环形多谐振荡器的电路图

2. 多谐振荡器的功能及应用

从演示现象可以看出：多谐振荡器能自动产生矩形脉冲输出。其工作过程如下。

在电源接通的瞬间，若 G_2 门输出为高电平，因电容电压不能突变，G_1 门的输入为高电平、输出为低电平，维持 G_2 门输出高电平，电路处于一种稳定状态。

接着 G_2 门输出的高电平对电容进行充电，随着充电的延续，电容电压升高，G_1 门的输入电压降低，当低到一定值时（TTL 门为 0.8V 以下），G_1 门的输出由低电平变为高电平，因 G_1 门的输出就是 G_2 门的输入，所以 G_2 门的输出由高电平变为低电平，电路处于另一种稳定状态。

G_2 门的输出变为低电平后，电容开始放电，随着放电的延续，G_1 门的输入电压升高，当高到一定值时（TTL 门为 2V 以上），G_1 门的输出由高电平变为低电平，G_2 门的输出又回到高电平，电路回到前一种稳定状态。

由此可见，多谐振荡器有两个稳定状态，但这两个稳定状态都是暂时的，通常称为"暂稳态"。暂稳态的持续时间由电容充、放电时间决定。

多谐振荡器常作为矩形脉冲信号源，为需要矩形脉冲的电路提供矩形脉冲信号，如为时序逻辑电路提供时钟信号。

归纳　　多谐振荡器能自动产生矩形脉冲输出。其特点是：电路没有稳定状态，在两个暂稳态间不停地翻转。常用来为需要矩形脉冲的电路提供矩形脉冲信号。

3. 石英晶体多谐振荡器

为了提高多谐振荡器输出脉冲的频率稳定度，可采用如图 12.5 中所示的石英晶体多谐振荡电

路。G_1 门和电阻器 R、电容器 C_1 和 C_2、石英晶振组成了一级振荡电路，G_2 门对输出的信号进行整形。石英晶振在电路中起选频的作用，使产生脉冲的频率稳定。所以，该电路输出信号的工作频率取决于石英晶体的频率。

在实际工程应用中，常用晶体振荡器构成秒信号发生器，它的精度和稳定度决定了数字钟的质量，如图 12.5 所示是一款采用 CD4060 构成的秒信号发生器的电路图，它由晶体振荡电路和 15 次二分频电路组成，晶振的频率 $f = 32.768\text{kHz}$，振荡电路产生的脉冲信号经过整形、15 次二分频后就可获得 1Hz 的秒脉冲信号。

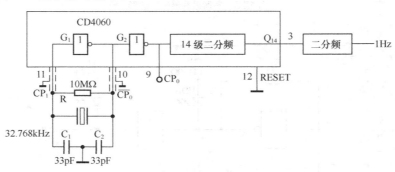

图 12.5　秒信号发生器的电路图

二、单稳态触发器

按图 12.6（a）所示连接电路，连接好的电路如图 12.6（b）所示；接通电源，在 74121 的 3 脚 A_1 端加入触发脉冲，用示波器观察输出端的波形，记录观察到的结果。

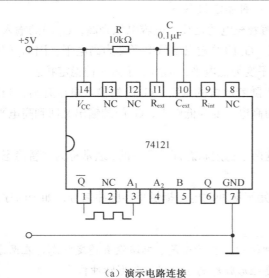

（a）演示电路连接　　　　　　　　　　　　　　（b）演示电路板

图 12.6　单稳态触发器功能演示

实验现象

接通电源后，用示波器观察到的输出波形如图 12.7 所示。这种波形是如何产生的呢？

（a）观察的波形

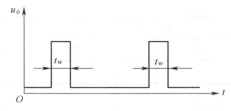

（b）波形图

图 12.7　单稳态触发器输出波形

知识探究

1．单稳态触发器

单稳态触发器的电路构成形式很多，分为可重触发和不可重触发两大类。不可重触发的单稳态触发器一旦被触发并进入暂稳态后，再加入触发脉冲不会影响电路的工作过程，必须在暂稳态结束以后，才能接收下一个触发脉冲而转入暂稳态。而可重触发的单稳态触发器在电路被触发而进入暂稳态后，如果再次加入触发脉冲，电路将被重新触发，使输出脉冲再继续维持一个脉冲宽度（t_w）。

演示电路中所用的 74121 是不可重触发的集成单稳态触发器，其引脚排列和逻辑符号如图 12.8（a）、（b）所示。图中 11 脚 R_{ext}、10 脚 C_{ext} 是外接定时电阻和电容的连接端；9 脚 R_{int} 是内部设置的 $2k\Omega$ 定时电阻引出端；3 脚 A_1、4 脚 A_2 是两个下降沿触发信号输入端，5 脚 B 是上升沿信号输入端；1 脚 $\overline{Q}$、6 脚 Q 是两个状态互补的输出端。74121 的逻辑功能如表 12.1 所示。

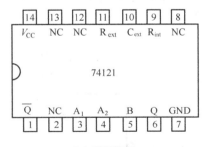

（a）引脚排列

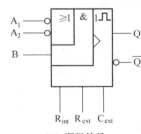

（b）逻辑符号

图 12.8　集成单稳态触发器 74121

表 12.1　　　　　　　　　　　　74121 的功能表

输　　　入			输　　　出		工 作 特 征
A_1	A_2	B	Q	$\overline{Q}$	
0	×	1	0	1	
×	0	1	0	1	保持稳定
×	×	0	0	1	
1	1	×	0	1	

续表

输　入			输　出		工　作　特　征
1	↓	1	⎍	⎎	
↓	1	1	⎍	⎎	下降沿触发，Q 端输出正脉冲
↓	↓	1	⎍	⎎	
0	×	↑	⎍	⎎	上升沿触发，Q 端输出正脉冲
×	0	↑	⎍	⎎	

由表 12.1 可知：

（1）只要 B 端接低电平"0"，或 A_1、A_2 端同时接高电平"1"时，单稳态触发器就处于保持稳定状态；当 B 端接高电平"1"时，A_1、A_2 端中有一个接低电平"0"，单稳态触发器也处于保持稳定状态。

（2）B 端接高电平"1"，A_1、A_2 端中有一个触发脉冲下降沿，单稳态触发器 Q 端输出一个正脉冲。

（3）A_1、A_2 端中有一个接低电平"0"，B 端有触发脉冲上升沿，单稳态触发器 Q 端输出一个正脉冲。

2. 单稳态触发器的应用

集成单稳态触发器 74121 的定时电阻可以采用外接电阻，也可以采用内部电阻，定时电阻的连接如图 12.9 所示。采用外接电阻时，电阻的阻值范围在 $1.5 \sim 39\text{k}\Omega$，电阻的一端接 11 脚，另一端接 V_{CC}，如图 12.9（a）所示；采用内部电阻时，只需将 9 脚与 14 脚连接起来即可，如图 12.9（b）所示。9 脚不用时，应悬空。定时电容连接在 10 脚与 11 脚之间，如果采用电解电容，电解电容的正极应接 10 脚，负极接 11 脚，如图 12.9（b）所示。

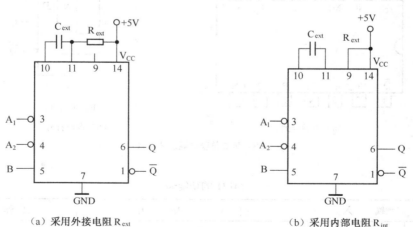

（a）采用外接电阻 R_{ext}　　　　　　　　（b）采用内部电阻 R_{int}

图 12.9　74121 的外部元件连接示意图

74121 有下降沿触发和上升沿触发两种触发方式。演示电路中，采用下降沿触发。上升沿触发的电路如图 12.10（a）所示，其工作波形如图 12.10（b）所示。图中，触发脉冲 B 的上升沿到来时，单稳态触发器的 6 脚输出一个正脉冲，输出脉冲的宽度 t_w 由定时电阻的阻值和定时电容的容量决定。

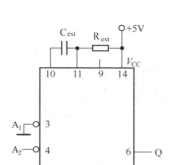

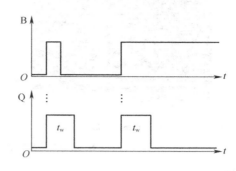

（a）电路连接 　　　　　　　　　　（b）输出波形

图 12.10　上升沿触发的单稳态触发电路

3. 单稳态触发器的特点

单稳态触发器是最常用的整形电路之一，被广泛应用于脉冲整形、延时、定时等。单稳态触发器的特点可归纳如下。

（1）有稳态和暂稳态两个不同的工作状态。

（2）在外界触发脉冲作用下，能从稳态翻转到暂稳态，在暂稳态维持一段时间以后，电路能自动返回到稳态。

（3）暂稳态维持时间的长短取决于电路本身的参数，与触发脉冲的宽度和幅度无关。

三、施密特触发器

 按图 12.11 所示连接电路，接通电源，用示波器观察输出端的波形，记录观察的结果。

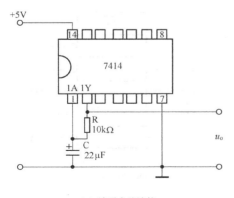

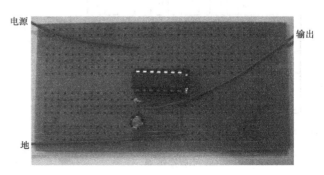

（a）演示电路连接 　　　　　　　　　　（b）演示电路板

图 12.11　施密特触发器功能演示

实验现象

接通电源后，用示波器观察到的输出波形如图 12.12 所示。这种波形又是如何产生的呢？

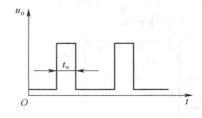

(a) 观察的波形　　　　　　　　(b) 波形图

图 12.12　施密特触发器演示输出波形

知识探究

1. 施密特触发器

凡输出与输入电压之间具有滞回电压传输特性的电路均称为施密特触发器。施密特触发器能够把变化非常缓慢的输入信号，整形变换为适合数字电路需要的矩形脉冲；也可以构成多谐振荡器产生矩形脉冲。构成施密特触发器的电路形式有很多，常用的有集成运算放大器构成的施密特触发器、555 定时器构成的施密特触发器和集成施密特触发器。单个施密特触发器有反相输出和同相输出两种形式，其逻辑符号如图 12.13 所示。

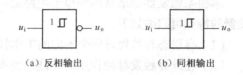

(a) 反相输出　　　　(b) 同相输出

图 12.13　施密特触发器逻辑符号

演示电路中所用的 7414 是一款常用的集成施密特触发器，其他型号还有 74132、7413、4093、40106 等。7414 的引脚排列和逻辑符号如图 12.14 所示，内有 6 个施密特触发器。其中：1、3、5、9、11、13 脚分别为 6 个施密特触发器的输入端，2、4、6、8、10、12 脚分别为相应的施密特触发器的输出端。每个施密特触发器的逻辑功能相当于一个非门，即输出与输入之间具有反相关系，当输入大于上限阈值电压时输出为低电平，小于下限阈值电压时输出为高电平，介于两者之间时处于保持状态。

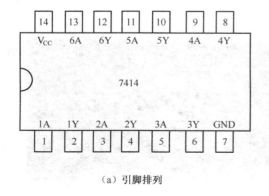

(a) 引脚排列

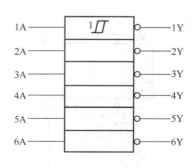

(b) 逻辑符号

图 12.14　集成施密特触发器 7414

2. 施密特触发器的应用

图 12.11 所示的演示电路是用集成施密特触发器组成的多谐振荡器，其逻辑电路如图 12.15

所示。

图 12.15 所示电路的工作过程为：电源接通瞬间，C 上的电压为零，施密特触发器输出为高电平，通过 R 对 C 进行充电；随着充电的延续，C 上电压逐步升高，当上升到 U_{T+} 时，施密特触发器翻转，输出由高电平变为低电平，C 随之开始放电；随着放电的延续，C 上电压逐步降低，当下降到 U_{T-} 时，施密特触发器再次翻转，输出由低电平变为高电平，又对 C 进行充电；以后不断循环，形成振荡。

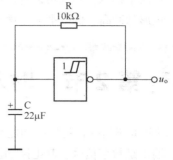

图 12.15 施密特触发器组成的多谐振荡器的逻辑电路

施密特触发器在波形整形方面的应用如图 12.16 所示，可将传输过程中受到干扰而变形的脉冲信号恢复原状。施密特触发器在幅度鉴别方面的应用如图 12.17 所示，可检测出幅度过高的信号。

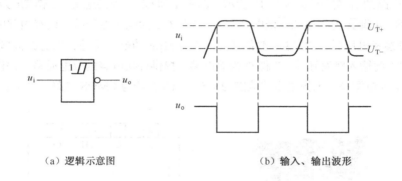

（a）逻辑示意图   （b）输入、输出波形

图 12.16 施密特触发器用于波形整形

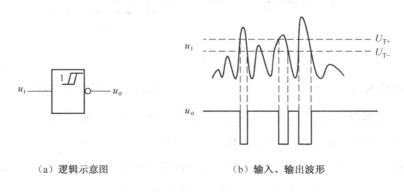

（a）逻辑示意图   （b）输入、输出波形

图 12.17 施密特触发器用于幅度鉴别

3. 施密特触发器的特点

施密特触发器具有滞回特性，抗干扰能力非常强，在性能上有以下两个重要特点。

（1）输入信号从低电平上升的过程中，电路输出状态转换时对应的输入电平，与输入信号从高电平下降过程中对应的输入转换电平不同。即有两个阈值电压 U_{T+}、U_{T-}。

（2）在电路状态转换时，通过电路内部的正反馈过程使输出电压波形的边沿变得很陡。

利用这两个特点，不仅可以将边沿变化缓慢的信号波形整形为边沿陡峭的矩形波，而且可以将叠加在矩形脉冲高、低电平上的噪声信号有效地清除。

第2节 时基电路的应用

555 时基电路是一种将模拟功能和数字功能巧妙地结合在一起的中规模集成电路，输入是模拟信号、输出是数字信号。其电路功能灵活，应用范围广，只要外接少量的阻容元件，就可很方便地构成施密特触发器、单稳态触发器和多谐振荡器等电路，在工业控制、定时、仿声、电子乐器、防盗报警及家用电器等方面应用很广。

一、555 时基电路简介

555 时基电路的引脚排列如图 12.18 所示。图中 1 脚 GND 为接地端；2 脚 $\overline{\text{TR}}$ 为触发输入端；3 脚 u_o 为输出端；4 脚 $\overline{\text{R}}$ 为复位端，低电平有效；5 脚 CO 为电压控制端，设置内部电压比较器的参考电压，不设参考电压时，CO 端一般都通过一个 0.01μF 的电容接地，以旁路高频干扰；6 脚 TH 为阈值输入端由此输入触发脉冲。7 脚 D 为放电端，提供外接电容的放电通路，并作为集电极开路输出；8 脚 V_{CC} 为电源端，电源电压的范围为 4.5 ～ 16V，若为 CMOS 电路，则 $V_{CC} = 3 \sim 18$V。

（a）实物图　　　　　　　（b）引脚排列

图 12.18　555 时基电路

555 时基电路的功能如表 12.2 所示。当 $\overline{\text{R}} = 0$ 时，3 脚 u_o 的输出为低电平"0"，正常使用时应接高电平；当 2 脚输入电压 $U_{\overline{\text{TR}}}$ 小于 $\frac{1}{3}V_{CC}$、6 脚输入电压 U_{TH} 小于 $\frac{2}{3}V_{CC}$ 时，3 脚 u_o 的输出为高电平"1"，7 脚放电端截止；当 2 脚输入电压 $U_{\overline{\text{TR}}}$ 大于 $\frac{1}{3}V_{CC}$、6 脚输入电压 U_{TH} 小于 $\frac{2}{3}V_{CC}$ 时，3 脚 u_o 的输出不变，7 脚放电端的状态也不变；当 2 脚输入电压 $U_{\overline{\text{TR}}}$ 大于 $\frac{1}{3}V_{CC}$、6 脚输入电压 U_{TH} 也大于 $\frac{2}{3}V_{CC}$ 时，3 脚 u_o 的输出为低电平"0"，7 脚放电端导通。

表 12.2　　　　　　　　　　555 时基电路的功能表

U_{TH}	$U_{\overline{\text{TR}}}$	$\overline{\text{R}}$	u_o	7 脚放电端的状态
×	×	0	U_{oL}	导通
> $2V_{CC}/3$	> $V_{CC}/3$	1	U_{oL}	导通
< $2V_{CC}/3$	> $V_{CC}/3$	1	不变	不变
< $2V_{CC}/3$	< $V_{CC}/3$	1	U_{oH}	截止

在实际应用中，555 时基电路有 TTL 和 CMOS 两种类型。TTL 产品型号的最后 3 位数码为 555，CMOS 产品型号的最后 4 位数码为 7555。通常，它们的结构、工作原理以及外部引脚排列基本相同。不过，CMOS 型的电源电压范围为 3 ～ 18V。

二、555 时基电路的应用

 按图 12.19 所示连接电路，接通电源，用示波器观察输出端的波形，记录观察的结果。

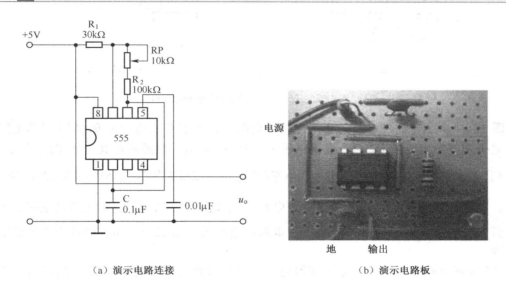

（a）演示电路连接　　　　　　　　　　　　（b）演示电路板

图 12.19　555 时基电路演示

实验现象

接通电源后，用示波器观察到的输出波形如图 12.20 所示。这种波形是怎么产生的呢？

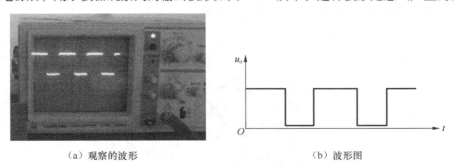

（a）观察的波形　　　　　　　　　　　　（b）波形图

图 12.20　555 时基电路演示输出波形

知识探究

1. 555 时基电路组成的多谐振荡器

图 12.19 所示的演示电路是 555 时基电路与外接元件 R_1、R_2、C 组成的多谐振荡器，其电路如图 12.21（a）所示。555 时基电路的 2 脚与 6 脚直接相连，电路没有稳态，仅存在两个暂稳态，不需要外加触发信号。

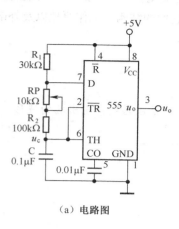

（a）电路图

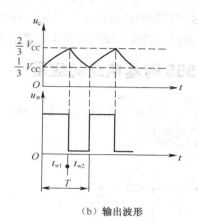

（b）输出波形

图 12.21　555 时基电路组成的多谐振荡器

图 12.21 所示电路的工作过程为：接通电源时，电容 C 上电压为 0，555 时基电路输出为高电平（电源电压为 5V 时高电平电压为 3.3V）；随后，电源通过 R_1、R_2 向电容 C 充电，充电到 $\frac{2}{3}V_{CC}$ 时，555 时基电路输出为低电平（低电平电压最大值为 0.35V），同时放电端导通；接着，电容 C 通过 R_2、放电端放电，放电到 $\frac{1}{3}V_{CC}$ 时，555 时基电路输出为高电平，同时放电端截止，电源再次对电容 C 充电，使电路产生振荡。图 12.21（b）所示为产生输出波形的过程。

555 时基电路组成的多谐振荡器对电路中元件参数的要求是：R_1 与 R_2 均应大于或等于 $1k\Omega$，但 $R_1 + R_2$ 应小于或等于 $3.3M\Omega$。输出矩形脉冲的参数为：$t_{w1} \approx 0.7(R_1 + R_2)C$、$t_{w2} \approx 0.7R_2C$，$T = t_{w1} + t_{w2} \approx 0.7(R_1 + 2R_2)C$。

555 时基电路组成的多谐振荡器在电子门铃、电子琴等声响装置中应用十分广泛。图 12.22 所示是一个幼儿玩具电子琴。

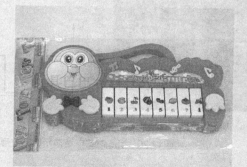

图 12.22　玩具电子琴

2. 555 时基电路组成的单稳态触发器

555 时基电路与外接定时元件 R、C 组成的单稳态触发器，如图 12.23 所示。图中 555 时基电路的 6 脚与 7 脚相连；C_1、R_1、VD 组成触发电路，VD 为箝位二极管。

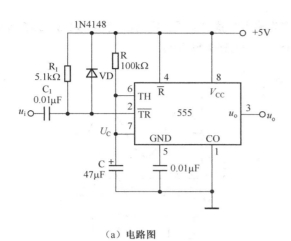

（a）电路图

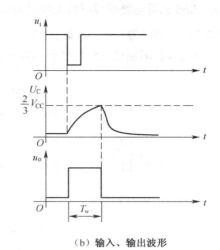

（b）输入、输出波形

图 12.23　555 时基电路组成的单稳态触发器

图 12.23 所示电路的工作过程为：接通电源时，电源先对 C 充电，充电到 $\frac{2}{3}V_{CC}$ 时，输出 u_o 为低电平，放电端导通，接着 C 放电，电路进入稳态，555 时基电路触发输入端 2 脚处于电源电平；当有一个外部负脉冲触发信号经 C_1 加到 2 端，并使 2 端电位瞬时低于 $\frac{1}{3}V_{CC}$ 时，555 时基电路输出 u_o 为高电平，放电端截止，C 开始充电；当充电到 $\frac{2}{3}V_{CC}$ 时，555 时基电路输出 u_o 从高电平返回低电平，放电端重新导通，C 很快放电结束，恢复稳态，为下个触发脉冲的来到作好准备，电路也完成了一个暂稳态过程。电路的输出波形如图 12.23（b）所示。

该电路的暂稳态的持续时间 t_w（即为延时时间）由外接元件 R、C 值的大小决定。$t_w \approx 1.1RC$。通过改变 R、C 的大小，可使延时时间在几个微秒到几十分钟之间变化。当这种单稳态电路作为计时器时，可直接驱动小型继电器，并可以使用复位端（4 脚）接地的方法来中止暂态，重新计时。此外尚须用一个续流二极管与继电器线圈并接，以防继电器线圈反电势损坏内部功率管。

应用实例　555 时基电路组成的单稳态触发器在延时、定时、脉冲波形的整形中得到广泛应用。图 12.24 所示是具有预置断电定时功能的电饭锅，可实现 12 小时预约定时功能。

图 12.24　预约定时电饭锅

3. 555 时基电路组成的施密特触发器

将 555 时基电路的 2、6 脚连接在一起，作为输入端就组成了施密特触发器，如图 12.25 所示。图中二极管 VD 限制输入信号的负半周进入 555 时基电路的输入端。

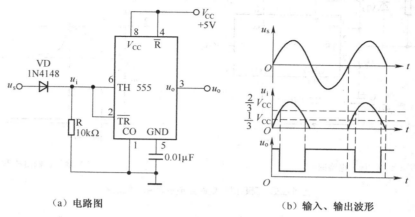

（a）电路图 　　　　　　　　　　　（b）输入、输出波形

图 12.25　555 时基电路组成的单稳态触发器

图 12.25 电路的工作过程为：设被整形变换的电压为正弦波 u_s，其正半波通过二极管 VD 同时加到 555 时基电路的 2 脚和 6 脚，得 u_i 为半波整流波形，如图 12.25（b）所示。当 u_i 上升到 $\frac{2}{3}V_{CC}$ 时，u_o 从高电平翻转为低电平；当 u_i 下降到 $\frac{1}{3}V_{CC}$ 时，u_o 又从低电平翻转为高电平。

应用实例　555 时基电路组成的施密特触发器在整形电路、红外线遥控器、红外线传感器、液晶显示器的驱动板中应用很广。图 12.26 所示是其在红外线遥控器、红外线传感器中的应用。

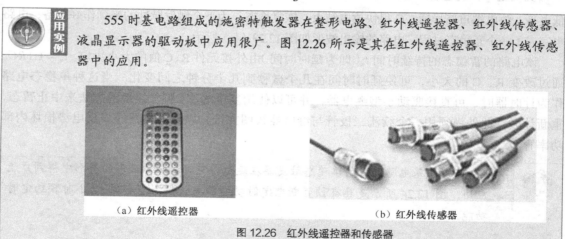

（a）红外线遥控器 　　　　　　　　　（b）红外线传感器

图 12.26　红外线遥控器和传感器

技 能 实 训

 岗位描述

555 时基电路自开发以来，风靡全球，除了应用于自控开关电路、定时器电路、电源电路以外，在门铃电路、报警器、照明电路、仪器仪表电路、家用电器、充电器电路、玩具与休闲电路及其他电子电器等领域有着极其广泛的应用。掌握 555 时基电路的应用，将会为自己提供更多的就业途径。本次实训要求在掌握 555 时基电路的应用基础上，制作一个很实用的秒信号发生器。实验

分两步来实现 : 元件配备与检测, 对应生产该电子元件企业的生产制作和质量检验部门相关岗位;秒信号发生器电路的安装与调试, 对应相关电子产品生产过程中的插件、焊接、质量控制, 以及产品销售、相关部件的维修、售后服务等岗位。

实训 555 时基电路的应用

1. 实训目的

（1）掌握 555 时基电路识别与选用。

（2）掌握 555 时基电路组成的典型应用电路的安装技巧、调试方法。

2. 器材准备（见表 12.3）

表 12.3 实训器材

序　号	名　称	规　格	数　量
1	555 时基电路	LM555P	1 块
2	电阻器	30kΩ、51kΩ	各 1 只
3	电位器	10kΩ	1 只
4	电容器	0.01μF、10μF	各 1 只
5	双踪示波器	40MHz	1 台
6	直流稳压电源	+5V	1 台
7	安装用电路板	20cm × 10cm	1 块
8	连接导线、焊锡		若干
9	常用安装工具（电烙铁、尖嘴钳等）		1 套
10	万用表	MF47	1 块

3. 相关知识

第 11 单元实训中用到的秒信号发生器, 可用 555 时基电路组成的多谐振荡器来制作。其电路结构与图 12.21 所示相同, 但电路的参数需要重新选择。当 $T = 1s$ 时, 取电容 $C = 10μF$, 根据振荡周期估算公式 $T = t_{w1} + t_{w2} \approx 0.7(R_1 + 2R_2)C$, 得

$$R_1 + 2R_2 = \frac{1}{0.7 \times 10 \times 10^{-6}} = 142.86\text{k}\Omega$$

取 $R_1 = 30$kΩ, $R_2 = 51$kΩ$+ 10$kΩ（电位器）。于是, 秒信号发生器的电路如图 12.27 所示。

4. 内容与步骤

（1）根据图 12.27 所示的电路, 列出元件清单, 备好元件, 检查各元件的好坏。

列材料清单时, 应注明元件参数。替换元件的性能参数应优于电路中的元件。对选择的元件要进行质量检测。

（2）根据图 12.27 所示的电路, 画出装配图。

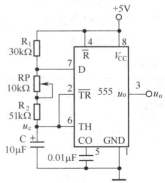

图 12.27 555 时基电路组成的多谐振荡器

操作指导

按照装配图，有序地进行电路安装。

（3）根据装配图完成电路安装。

（4）检查电路安装是否正确。应特别注意检查各元件的位置是否装错，集成块引脚之间是否搭焊等。

操作指导

对照装配图，逐一检查各元件和集成块的位置有无装错，焊接是否良好。

（5）检查确认各元件安装无误后，接通电源。

（6）用双踪示波器的 Y_2 通道观察输出 u_o 的波形，调节电位器 RP 使周期 $T = 1s$。

操作指导

注意水平时间调节旋钮和 Y_2 通道垂直幅度调节旋钮的选择。

 提示 普通 20MHz 的双踪示波器观察周期为 1s 的波形较困难，需要用 40MHz 的双踪示波器。

（7）用双踪示波器的 Y_1 通道观察电容 C 上电压（u_C）的波形，比较 u_o 和 u_C 的波形，做好记录。

操作指导

将工作方式旋钮置于"交替"位置，调节 Y_1 通道"垂直位移"旋钮，使 u_C 的波形位于屏幕上方。调节 Y_2 通道"垂直位移"旋钮，使 u_o 的波形位于屏幕下方。

（8）实训结束后，整理好本次实训所用的器材、仪器，清洁工作台，打扫实训室。

5. 问题讨论

（1）用 555 时基电路组成的多谐振荡器产生的秒脉冲精度较差，应如何改进才能提高其精确度？

（2）画 555 时基电路组成的单稳态触发器连接图，如果若需要 3s 的延时脉冲，应如何选择参数。

6. 实训总结

（1）画出实训电路装配图。

（2）画出观察到的 u_C 和 u_o 波形图，比较二者之间的内在联系。

（3）实验过程中若遇到故障，说明故障现象，分析产生故障的原因，提出解决方法。

（4）填写表 12.4。

表 12.4　　　　　　　　　　　　　　　实训评价表

课题						
班级		姓名		学号		日期	
训练收获						
训练体会						
训练评价	评定人	评　语			等级	签名
	自己评					
	同学评					
	老师评					
	综合评定等级					

（1）本单元重点介绍了多谐振荡器的结构与应用，集成单稳态触发器的识别与应用、施密特触发器的结构与应用，555 时基电路的识别与应用。

（2）多谐振荡器不需要外加输入信号，只要接通供电电源，就自动产生矩形脉冲信号输出。

（3）单稳态触发器是最常用的整形电路之一。单稳态触发器输出信号的宽度完全由电路本身参数决定，与输入信号无关。输入信号只起触发作用。因此，单稳态触发器可以用于产生固定宽度的脉冲信号。

（4）施密特触发器是既可以用于脉冲整形，又可以组成多谐振荡器产生脉冲。因为施密特触发器输出的高、低电平随输入信号的电平改变，所以输出脉冲的宽度是由输入信号决定的。由于它的滞回特性和输出电平转换过程中正反馈的作用，使输出电压波形的边沿得到明显的改善。

（5）555 时基电路是一种用途很广的集成电路，除了能组成施密特触发器、单稳态触发器和多谐振荡器以外，还可以接成各种应用电路。读者可参阅有关书籍并且根据需要自行搭接所需的电路。

一、填空题

1. 常见的脉冲产生电路有_____，常见的脉冲整形电路有_____、_____。

2. 多谐振荡器可以产生_____信号，为了实现该信号高的频率稳定度，常采用_____振荡器。

3. 施密特触发器具有_____现象，又称_____特性；它除了可作矩形脉冲整形电路外，还可以作为_____、_____。

4. 单稳触发器最重要的参数为_____，单稳态触发器受到外触发时进入_____态。在数字系统中，它一般用于_____、_____、_____等。

5. 555 时基电路的最后数码为 555 的是_____产品，为 7555 的是_____产品。

二、简答题

1. 简述施密特触发器的主要工作特点及用途。

2. 由 555 时基电路组成的施密特触发器具有回差特性，回差电压 ΔU_T 的大小对电路有何影响？

3. 单稳态触发器和无稳态触发器各有什么特点？它们产生的方波有何不同？

4. 试简述多谐振荡器的工作特点和用途。

三、综合题

1. 555 时基电路应用很广，图 12.28 是什么电路？有什么基本功能？

2. 画出 555 时基电路组成的施密特触发器。

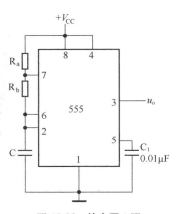

图 12.28　综合题 1 图

*第13单元

数模转换和模数转换

知识目标
- 了解数模转换的基本概念。
- 了解 DAC0832 引脚功能与应用。
- 了解模数转换的基本概念。
- 了解 ADC0809 引脚功能与应用。

技能目标
- 会用 DAC0832 芯片搭接数模转换集成电路的典型应用电路。
- 会用 ADC0809 芯片搭接模数转换集成电路的典型应用电路。
- 会装配、测试、调整应用电路。

情 景 导 入

在计算机网络通信中，信号的传递和接收，都是数字信号。而通过 QQ 进行语音聊天时（见图 13.1），语音信号却是模拟信号。要实现语音聊天，需要将语音信号转换为数字信号，传递给对方；也需要将对方发送来的数字信号转换为语音信号，才能接听。那么，这种转换包含哪些知识和技能呢？

图 13.1 语音聊天

知 识 链 接

当计算机用于实时控制和智能仪表等应用时，经常会遇到连续变化的模拟量，如温度、压力等，这些模拟量必须先转换成数字量才能送给计算机处理，当计算机处理后，也常常需要把数字量转换成模拟量后再送给外部设备。实现模拟量转换成数字量的器件称为模数转换器（ADC），实现数字量转换成模拟量的器件称为数模转换器（DAC）。

 第1节 数模转换

计算机处理的信息为数字量，它们在时间上是离散的。而在计算机控制系统中，很多控制对象都是通过模拟量控制的。因此，要将数字量转换成模拟量，以便对被控对象进行控制。

一、数模转换基本概念

1. 数模转换概述

把数字量转换成模拟量称为数模转换，用 D/A 表示。其中数字量是用代码按数位组合起来表示的，对于有权码，每位代码都有一定的位权。为了将数字量转换成模拟量，必须将每一位的代码按其位权的大小转换成相应的模拟量，然后将这些模拟量相加，即可得到与数字量成正比的总模拟量，从而实现了数字—模拟转换。数模转换器品种繁多、性能各异。按输入数字量的位数可以分为 8 位、10 位、12 位和 16 位；按输入的数码可以分为二进制方式和 BCD 码方式；按传送数字量的方式可以分为并行方式和串行方式。

2. 数模转换器的性能指标

（1）分辨率。分辨率是指数模转换器所能产生的最小模拟量的增量，是数字量最低有效位（LSB）所对应的模拟值。这个参数反映数模转换器对模拟量的分辨能力。数模转换器位数越多，输出模拟电压的阶跃变化越小，分辨率越高。

（2）精度。精度用于衡量数模转换器在将数字量转换成模拟量时，所得模拟量的精确程度。它表明了模拟输出实际值与理论值之间的偏差。

（3）线性度。线性度是指数模转换器实际的转换特性与理想的转换特性之间的误差。一般来说数模转换器的误差应小于 ±1/2LSB。

（4）建立时间。建立时间是指从数字量输入端发生变化开始，到模拟输出稳定在额定值的 ±1/2LSB 时所需要的时间。它是描述数模转换器转换速率快慢的一个参数。

二、数模转换电路的应用

 按图 13.2（a）所示连接电路，接通电源；拨动开关 $S_0 \sim S_7$，观察发光二极管的发光情况，记录观察的结果。

261

实验现象

断开 $S_0 \sim S_7$，发光二极管 VD 亮，测量集成运算放大器输出端电压约为 11.3V；闭合 $S_0 \sim S_3$，其余开关 $S_4 \sim S_7$ 断开，发光二极管 VD 仍亮，测量集成运算放大器输出端电压约为 4.6V；闭合 $S_4 \sim S_7$，断开 $S_0 \sim S_3$，发光二极管 VD 不亮，测量集成运算放大器输出端电压约为 0.7V；闭合 $S_0 \sim S_7$，发光二极管 VD 仍不亮，测量集成运算放大器输出端电压约为 0.2V。演示过程中观察到的部分结果如表 13.1 所示。

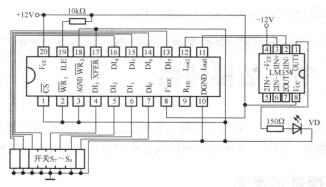

（a）演示电路连接

（b）演示现象

图 13.2　数模转换演示

表 13.1　　　　　　　　　演示结果记录表（0 表示闭合，1 表示断开）

$S_7 \sim S_0$	VD	集成运算放大器输出端电压（V）
00000000	不亮	0.2
00001111	不亮	0.7
11110000	亮	4.6
11111100	亮	7.6

知识探究

1. 数模转换集成电路 DAC0832

（1）DAC0832 的电路组成。DAC0832 内部结构示意图如图 13.3 所示，有 1 个 8 位输入寄存器、1 个 8 位数模转换器寄存器和一个 8 位数模转换器。两个寄存器可以进行双缓冲操作，即在对某数据转换的同时，又可以进行下一数据的采集，故转换速度较高。写入信号 $\overline{WR_1}$ 和 $\overline{WR_2}$ 分别控制输入寄存器和数模转换器寄存器的工作。在实际应用中，DAC0832 通常需要与集成运算放大器配合使用，如图 13.2 所示。

（2）DAC0832 的主要特性参数。

① 分辨率为 8 位。

② 电流稳定时间 1μs。

③ 可单缓冲、双缓冲或直接数字输入。

④ 只需在满量程下调整其线性度。

⑤ 单一电源供电（+5 ～ +15V）。

⑥ 低功耗，200mW。

（3）DAC0832 引脚功能。DAC0832 有

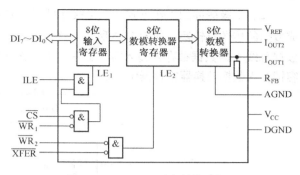

图 13.3　DAC0832 内部结构示意图

20 个引脚，采用双列直插式封装，其实物图和引脚排列如图 13.4 所示。图中：1 脚 $\overline{CS}$ 是片选信号输入端（选通数据锁存器），低电平有效；2 脚 $\overline{WR_1}$ 是数据锁存器写选通输入端，低电平有效；3 脚是模拟信号接地端；4 脚～ 7 脚、13 脚～ 16 脚是 8 位数据输入端；8 脚 V_{REF} 是基准电压输入端，范围为 0 ～ +15V；9 脚 R_{FB} 是反馈信号输入端，改变 R_{FB} 端外接电阻值可调整转换满量程精度；10 脚是数字信号接地端；11 脚是电流输出端 1，其值随数模转换器寄存器的内容线性变化；12 脚是电流输出端 2，其值与 11 脚输出值之和为一常数；17 脚 $\overline{XFER}$ 是数据传输控制信号输入端，低电平有效；18 脚 $\overline{WR_2}$ 是数模转换器寄存器选通输入端，低电平有效；19 脚 ILE 是数据锁存允许控制信号输入端，高电平有效；20 脚 V_{CC} 是电源输入端，范围为 +5 ～ +15V。

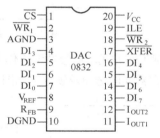

（a）实物图　　　　　　　　　　（b）引脚排列图

图 13.4　数模转换集成电路 DAC0832

2. 数模转换集成电路应用

数模转换集成电路 DAC0832 由于有两个可以分别控制的数据寄存器，应用时有较大的灵活性，可以根据需要接成多种工作方式。

（1）直通型工作方式。直通型工作方式是指将 $\overline{CS}$、$\overline{XFER}$、$\overline{WR_1}$ 和 $\overline{WR_2}$ 接地，ILE 端保持高电平，如图 13.5 所示。这种方式中，两个内部寄存器的输出均随数字输入的变化而变化，此时数模转换器的输出也同时跟随变化。图 13.2 所示演示电路中的 DAC0832 就是采用此工作方式。

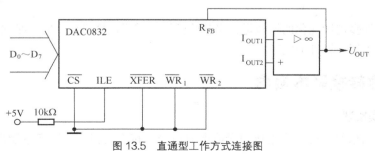

图 13.5　直通型工作方式连接图

（2）二级缓冲型工作方式。二级缓冲型工作方式是指利用两个地址码，进行二次输出操作完成数据的传送及转换，如图 13.6 所示。这种方式中，第 1 次当$\overline{CS}$与$\overline{IOW}$有效时，完成将 $D_0 \sim D_7$ 数据总线上的数据锁存入输入寄存器中；第 2 次当$\overline{XFER}$与$\overline{IOW}$有效时，完成将输入寄存器中内容锁存入数模转换器寄存器中。

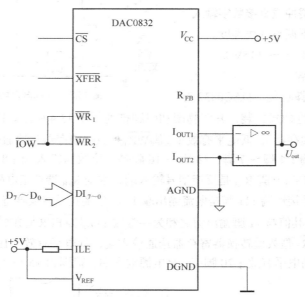

图 13.6　二级缓冲型工作方式连接图

（3）单缓冲型工作方式。单缓冲型工作方式是指两个寄存器之中任一个处于始终常通的状态，也可以使两个寄存器同时选通及锁存，如图 13.7 所示。

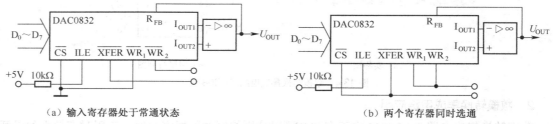

（a）输入寄存器处于常通状态　　　　　　　　　（b）两个寄存器同时选通

图 13.7　单缓冲型工作方式连接图

第 2 节　模数转换

自然界中有许多连续变化的模拟量，当某些模拟量需要计算机控制时，必须先将模拟量转换为数字量，以便送到计算机中处理。

一、模数转换基本概念

1. 模数转换概述

把模拟量输入信号（通常是电压信号或电流信号）转换成相应的数字量输出称为模数转换，

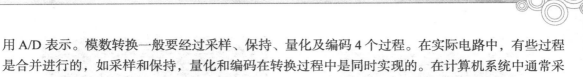

用 A/D 表示。模数转换一般要经过采样、保持、量化及编码 4 个过程。在实际电路中，有些过程是合并进行的，如采样和保持，量化和编码在转换过程中是同时实现的。在计算机系统中通常采用集成模数转换器，最常用的有计数器式、逐次逼近式、并行式与双积分式 4 种模数转换器。其中前两种属于电压比较式模数转换器。

2. 模数转换器的主要技术指标

（1）分辨率。通常用数字量的位数表示，如 8 位、10 位、12 位、16 位分辨率等。若分辨率为 8 位，表示它可以对全量程的 $1/2^8 = 1/256$ 的增量作出反应。分辨率越高，转换时对输入量微小变化的反应越灵敏。

（2）量程。即所能转换的电压范围，如 5V、10V 等。

（3）转换时间。转换时间是指模数转换器接到启动命令到获得稳定的数字信号输出所需的时间，它反映模数转换器的转换速度。不同模数转换器转换速度差别很大。

（4）转换精度。分为绝对精度与相对精度。绝对精度是指实际需要的模拟量与理论上要求的模拟量之差。相对精度是指当满刻度值校准后，任意数字量对应的实际模拟量（中间值）与理论值（中间值）之差。

二、模数转换电路的应用

 按图 13.8 所示连接电路，接通电源；改变热敏电阻的温度，测量其输出电压，观察 8 个发光二极管的发光情况；记录测量数据和观察的结果。

实验现象

热敏电阻在 4℃下，8 个发光二极管都不亮，测得输入电压约为 0.2V；把热敏电阻放入 20℃水中，低位的两个发光二极管亮，测得输入电压约为 0.9V；把热敏电阻放入 40℃水中，第 5 位与第 2 位发光二极管亮，其余的发光二极管不亮，测得输入电压约为 1.4V；把热敏电阻放入 90℃水中，第 7 位、第 6 位、第 4 位和第 1 位共 4 个发光二极管亮，如图 13.9（b）所示，测得输入电压约为 4.1V。测量的数据和观察的结果如表 13.2 所示。

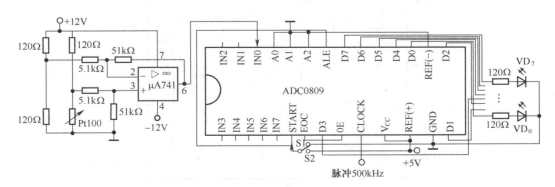

图 13.8　模数转换演示电路

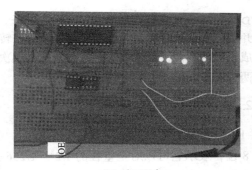

（a）演示电路连接	（b）演示现象

图 13.9　模数转换演示

表 13.2　　　　　　　　演示结果记录表（发光二极管不亮（0），亮（1））

热敏电阻温度（℃）	输入的模拟电压（V）	$VD_7 \sim VD_0$
4	0.2	00000000
20	0.9	00000011
40	1.4	00010010
90	4.1	01101001

知识探究

1. 模数转换集成电路 ADC0809

（1）ADC0809 的电路组成。ADC0809 是 8 位逐次逼近型模数转换器。它由一个 8 位模拟开关、一个地址锁存与译码器、一个 8 位模数转换器和一个三态输出锁存器组成，如图 13.10 所示。多路开关可选通 8 个模拟通道，允许 8 路模拟量分时输入，共用模数转换器进行转换。三态输出锁存器用于锁存模数转换完的数字量，当 OE 端为高电平时，才可以从三态输出锁存器中取走转换完的数据。

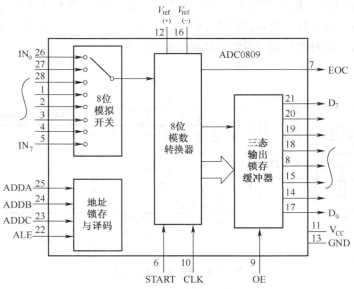

图 13.10　ADC0809 内部结构示意图

（2）ADC0809 引脚功能。ADC0809 有 28 条引脚，采用双列直插式封装，其实物图和引脚排列如图 13.11 所示。图中：1 脚～ 5 脚、26 脚～ 28 脚是 8 条模拟量输入通道；6 脚 START 是模数转换启动脉冲输入端，输入一个正脉冲使其启动（脉冲上升沿使 0809 复位，下降沿启动模数转换）；7 脚 EOC 是模数转换结束信号输出端，当模数转换结束时，此端输出一个高电平（转换期间一直为低电平）；8 脚、14 脚、15 脚、17 脚～ 21 脚是 8 位数字量输出端；9 脚 OE 是数据输出允许信号输入端，高电平有效。当模数转换结束时，此端输入一个高电平，才能打开输出三态门，输出数字量；10 脚 CLOCK 是时钟脉冲输入端。一般时钟频率为 500kHz；11 脚是电源端，＋ 5V 电源供电；12 脚、16 脚是基准电压输入端；13 脚是接地端；22 脚 ALE 是地址锁存允许输入端，高电平有效；23 脚～ 25 脚是 3 位地址输入端，用于选通 8 路模拟输入中的一路，具体如表 13.3 所示。

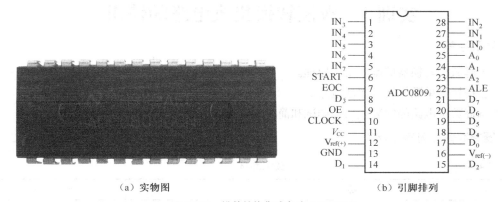

（a）实物图 （b）引脚排列

图 13.11 模数转换集成电路 ADC0809

表 13.3 地址输入与选择通道关系表

A_2 A_1 A_0	选择通道	A_2 A_1 A_0	选择通道
0 0 0	IN_0	1 0 0	IN_4
0 0 1	IN_1	1 0 1	IN_5
0 1 0	IN_2	1 1 0	IN_6
0 1 1	IN_3	1 1 1	IN_7

2. 模数转换电路应用

模数转换集成电路应用如图 13.8 所示。图中采用桥式电路，利用热敏电阻将温度转换成电压作为模数转换集成电路的输入。由于桥式电路输出电压很弱，必须把桥式电路的输出电压进行放大。通常，将桥式电路的输出端接集成运算放大器输入端，通过集成运算放大器将温度转变的电压放大后，再送给模数转换集成电路 ADC0809 的 26 脚 IN_0 作为模数转换的输入模拟量。地址输入端 A_2，A_1 与 A_0 直接接地，即 $A_2A_1A_0$ =0，选择通道 0 输入。时钟脉冲输入端接 500kHz 的输入脉冲。地址锁存允许输入端 ALE 和模数转换启动脉冲输入端 START 相连，模数转换结束信号端 EOC 与数据输出允许信号端 OE 相连。

拨动开关接通 S_2，即地址锁存允许输入端 ALE 置 1，将地址存入地址锁存器中，同时模数转换启动脉冲输入端 START 上升沿将寄存器复位。拨动开关接通 S_1，模数转换启动脉冲输入端 START 由高电平转低电平，启动模数转换集成电路 ADC0809。当模数转换完成时，模数转换结束信号端 EOC 变为高电平，表明模数转换结束，结果数据已存入锁存器。同时，数据输出允许信号

端 OE 为高电平,输出三态门打开,输出转换结果的数字量,分别接 8 个发光二极管来查看转换结果。该电路可以应用在温度控制系统中,如空调的温度控制等。

技 能 实 训

 岗位描述

数模、模数转换在日常生活、生产中应用非常普遍。本次实训有 2 个:数模转换集成电路的使用、模数转换集成电路的使用。通过实训掌握的技能,可满足自动检测、自动控制等相关岗位的需要,能从事智能仪器及相关电子产品的维护、维修、售后服务等方面的工作。

实训 1 数模转换集成电路的使用

1. 实训目的

(1)了解数模转换器的基本工作原理。

(2)会搭接简单数模转换集成电路。

(3)掌握数字电路的安装技巧、调试和简单故障排除方法。

2. 器材准备(见表 13.4)

表 13.4 实训器材

序　号	名　　称	规　格	数　量
1	数模转换集成电路	DAC0832	1 块
2	集成运算放大器	LM358	1 块
3	发光二极管	2EF	1 只
4	电阻器	10kΩ	1 只
5	万用表	MF47	1 块
6	开关	8 位 DIP	1 只
7	直流稳压电源	双 12V、5V	各 1 台
8	安装用电路板	15cm × 10cm	1 块
9	连接导线、焊锡		若干
10	常用安装工具(电烙铁、尖嘴钳等)		1 套

3. 相关知识

(1)运算放大器。DAC0832 是以电流形式输出,因此必须外接集成运算放大器,将电流转变成电压形式输出。

(2)数模转换电路。图 13.2(a)是数模转换的电路图,电路中的主要器件由 DAC0832 芯片、LM358 芯片与 8 位开关等组成。

4. 内容与步骤

(1)根据图 13.2(a)所示的电路,列出元件清单,备好元件,检查各元件的好坏。

 操作指导

列材料清单时,应注明元件参数。对选择的元件进行质量检测。

（2）根据图 13.2（a）所示的电路，画出装配图。

（3）根据装配图完成电路安装。

（4）检查电路安装是否正确。主要检查各元件的位置是否装错，集成块引脚之间是否搭焊等。

（5）检查无误后，接通电源。

通电前，要用万用表检测是否有短路，认真检查发光二极管的正、负极安装是否正确。

（6）测试数模转换芯片。接通电源，拨动 8 位开关，观察发光二极管 VD 的亮与不亮情况，并用万用表测量集成运算放大器输出端的电压且记录下来。

操作指导

DIP 开关全部闭合，然后从 S_0 至 S_7 依次断开，观察发光二极管 VD。

（7）实训结束后，整理好本次实训所用的器材、仪表，清洁工作台，打扫实训室。

5. 问题讨论

（1）实训中发光二极管 VD 亮度强弱说明了什么？

（2）实训中遇到哪些问题？

6. 实训总结

（1）画出实训电路装配图。

（2）记录实验现象，并进行分析、总结。

（3）调试过程中若遇到故障，说明故障现象，分析产生故障的原因，提出解决方法。

（4）填写表 13.5。

表 13.5   实训评价表

课题							
班级		姓名		学号		日期	
训练收获							
训练体会							
训练评价	评定人	评　语				等级	签名
	自己评						
	同学评						
	老师评						
	综合评定等级						

实训 2   模数转换集成电路的使用

1. 实训目的

（1）了解模数转换器的基本工作原理。

（2）会搭接简单模数转换集成电路。

（3）掌握数字电路的安装技巧、调试和简单故障排除方法。

2. 器材准备（见表 13.6）

表 13.6　　　　　　　　　　　　　　　实训器材

序　号	名　　称	规　　格	数　　量
1	模数转换集成电路	ADC0809	1 块
2	热敏电阻	Pt100	1 只
3	电阻	120Ω、5.1kΩ、51kΩ	11 只、2 只、2 只
4	集成运算放大器	LM358	1 只
5	发光二极管	2EF	8 只
6	直流稳压电源	双 12V	1 台
7	函数信号发生器		1 台
8	万用表	MF47	1 块
9	单刀双掷开关		1 只
10	安装用电路板	15cm×10cm	1 块
11	连接导线、焊锡		若干
12	常用安装工具（电烙铁、尖嘴钳等）		1 套

3. 相关知识

传感器是一种检测装置，能感受到被测量的信息，并能将检测感受到的信息，按一定规律变换成为电信号或其他所需形式的信息输出，以满足信息的传输、处理、存储、显示、记录和控制等要求。它是实现自动检测和自动控制的首要环节。在演示电路中传感器选用的型号是 WZP Pt100 热敏电阻，如图 13.12 所示。

图 13.12　热敏电阻 WZP Pt100 外形图

4. 内容与步骤

（1）根据图 13.8 所示的电路，列出元件清单，备好元件，检查各元件的好坏。

操作指导

列材料清单时，应注明元件参数。对选择的元件要进行质量检测。

（2）根据图 13.8 所示的电路，画出装配图。

（3）根据装配图完成电路安装。

（4）检查电路安装是否正确。主要检查各元件的位置是否装错，集成块引脚之间是否搭焊等。

（5）检查无误后，接通电源。

（6）测试模数电路功能。

接通 500kHz 脉冲，接通电源，分别将热敏电阻放在常温、20℃、40℃、70℃下，用万用表测出由温度转换来的电压并记录下来，同时观察并记录 8 个发光二极管 VD 的亮与不亮情况。

（7）实训结束后，整理好本次实训所用的器材、仪表，清洁工作台，打扫实训室。

5. 问题讨论

（1）若选择通道 2 输入，如何连接电路？

（2）把脉冲设置为 100kHz，有什么变化？

6. 实训总结

（1）画出实训电路装配图。

（2）记录实验现象，并进行分析、总结。

（3）调试过程中若遇到故障，说明故障现象，分析产生故障的原因，提出解决方法。

（4）填写表 13.7。

表 13.7　　　　　　　　　　　　　　　实训评价表

课题							
班级		姓名		学号		日期	
训练收获							
训练体会							
训练评价	评定人		评　语			等级	签名
	自己评						
	同学评						
	老师评						
	综合评定等级						

单元小结

（1）本单元重点介绍了数模转换、模数转换的基本概念，转换芯片的识别与应用。

（2）将数字量转换为模拟量称为数模转换，实现数模转换的电路称为数模转换器。典型的转换集成电路是 DAC0832。

（3）将模拟量转换为数字量称为模数转换，实现模数转换的电路称为模数转换器。典型的转换集成电路是 ADC0809。

思考与练习

一、填空题

1. 数模转换器按输入的数码可以分为_____方式和_____方式。

2. 数模转换集成电路 DAC0832 有_____工作方式、_____工作方式和单缓冲型工作方式。

3. 模数转换器的主要技术指标有_____、量程、_____和转换精度等。

二、简答题

1. 什么是数模转换？什么是模数转换？各应用在什么场合？

2. 简述模数转换集成电路 ADC0809 工作过程。

3. 查阅课外资料，写出几种常见的数模、模数转换集成电路型号。

参 考 文 献

[1] 卜锡滨. 电路与模拟电子技术. 北京：人民邮电出版社，2008.

[2] 陈仲林. 模拟电子技术. 北京：人民邮电出版社，2006.

[3] 刘彩霞，刘波粒. 高频电子线路. 北京：科学出版社，2008.

[4] 毛学军. 高频电子技术. 北京：北京邮电大学出版社，2008.

[5] 杨现德，李建华. 高频电子线路. 山东：山东科学技术出版社，2008.

[6] 王国玉. 电子技术基本功. 北京：人民邮电出版社，2009.

[7] 胡宴如. 高频电子线路. 北京：高等教育出版社，2004.

[8] 高卫斌. 电子线路. 北京：电子工业出版社，2005.

[9] 阎石. 数字电子技术基础. 北京：高等教育出版社，2006.

[10] 胡锦. 数字电路与逻辑设计. 北京：高等教育出版社，2004.